"十四五"普通高等教育本科部委级规划教材

- 国家级一流本科课程
- 辽宁省一流本科课程
- 辽宁省普通高等教育本科教育课程思政示范课程

环境经营学

HUANJING JINGYINGXUE

朱晓林◎主　编

金玉然　王　微　刘　丽◎副主编

中国纺织出版社有限公司

图书在版编目（CIP）数据

环境经营学 / 朱晓林主编 . -- 北京：中国纺织出
版社有限公司，2024.3
　　ISBN 978-7-5229-1458-9

　　Ⅰ . ①环… Ⅱ . ①朱… Ⅲ . ①企业环境管理－研究－
中国 Ⅳ . ① X322.2

　　中国国家版本馆 CIP 数据核字（2024）第 046313 号

责任编辑：顾文卓　向连英　责任校对：王蕙莹　责任印制：储志伟

中国纺织出版社有限公司出版发行
地址：北京市朝阳区百子湾东里A407号楼　邮政编码：100124
销售电话：010—67004422　传真：010—87155801
http://www.c-textilep.com
中国纺织出版社天猫旗舰店
官方微博 http://weibo.com/2119887771
三河市宏盛印务有限公司印刷　各地新华书店经销
2024年3月第1版第1次印刷
开本：787×1092　1/16　印张：15.5
字数：305千字　定价：59.80元

习近平主席在第七十五届联合国大会一般性辩论发言中郑重宣布："中国将提高国家自主贡献力度，采取更加有力的政策和措施，二氧化碳排放力争于 2030 年前达到峰值，努力争取 2060 年前实现碳中和。"这是中国应对全球气候问题作出的庄严承诺。当前，政府有关部门以及企事业单位均将做好碳达峰、碳中和有关工作列为重点任务。高校的人才培养也要思考如何将专业教育与当前的低碳环保等环境教育进行深度融合，为碳达峰、碳中和贡献高校教育者的智慧和力量。

环境经营学课程就是在这样的背景下产生和发展起来的。环境经营学课程设立于 2012 年，是工商管理学院各专业开设的一门专业基础课，课程结合学校"培养注重实践、踏实肯干、适应发展的应用型高级专门人才"的办学定位及工商管理各专业培养"既知晓各项管理技能又具有较高环境责任意识的应用型高级管理人才"的专业特色，全面聚焦我国生态文明发展，将"环境教育"作为响应党和国家号召、发展低碳经济的思政育人载体，持续推进生态文明思想进教材、进课堂、进头脑，使学生在全球视野和家国情怀中，掌握环境经营理念、环境管理体系、绿色采购、清洁生产、绿色营销、绿色物流、绿色回收等基本概念、基本理论、基本方法和基本技能，树立高度的环境责任和社会责任价值观，具备毕业后在企业中实施环境经营的素质与能力，全面打造"德业双修"的环境友好型高级管理人才。

本书编写基于对环境经营内涵的深刻认知，遵循环境发展的规律，精心设计学习内容，注重强化学生各项技能，突出以学习者为主体的实践教学，活跃学习者的思维，发挥其学习主动性，培养其创新意识和创新能力。在基本内容编写上，不仅突出系统性、条理性、简明性，还顺应碎片化阅读的要求，穿插了大量"课前阅读""教学案例""知识延展"等栏目，增强了可读性、指导性和可实施性。每章后提供"本章小结""思考练习"，对学习者巩固所学知识、强化技能、提升学习效果具有重要促进作用。本书既可以作为高等院校各专业学生的专业课程和环境教育教材，也可以作为各类企事业单位进行员工环境责任意识提升的培训教材。

全书内容是在借鉴《环境经营学》第一版（朱晓林等.北京：清华大学出版社.2012-07）基础上完成的。本书配套电子版经典案例，案例来源为中国管理案例共享中心，并经该中心同意授权引用。

本书在编写过程中，集采众家之说，参考同行之作，限于篇幅仅列出了主要参考文献，在此，向各位专家学者深表谢意。有些资料参考了互联网上发布或转发的信息，在此也向各位原作者所付出的辛勤劳动表示衷心的感谢！由于本书的编写是新的尝试，难免存在不当之处，敬请广大读者批评、指正。

编者

2023 年 11 月 24 日

目 CONTENTS 录

第1章
绪　论

第1章

主要内容

企业发展必须牢固树立和践行绿水青山就是金山银山的理念，站在人与自然和谐共生的高度谋划发展，协同推进，降碳、减污、扩绿、增长，推进生态优先、节约集约、绿色低碳发展。本章的主要内容包括：经济发展与环境保护的辩证关系，当前世界和中国的主要的环境问题，"双碳"目标下企业的绿色转型以及环境经营的内涵、优势。

【关键术语】经济发展、生态文明、环境保护、"双碳"目标、环境经营

课前阅读

推动绿色发展，促进人与自然和谐共生

大自然是人类赖以生存发展的基本条件。尊重自然、顺应自然、保护自然，是全面建设社会主义现代化国家的内在要求。必须牢固树立和践行绿水青山就是金山银山的理念，站在人与自然和谐共生的高度谋划发展。

我们要推进美丽中国建设，坚持山水林田湖草沙一体化保护和系统治理，统筹产业结构调整、污染治理、生态保护、应对气候变化，协同推进降碳、减污、扩绿、增长，推进生态优先、节约集约、绿色低碳发展。

（一）加快发展方式绿色转型。推动经济社会发展绿色化、低碳化是实现高质量发展的关键环节。加快推动产业结构、能源结构、交通运输结构等调整优化。实施全面节约战略，推进各类资源节约集约利用，加快构建废弃物循环利用体系。完善支持绿色发展的财税、金融、投资、价格政策和标准体系，发展绿色低碳产业，健全资源环境要素市场化配置体系，加快节能降碳先进技术研发和推广应用，倡导绿色消费，推动形成绿色低碳的生产方式和生活方式。

（二）深入推进环境污染防治。坚持精准治污、科学治污、依法治污，持续深入打好蓝天、碧水、净土保卫战。加强污染物协同控制，基本消除重污染天气。统筹水资源、水环境、水生态治理，推动重要江河湖库生态保护治理，基本消除城市黑臭水体。

加强土壤污染源头防控，开展新污染物治理。提升环境基础设施建设水平，推进城乡人居环境整治。全面实行排污许可制，健全现代环境治理体系。严密防控环境风险。深入推进中央生态环境保护督察。

（三）提升生态系统多样性、稳定性、持续性。以国家重点生态功能区、生态保护红线、自然保护地等为重点，加快实施重要生态系统保护和修复重大工程。推进以国家公园为主体的自然保护地体系建设。实施生物多样性保护重大工程。科学开展大规模国土绿化行动。深化集体林权制度改革。推行草原森林河流湖泊湿地休养生息，实施好长江十年禁渔，健全耕地休耕轮作制度。建立生态产品价值实现机制，完善生态保护补偿制度。加强生物安全管理，防治外来物种侵害。

（四）积极稳妥推进碳达峰碳中和。实现碳达峰碳中和是一场广泛而深刻的经济社会系统性变革。立足我国能源资源禀赋，坚持先立后破，有计划分步骤实施碳达峰行动。完善能源消耗总量和强度调控，重点控制化石能源消费，逐步转向碳排放总量和强度"双控"制度。推动能源清洁低碳高效利用，推进工业、建筑、交通等领域清洁低碳转型。深入推进能源革命，加强煤炭清洁高效利用，加大油气资源勘探开发和增储上产力度，加快规划建设新型能源体系，统筹水电开发和生态保护，积极安全有序发展核电，加强能源产供储销体系建设，确保能源安全。完善碳排放统计核算制度，健全碳排放权市场交易制度。提升生态系统碳汇能力。积极参与应对气候变化全球治理。

（资料来源：中国共产党第二十次全国代表大会上的报告）

阅读思考 ▶

（1）结合习近平同志在中国共产党第二十次全国代表大会上关于"推动绿色发展，促进人与自然和谐共生"的论述谈谈你对推动绿色发展重要意义的认识。

（2）结合报告内容谈谈企业应该如何推进绿色发展。

1.1　经济发展与环境保护问题

1.1.1　经济发展与环境保护的辩证关系

众所周知，近年来，我国深入贯彻以习近平同志为核心的党中央决策部署，创新宏观调控，保持经济运行在合理区间。根据 2023 年国务院政府工作报告和中国共产党第二十次全国代表大会上的相关报告可以看到，我国提出并贯彻新发展理念，着力推进高质量发展，推动构建新发展格局，实施供给侧结构性改革，制定一系列具有全局性意义的区域重大战略，我国经济实力实现历史性跃升。国内生产总值从 54 万亿元增长到

114 万亿元，我国经济总量占世界经济的比重达 18.5%，提高 7.2 个百分点，稳居世界第二位；人均国内生产总值从 39800 元增加到 81000 元。制造业规模、外汇储备稳居世界第一位。建成世界最大的高速铁路网、高速公路网，机场港口、水利、能源、信息等基础设施建设取得重大成就。我们加快推进科技自立自强，全社会研发经费支出从 1 万亿元增加到 2.8 万亿元，居世界第二位，研发人员总量居世界首位。基础研究和原始创新不断加强，一些关键核心技术实现突破，战略性新兴产业发展壮大，载人航天、探月探火、深海深地探测、超级计算机、卫星导航、量子信息、核电技术、新能源技术、大飞机制造、生物医药等取得重大成果，进入创新型国家行列。即便是在遇到疫情等国内外多重超预期因素冲击下，我国经济发展近几年还是经受住了考验，稳步向前。这期间，在党中央坚强领导下，在面对经济新的下行压力，果断应对、及时调控，动用近年储备的政策工具，靠前实施既定政策举措，坚定不移推进供给侧结构性改革，出台实施稳经济一揽子政策和接续措施，部署稳住经济大盘工作，加强对地方落实政策的督导服务，支持各地挖掘政策潜力，支持经济大省勇挑大梁，突出稳增长稳就业稳物价，推动了经济企稳回升。例如，2022 年全年国内生产总值增长 3%，城镇新增就业 1206 万人，年末城镇调查失业率降到 5.5%，居民消费价格上涨 2%。货物进出口总额增长 7.7%。财政赤字率控制在 2.8%，中央财政收支符合预算、支出略有结余。国际收支保持平衡，人民币汇率在全球主要货币中表现相对稳健。粮食产量 1.37 万亿斤，增产 74 亿斤。

经济的快速发展的同时，生态环境也得到明显改善。单位国内生产总值能耗下降 8.1%、二氧化碳排放下降 14.1%。地级及以上城市细颗粒物（$PM_{2.5}$）平均浓度下降 27.5%，重污染天数下降超过五成，全国地表水优良水体比例由 67.9% 上升到 87.9%。设立首批国家公园，建立各级各类自然保护地 9000 多处。美丽中国建设迈出重大步伐。

但也不可否认，经济快速发展的同时也带来了环境问题，两者相互促进又相互制约。

经济发展和环境保护是经济和社会发展中一对固有的矛盾，经济发展是指社会能够提供更丰裕的资源来改善人类的物质生活，环境保护则是采取一定的政策措施保持生态平衡，经济要发展意味着企业需要更多的厂房与原材料来保障商品的供应，这便会存在一个问题：自然分给人类的土地与原材料是有限的，经济发展就一定会优先侵占原本不属于人类的自然资源而与天争地。所以，传统观点认为经济发展必然要导致污染，经济发展与环境保护是相克的、矛盾的，环境污染与生态恶化是人类发展经济的必然结果，要发展经济就必须承受环境污染的代价，否则经济就失去了发展空间。在经济增长成为各国重要宏观经济目标的条件下，这种观点一度成为破坏环境的正当理由。许多国家，尤其是部分发达国家的经济发展历程似乎也印证了这一点，几乎都采取了先发展经济，后治理环境的方法。

但这并不能作为后起国家借鉴的样板。发达国家当时所面临的环境资源状况与现在是无法比较的，当时各发达国家是在资源禀赋相对充足的情况下实现经济快速发展的，经济发展及人口扩张对环境的压力相对较小，环境威胁是潜在的。但目前，世界经济发展经过上百年历程，环境资源供给相对减少，而对其需求却在不断增加，环境所面临的压力增大了。人类经济发展所能够消耗的资源在减少，环境资源的稀缺性日益突出。因此先发展后治理的道路已走不通了，不保护环境资源，经济根本无法实现发展。经济是一时之事，环境是万代之事，哪个更重要？经济发展慢了，人们还可以吃到饭，但一旦环境没了，人类根本无法生存，何谈发展。所以，在自然资源日益枯竭的今天，环境保护比经济发展更重要。具体而言：

（1）环境保护是经济发展的前提。

从定义来看，环境保护是人类有意识地保护自然资源并使其得到合理的利用，防止自然环境受到污染和破坏；对受到污染和破坏的环境必须做好综合治理，以创造出适合人类生活、工作的环境。从中我们可以看出环境是人类生存的根本，保护环境就是保护人类生存的根基。而经济发展则是人类的政治经济文化中心不断地扩大组织规模，由小变大、由低级变高级的过程，它的目的是改善人类的生活质量。两者比较，没有生存，哪里来的改善？

（2）环境保护决定经济发展的质量。

一个城市的经济发展，势必希望能吸引人才，扩大规模，提高城市竞争力，城市居民的生活质量得以提高。试想一下，如果城市垃圾遍地，你是否愿意待在垃圾堆里生活？如果你所在的城市汽车废气使得交警要戴防毒面具上班，你是否会对你的呼吸道放心？但如果居住环境非常优越，不仅高端人才向往，就连高中毕业生也会将当地大学当作择校的选择。正因如此，该地的经济才能快速发展。所以，经济发展是要改善人类的生活质量。如果一个城市被废气、噪声、垃圾、灰色、过度光亮包围着以至于身体健康都无法保证，这个城市的经济发展便无质量可言。

（3）环境保护主宰经济发展的大方向。

面对垃圾成灾的事实，日本的城市采用减少垃圾的方式，通过宣传和强制举措使得垃圾尽量减少，也使得城市能够得到发展的空间。在日本以及新加坡和很多西方国家在处理城市经济发展问题的时候，环境保护法律这种强制措施保证了环境保护的首要位置，从而使城市经济发展的方向围绕着环保进行。唐朝都城长安在当时全盛繁荣，但随着城市周边地区的森林资源的无节制开发导致水土流失严重，而失去了生活资源这种保证城市发展的最基本要素。所以，环境保护主宰经济发展的大方向。

综上所述，传统观点是假定经济发展与环境保护之间是相克的，在此前提下研究环境保护问题。但如果抛开这一假定，还会有另外一种思路，即经济发展与环境保护之间可以协调发展。可以将环境保护纳入经济发展体系之内，将其作为一种产业来经营，使经济主体能够从治理污染、保护环境中受益，与其利润最大化的目标相一致，使保护环境成为人们一种自觉自利的活动，实现环境保护与经济发展从相克到相生的转变。

1.1.2　人类所面临的主要环境问题

（1）环境问题及其分类。

我们通常所说的环境即指以人类社会为主体的外部世界的总体，也就是人类已经认识到的，可以直接或间接影响人类生存和社会发展的各种自然和社会因素。

环境问题是指全球环境或环境区域中出现的不利于人类生存和发展的各种现象。环境问题涉及很多方面，但大致可以分为两类：第一代环境问题和第二代环境问题。

第一代环境问题，也叫原生环境问题，主要是指由自然力引起的问题，如火山喷发、地震、洪涝、干旱、山体滑坡等引发的环境问题，它一般具有区域性和中等规模的性质。

第二代环境问题，也叫次生环境问题，指由于人类的生产与生活活动引起的生态系统破坏和环境污染，反过来又危及人类自身的生存与发展的现象。该问题主要包括生态破坏、环境污染和资源浪费等方面。

生态破坏是指人类活动直接作用于自然生态系统，造成生态系统的生产能力显著减少和结构显著改变，从而引起的环境问题。如草原过度放牧和开垦造成植被减少；土地不合理开发引起的水土流失、沙漠扩大和荒漠化；资源不合理开发利用，导致能源和其他矿产资源短缺；生物物种消失等。

环境污染则指由于对生态系统有害的物质进入环境后对生态系统造成的干扰和损害，具体来说，就是有害物质或有害因子进入环境并在环境中发生扩散、迁移、转化，并跟生态系统的诸要素发生作用，使生态系统的结构和功能发生变化，对人类生存和发展产生不利影响。如燃烧化石燃料引起的烟尘和二氧化硫导致的城市大气污染；工业生产所排放的含重金属废水，以及城市生活污水引起水污染，包括江河湖泊淡水污染，地下水污染和近海污染；工业固体废物和城市垃圾占地造成污染等。

当前，世界环境问题已经从第一代环境问题升级为第二代环境问题，也就是我们通常所说的全球性环境问题。由于它的规模、性质，对人和其他生命的影响，以及解决的难度等都大大超越第一代环境问题，因而更加引起全世界的关注。

（2）世界十大环境问题。

到目前为止，已经威胁人类生存并已被人类认识到的环境问题主要有：全球变暖、臭氧层破坏、生物多样性减少、酸雨、森林资源锐减、土地荒漠化、大气污染、水污染、海洋污染、危险性废物越境转移等众多方面。目前，比较典型的世界十大环境问题如下。❶

①全球气候变暖。由于人口的增加和人类生产活动的规模越来越大，向大气释放的

---

❶ 当前威胁人类生存的十大环境问题 [J]. 地球，2018(4):17.

二氧化碳、甲烷、一氧化二氮、氯氟碳化合物、四氯化碳、一氧化碳等温室气体不断增加，导致大气的组成发生变化，大气质量受到影响，气候有逐渐变暖的趋势。较高的温度可使极地冰川融化，淹没一些海岸地区。全球变暖还可能影响降雨和大气环流的变化，使气候反常，易造成旱涝灾害，这些都可能导致生态系统发生变化和破坏，对人类生活产生一系列重大影响。

②臭氧层的耗损与破坏。在离地球表面 10～50 千米的大气平流层中，集中了地球上 90% 的臭氧，在离地面 25 千米处臭氧浓度最大，形成了厚度约为 3 毫米的臭氧集中层，称为臭氧层。它能吸收太阳的紫外线，以保护地球上的生命免遭过量紫外线的伤害，并将能量贮存在上层大气，起到调节气候的作用。但臭氧层是一个很脆弱的大气层，如果进入一些破坏臭氧的气体，它们就会和臭氧发生化学作用，臭氧层就会遭到破坏。臭氧层被破坏，将使地面受到紫外线辐射的强度增加，给地球上的生命带来很大的危害。

③生物多样性减少。《生物多样性公约》指出，生物多样性"是指所有来源的形形色色的生物体，这些来源包括陆地、海洋和其他水生生态系统及其所构成的生态综合体；它包括物种内部、物种之间和生态系统的多样性"。近百年来，由于人口的急剧增加和人类对资源的不合理开发，加之环境污染等原因，地球上的各种生物及其生态系统受到了极大的冲击，生物多样性也受到了很大的损害。有关学者估计，世界上每年至少有 5 万种生物物种灭绝，平均每天灭绝的物种 140 个。

④酸雨蔓延。酸雨是指大气降水中酸碱度（pH 值）低于 5.6 的雨、雪或其他形式的降水。这是大气污染的一种表现。酸雨对人类环境的影响是多方面的。酸雨降落到河流、湖泊中，会妨碍水中鱼虾的成长，以致鱼虾减少或绝迹；酸雨还导致土壤酸化，破坏土壤的营养，使土壤贫瘠化，危害植物的生长，造成作物减产，危害森林的生长。

⑤森林锐减。地球的绿色屏障——森林，正以平均每年数千平方公里的速度消失。森林的减少使其涵养水源的功能受到破坏，造成了物种的减少和水土流失，对二氧化碳的吸收减少进而又加剧了温室效应。

⑥土地荒漠化。全球陆地面积占 60%，其中沙漠和沙漠化面积占 29%。每年有几百万公顷的土地变成沙漠。经济损失每年数百亿美元。人类文明的摇篮底格里斯河、幼发拉底河流域已由沃土变成荒漠。中国黄河流域的水土流失也十分严重。

⑦大气污染。大气污染的主要因子为悬浮颗粒物、一氧化碳、臭氧、二氧化碳、氮氧化物、铅等。大气污染导致全世界每年有数十万人因烟尘污染提前死亡，数千万的儿童患慢性喉炎，数百万农村妇女儿童受害。

⑧水污染。水是我们日常最需要也接触最多的物质之一，然而，水如今也成了危险品。

⑨海洋污染。人类活动使近海区的氮和磷增加了 50%～200%，过量营养物导致沿海藻类大量生长。海洋污染导致赤潮频繁发生，破坏了红树林、珊瑚礁、海草，使近海

鱼虾锐减，渔业损失惨重。

⑩危险性废物越境转移。危险性废物是指除放射性废物以外，具有化学活性或毒性、爆炸性、腐蚀性和其他对人类生存环境存在有害特性的废物，它们威胁着人类的健康和生命安全。越境转移是指危险废物或其他废物从一国的国家管辖地区移至或通过另一国的国家管辖地区的任何转移，或移至或通过不是任何国家的国家管辖地区的任何转移，但该转移须涉及至少两个国家。

（3）我国面临的环境问题。

随着我国经济的快速发展，城镇化水平越来越高，但城市工业产生的废水、废气、固废，以及大量的汽车尾气排放和城镇居民生活污水排放等，导致城市环境质量急剧下降。同时，城市水污染、大气污染、土壤污染、噪声污染等问题，严重影响了我国的社会发展和城市居民的生活品质，因此，越来越引起人们的广泛重视。而城市环境污染问题同样备受世界各国关注，并且成为全球社会性问题之一。当前，我国政府高度重视城市环境污染问题，并不断加大对环境治理的财政投入，以及对城市环境污染问题的分析力度，从而积极探索改善城市环境质量的有效途径，努力为人民群众创造健康的生存环境，以此推动我国城市化进程的可持续发展。

目前我国环境污染的主要类型包括以下几个方面。[1]

①大气污染。我国的能源结构一直以来都是以煤炭为主，这使得大气污染多年来呈现出以煤烟型污染为主。但近年来，由于人们生活水平的不断提高以及城镇化进程的加快，汽车保有量的增加也给城市的大气环境带来了巨大压力，导致我国的大气污染由单纯的煤烟型污染向煤烟和交通混合型污染转变。并且，大气污染特征也发生了相应的变化，不仅二氧化硫和颗粒物的污染程度越来越高，与机动车尾气密切相关的氮氧化物的污染程度也越来越高，这使原本严重的大气污染问题更加日趋严重。[2] 因此，城市的大气污染问题也逐渐引起了社会各界的关注。

当前，大气环境污染是城市环境污染的主要问题，也是人们最迫切需要解决的问题之一。但由于大气环境中的污染区域较为广泛，以及废气污染物种类繁多且成分复杂，所以，其处理起来难度较大，这也是城市环境污染处理的重点与难点。通常，空气中的大气污染物主要包括二氧化硫、氮氧化物、颗粒物，臭氧以及一氧化碳等，其中，颗粒物中的 PM_{10} 和 $PM_{2.5}$ 两种可吸入颗粒物对人们的身体健康造成的危害尤为突出。

在工业企业生产过程中产生的废气污染物是城市大气环境污染物的主要源头，这主要是由于工业生产的飞速发展使矿物燃料的使用率逐步增加，而矿物燃料在焚烧后会形成大量的有害物质，其中，当颗粒物进入高空后，会成为很多有毒有害物质的载体，其

[1] 陈芳. 我国城市环境污染现状及治理措施 [J]. 皮革制作与环保科技 ,2022,3(9):117–119.
[2] 刘亚梦. 我国大气污染物时空分布及其与气象因素的关系 [D]. 兰州 : 兰州大学 ,2014.

至有些颗粒物能通过呼吸道进入人体，从而严重影响人们的身体健康。此外，随着城市居民可支配收入的提高，城市中机动车的保有量逐渐增加，而随之汽车尾气的排放量也持续增加，这对于城市大气环境的压力日渐加剧。同时，随着城市居民对空气的感知越来越直接且更加灵敏，导致停车场、加油站等区域的汽车尾气投诉问题，成为城市居民对环保信访的敏感点和高发点。❶

②水污染。随着我国社会经济的发展，城市水污染问题日益严重，主要是因为工业废水和生活污水的排放。其中，工业废水对水体环境污染的影响较大，这是由于在工业生产过程中，各个环节都可能产生废水，而对水环境质量影响较大的工业废水主要来自冶金、电镀、造纸、印染、制革等行业。在以上行业中，有些工业废水未得到有效处理，也没有达到相应的排放标准而是直接排入水环境，从而造成了严重的水环境污染。因此，为了减少工业企业在生产过程中排放的废水，国家采取了许多有力措施，主要包括环境管理领域实施的总量控制制度和排污许可制度。通常在工业企业生产废水达标排放的基础上，会对废水中的污染物排放实施总量控制政策，这对于促进工业企业减少废水中的污染物排放总量、加强水污染防治基础设施建设和改善城市水环境质量等都起到了一定的积极作用。

此外，城市居民生活污水对城市水环境质量的影响也不容忽视。当前，由于我国城市化进程发展过快，城市基础建设跟不上城市化的发展速度，一些区域城市的污水主管网铺设较为完整，但污水支管网配套却不完善，导致一些居民生活污水不能完全进入城市污水管网，也没有进行有效处理而是直接排入水环境，这也给城市水环境质量带来了一定的负面影响。

③土壤污染。土壤污染是指污染物通过各种途径进入土壤且超过了土壤的自净能力，导致土壤的组成、结构和功能发生改变，导致有害物质在土壤中逐渐积累，且通过食物链被人体吸收，最终出现危害人体健康的现象。

经相关调查发现，土壤污染的源头主要有三种，即生活污染、工业污染和农业污染。同时发现，我国部分地区的地表水体受到污染，重金属元素超标。因此，在环境管理领域应强化土壤污染的管控与修复，要以改善土壤环境质量为核心，以防控土壤环境风险为目标，以保障农产品和人居环境安全为出发点，以此加强土壤污染防控，并严控新增土壤污染。在实际工作中，为了加强土壤保护，应鼓励工业企业集聚发展，提高土地节约集约利用水平，以减少土壤污染。并且，还要加强未利用地的环境管理，防范建设用地新增污染；以及加强工业固体废物的处理处置与综合利用，防止污染地下水；还要防治农业面源污染，严控新增土壤污染。此外，还应建立土壤污染治理修复的全过程监管制度，并依法对土壤污染治理修复责任方实施终身责任追究。

---

❶ 于传鹏. 城市大气环境污染现状及治理对策研究 [J]. 消费导刊,2019(2):271.

④噪声污染。在城市中，影响人们正常休息、学习和工作的噪声污染的问题不容忽视。城市噪声主要来自工业噪声、交通噪声、建筑施工噪声、社会生活噪声。其中，在建筑施工噪声中，一些机械设备引起的噪声值甚至可达到 80 ～ 125dB，如果人们长期暴露在这种高噪声的工作环境中，就会导致耳聋，因此，要加强建筑噪声的监督管理和检查执法，并建立健全现场噪声管理责任制。而对于工业噪声污染，可采取消声、吸声、隔声等措施进行防治，从而推进城市区域重点工业区的噪声源治理，以此有效改善噪声污染。当前，城市的交通噪声污染也不容忽视，可采取建设声屏障、安装降噪装置、种植绿化带等措施来减轻交通噪声污染，可通过使用低噪路面材料、实施破损道路降噪改造工程，以及推广多空隙排水降噪沥青路面等措施进行治理。

除了交通噪声、工业生产噪声等问题外，在商业服务、游戏、娱乐等社会发展的全过程中产生的噪声也会对周围环境造成一定危害，所以，也要强化对商业网点、娱乐场所等社会生活噪声源的管理，力争从源头防控社会生活噪声污染。

1.1.3 环境问题产生的主要原因

当前，世界各国对环境问题的认识越来越深刻，对环境问题的研究也越来越深入，环境治理的范围也越来越广泛，环境保护的投资逐年增加，环境管理的法律法规逐渐健全。但从目前世界各国的环境保护和治理的情况来看，还远不能遏制全球生态环境继续恶化的趋势。以经济增长为中心的主导思想没有从根本上得到扭转。

改革开放至今，我国城市化迈入了加速的历史发展阶段，建设规模和总量在不断扩大与提高，城市经济基础明显提升，但随之带来的是城市生态环境污染问题日益增加，严重影响了城乡居民的正常生活。而大中城市既是地方政治、经济、文化生活的中心地带，又是非农业人口赖以生存的重要依托地，也是城市人口生活与经济社会活动的稠密地带、资源环境保护的高压地带。但目前，由于追求经济效益所造成的城市环境严重污染，已危及广大城乡居民的身体健康，所以，治理环境污染既是城市发展中最迫切需要破解的难题，也是城市未来发展的大方向。❶

当前环境问题产生的主要原因主要包括以下四个方面。❷

（1）环境监管制度不完善。

在环境管理领域中环境监管尤为重要，但由于当前环境监管制度不完善，存在监管漏洞，导致污染物偷排、漏排现象时有发生。因此，要加强生态环境综合执法能力建设，深入推进生态环境综合执法改革，要明确职责内容和职能边界，规范执法标准体

---

❶ 阎西宁，陈军强 . 试论我国城市环境污染的现状及防治措施 [J]. 建筑工程技术与设计，2017(18)：3599.
❷ 陈芳 . 我国城市环境污染现状及治理措施 [J]. 皮革制作与环保科技，2022,3(9):117-119.

系、统一执法行为规范。同时，在不断完善生态环境监测技术体系时，还要全面提高环境监测的自动化、标准化、信息化水平，以推动实现环境质量预报预警，确保监测数据真、准、全。此外，还要强化环保产业支撑，支持鼓励企业参与"一带一路"建设；积极推行环境污染第三方治理，探索统一规划、统一监测、统一治理的一体化服务模式；从源头防治污染，加强全过程管理；坚持人与自然和谐共生，顺应自然、保护自然，健全源头预防、过程控制、损害赔偿、责任追究的生态环境保护体系；引导企业生产和人们消费方式绿色化，推进绿色技术创新；构建以排污许可制为核心的固定污染源监管制度体系，完善污染防治区域联动机制和陆海统筹的生态环境治理体系。

（2）缺少科学、可持续性的总体规划。

城市化发展至今，在每一个阶段都有不同的城市规划目标，但缺乏一种科学、严谨、统筹、长远的整体规划，这就造成城市化的规划没有章法，从而造成城市的功能分区布局不合理。例如，一些大中城市的工业区建设在农村居民点周围的上风向处，这样就会使环境污染问题更加突出；而工业园区里的工业企业由于土地规划不合理，导致土地利用效率不高，甚至出现了园区周边土壤被污染的情况。而且现在城市里的工业产业向周围地区转移，从而导致了工业污染的平行移动，这对城市附近居民的日常生活都带来了一定危害。

（3）城市基础设施不完善。

在城市污水收集处理系统的建设中，基础设施等建设不完善，覆盖面不全，导致城市生产生活污水不能实现100%的收集和处理，特别是一些城市非建成区的污水集中收集和处理效率都较低，其中化粪池等简易收集处理方式仍占较大比重。另外，污水收集处理等基础设施的不完善也导致一些城市污水会通过漏排、直排等方式进入环境，这给城市的水环境带来了严重污染。而城市非建成区的基础供热配套覆盖不全，冬季散煤取暖导致的大气污染问题也比较突出，因此，非建成区的清洁取暖改造任务还是比较艰巨的。

（4）环境保护氛围营造仍待加强。

在城市发展的过程中，环境保护的氛围营造不强，所以要从以下方面做起：首先，要依法保障社会公众对城市规划和环境保护规划的知情权、参与权和监督权，可利用各种媒体宣传规划及实施情况，确保社会公众的知情权以及扩大公众的环境参与权；要发挥出公众和新闻媒体的监督作用，提高社会公众的监督意识，并及时解决群众反映的生态环境问题，从而营造全社会关注与监督生态环境保护事业的良好氛围。其次，加强生态文明宣传教育，引导市民遵守公民生态环境行为规范，倡导公众使用绿色产品、参与绿色志愿服务，倡导简约适度、绿色低碳的生活方式。最后，还要大力推广节水器具、节电灯具、节能家电、绿色家具等；鼓励步行、自行车和公交等绿色出行，倡导垃圾资源回收，以此促进城市形成节约适度、低碳排放、文明健康的生活和消费模式。

1.2 企业发展与绿色转型

1.2.1 企业在国民经济发展中的重要性

在我国，企业特别是国有企业在国民经济发展中起着非常重要的作用，是国民经济的支柱，对整个国民经济的发展有决定性作用。习近平同志曾指出，国有企业是中国特色社会主义的重要物质基础和政治基础，是党执政兴国的重要支柱和依靠力量。我国成立 70 多年以来，国有企业在党的领导下为我国经济社会发展做出了重要贡献，在历史和实践的检验中已成为名副其实的"先锋队""生力军""稳定器"和"压舱石"，作用十分明显。国有企业对国民经济恢复、实现跨越式发展、完善工业体系构建、民生服务和保障、危机应对等方面做出了重要贡献。党的十八大以来，国有企业尤其在脱贫攻坚、抗震救灾、服务"一带一路"建设及维护国家安全中发挥了不可替代的作用。

国有企业作为推进国家现代化和保障人民共同利益的重要力量，在经济现代化、治理现代化、人的现代化建设方面都发挥着无可替代的特定功能、承载着独特使命，既是中国特色社会主义的重要物质基础与政治基础，贯通全体人民物质和精神生产生活的桥梁，更是中国式现代化新道路以及全面建设社会主义现代化国家新征程的重要参与者、推动者和实践者。立足新的历史方位，国有企业必须坚持做强做优做大，更好承担起全体人民实现共同富裕的责任与使命。❶

（1）国有企业是解放和发展先进生产力的主力军。

建设现代化经济体系是开启全面建设社会主义现代化国家新征程的重要物质支撑和基础安排。国有企业作为坚持公有制主体地位的组织基础和制度保障，是引领现代化经济体系建设的重要力量。

国有企业是建设现代化经济体系的坚实物质力量。生产资料公有制是社会主义经济制度的基础，国有企业是生产资料公有制的基础性制度安排。经过新中国成立后 70 多年来的艰辛探索，尤其是改革开放 40 多年的伟大实践，国有企业的改革和发展已为我国现代化经济体系建设奠定了坚实的物质基础。回顾过往，国有企业作为社会主义经济建设的主体，在经济发展中一直扮演着重要角色，其生产经营领域几乎遍布整个国民经济，在关键领域和重要行业发挥着支撑保障作用，在维护宏观经济稳定、提供社会福利和公共产品、积极承担基础设施建设重任等方面发挥着重要功能。立足当前，国有企业的经

---

❶ 綦好东．全面建设社会主义现代化国家新征程中国有企业的功能使命［N］．光明日报，2022-08-23.

营规模和经营效率已成为我国国民经济的重要组成部分，其所承载的资产总量及在关系国家安全和国民经济命脉的重要行业和关键领域所占据的支配性地位，既巩固着公有资产在社会总资产中的优势地位，也体现着国有经济对国民经济发展的控制力和影响力。

国有企业是不断解放和发展先进社会生产力的关键推动力量。先进社会生产力是一个动态概念，其内涵的更新需要通过持续不断的技术创新、产业创新、管理创新来实现。党的十九届五中全会明确强调"坚持创新在我国现代化建设全局中的核心地位，把科技自立自强作为国家发展的战略支撑"，这意味着以创新来解放和发展先进社会生产力是建设现代化经济体系的先导。作为公有制实现形式的主体力量，国有企业一直肩负着解放和发展先进生产力的使命。国有企业作为基础设施投资和战略性新兴产业投资的主力军，在我国技术创新、技术扩散、技术赶超各阶段都扮演着重要角色，承担了更多基础性研究任务，并通过基础性研究创新拉动着上下游企业的发展，显著发挥着技术创新的溢出效应和乘数效应。例如，为打造国有科技型企业改革样板和自主创新尖兵，以更好发挥示范带动作用，"科改示范企业"被纳入国企改革专项工程，所入选的国有企业数量也从2021年的209家增加到2022年的440家。2022年3月国务院国资委成立科技创新局，更是彰显了国家对巩固和提高国有企业创新主体地位的重视。国有企业是贯彻新发展理念、助力经济高质量发展的重要带动力量。从全面建成小康社会到全面建设社会主义现代化国家，面临着跨越中等收入阶段、迈向高收入国家行列的新课题，攻克这一难题，关键取决于增长动力的可持续性，这就需要我们转变发展理念和发展方式。将创新、协调、绿色、开放、共享的新发展理念作为对经济发展规律性认识的理论升华，已成为中国跨越中等收入阶段、实现现代化的最佳路径。近年来，国有企业积极转变发展理念，聚焦于质量变革、效率变革、动力变革，在持续深化供给侧结构性改革中发挥着引领和带动作用，围绕主责主业大力发展实体经济，推动国民经济的转型升级。不仅如此，国有企业作为中国企业"走出去"的排头兵，在积极参与全球竞争、主动对接国内市场需求方面也发挥了重要作用。

无论是从对我国经济社会发展的历史贡献角度，还是从当前其规模和体量、地位与作用的角度考虑，国有企业都是我国现代化经济体系建设道路上的主导力量。全面建设社会主义现代化国家，必须始终坚持中国特色社会主义的正确前进方向，坚持公有制经济主体地位。国有企业不仅要承担巩固社会主义基本经济制度、弥补市场缺陷、保障国家经济安全等政策性使命，也要作为独立市场主体参与市场竞争，以完成国有资本做强做优做大的经济使命，使国有企业更好地发挥解放和发展先进生产力的作用，承担好引领现代化经济体系建设的使命。

（2）国有企业是制度变革与创新的践行者。

习近平同志指出，国家治理体系和治理能力是一个国家的制度和制度执行能力的集中体现，两者相辅相成。国有企业作为国家治理体系的组成部分，践行着国家治理体系的价值规范和行为模式，影响着国家治理的实现路径，遵循国家治理体系和治理能力现代化的核心价值取向。

国有企业是国家治理制度体系建设的重要组成部分。制度在本质上是基于社会分工协作体系并体现生产关系的一套规则。置于国家治理之中的制度，因其所具有的基础性地位，可被视为国家治理体系和治理能力现代化的关键与核心。而制度又同组织密不可分，国有企业作为中国特色社会主义中最为重要的微观经济组织形式，其制度变革与创新是影响国家治理制度体系现代化的内生动力。计划经济时期的国有企业采用"国有国营"的制度形式，改革开放后，先后历经公司制改制、股份制改造、深度混合所有制改革等制度变革，走出了一条具有中国特色的现代企业制度建设之路，国有企业治理体系日臻完善。国有企业治理体系深度参与并扎根于国家治理体系，成为中国特色社会主义制度的重要组成部分。

国有企业是促进国家治理执行能力提升的有效工具。国家治理体系涉及国家发展和战略规划的实施，以及社会主义市场经济体制的构建。新中国成立以来，国有企业始终将自身功能定位和使命要求与国家发展战略规划和特定产业发展目标相结合，推动着国有经济布局优化、结构调整以及控制力、影响力的提升，尤其在解决基础设施建设短缺问题、发展重点产业方面发挥了关键作用，成为政府调控宏观经济和推动社会发展的有效工具。

可见，作为制度体系的组成部分、制度执行的有效工具、制度权威的组织保障，国有企业必须坚持和完善中国特色现代企业制度，以制度变革与创新推进国有企业治理体系与治理能力现代化，更好发挥服务国家治理体系建设和治理能力提升的作用，承担好推进国家治理体系和治理能力现代化的使命。

（3）国有企业是以人民为中心立场的坚定拥护者。

实现共同富裕是中国特色社会主义的本质要求，而解决发展问题和分配问题是共同富裕的实现路径。从发展和分配的角度来看，国有企业既是推动协调发展、提高富裕程度的经济基础，也是实现共建共享、促进社会公平的机制保障。

国有企业是推动协调发展、提高富裕程度的经济基础。物质富裕和精神富足是实现共同富裕的重要内容。从物质富裕角度看，国有企业作为国民经济发展的顶梁柱，通过深化改革促进经济高质量发展，不仅在创造价值层面发挥着中坚作用，而且通过混合所有制改革放大了国有资本功能，形成了国民共进的良性发展格局。"十三五"时期，全国国资系统监管企业资产总额、利润总额年均增速分别为12.7%、10.7%，累计实现增加值59.5万亿元，约占同期全国国内生产总值的1/8，高于同期全国国内生产总值和规模以上工业企业相关指标增速，这为我国共同富裕程度的提升奠定了坚实的经济基础。从精神富足角度看，国有企业是促进社会主义文化建设、创造精神财富的组织基础。在国有企业改革和发展过程中，不仅形成了丰富多彩的企业文化，而且在传播先进文化理念和提高广大人民群众文化素质方面发挥了重要作用。根植于党和国家意识形态管理架构和文化组织结构中的国有文化企业，更是既肩负繁荣发展文化产业的责任，又承担弘扬社会主义核心价值观、建设社会主义先进文化的重要使命，创造了丰富的精神产品。

国有企业是实现共建共享、促进社会公平的机制保障。构建体现效率、促进公平的收入分配体系是实现共同富裕的关键环节。国有企业是政府可以直接调节收入分配的领域，也是反映社会收入分配状况的参照系，在初次分配、再分配、三次分配中都发挥着重要的公平保障作用。在初次分配方面，国有企业不仅要遵循按劳分配为主体的收入分配方式，而且影响着其他企业在处理资本收益与劳动报酬、管理者薪酬与职工薪资之间的分配平衡。在再分配方面，国有企业在做强做优做大的过程中上缴公共财政的国有资本收益成为我国社保基金财政性收入的重要支柱，以及改善和保障民生的重要力量。"十三五"期间，国有企业累计贡献税收 17.7 万亿元，约占同期全国税收收入的 1/4；中央企业累计上交国有资本收益 4135 亿元，向社保基金累计划转国有资本 1.21 万亿元。在三次分配方面，国有企业是履行社会责任的典范，在推动慈善和公益事业发展方面发挥着重要作用。

国家对各类型企业的发展也很重视，党的二十大报告明确指出，"深化国资国企改革，加快国有经济布局优化和结构调整，推动国有资本和国有企业做强做优做大，提升企业核心竞争力。优化民营企业发展环境，依法保护民营企业产权和企业家权益，促进民营经济发展壮大。完善中国特色现代企业制度，弘扬企业家精神，加快建设世界一流企业。支持中小微企业发展。深化简政放权、放管结合、优化服务改革。构建全国统一大市场，深化要素市场化改革，建设高标准市场体系。完善产权保护、市场准入、公平竞争、社会信用等市场经济基础制度，优化营商环境"。要"建设现代化产业体系。坚持把发展经济的着力点放在实体经济上，推进新型工业化，加快建设制造强国、质量强国、航天强国、交通强国、网络强国、数字中国。实施产业基础再造工程和重大技术装备攻关工程，支持专精特新企业发展，推动制造业高端化、智能化、绿色化发展。巩固优势产业领先地位，在关系安全发展的领域加快补齐短板，提升战略性资源供应保障能力。推动战略性新兴产业融合集群发展，构建新一代信息技术、人工智能、生物技术、新能源、新材料、高端装备、绿色环保等一批新的增长引擎。构建优质高效的服务业新体系，推动现代服务业同先进制造业、现代农业深度融合。加快发展物联网，建设高效顺畅的流通体系，降低物流成本。加快发展数字经济，促进数字经济和实体经济深度融合，打造具有国际竞争力的数字产业集群。优化基础设施布局、结构、功能和系统集成，构建现代化基础设施体系。"

一系列推动企业发展的政策措施对推动企业快速发展一定会起到巨大的助推作用，但与此同时，也会带来严重的环境问题。

1.2.2 "双碳"目标与企业的绿色转型

（1）"双碳"目标的提出及基本要求。

改革开放以来，工业化和城镇化快速推进，企业特别是国有企业在其中发挥了重要作用，但与此同时也带来了危及人的生存环境和自然可持续力的环境危机。

我国是全球二氧化碳排放量最多的国家。据《2021～2027 年中国二氧化碳行业运行动态及投资前景评估报告》显示，2020 年我国二氧化碳排放量为 9893.5 百万吨，占全球二氧化碳总排放量的 30.93%。2020 年 9 月 22 日，习近平主席在第七十五届联合国大会一般性辩论中发表重要讲话时提出，"中国将提高国家自主贡献力度，采取更加有力的政策和措施，二氧化碳排放力争于 2030 年前达到峰值，努力争取 2060 年前实现碳中和。"2020 年 12 月 12 日，习近平主席在气候雄心峰会上再次重申了这一目标，彰显了中国的责任担当。《中共中央国务院关于完整准确全面贯彻新发展理念做好碳达峰碳中和工作的意见》《国务院关于印发 2030 年前碳达峰行动方案的通知》的出台，意味着双碳"1+N"政策体系中最为核心的部分已经完成，标志着我国"双碳"行动进入实质性落实阶段，也标志着我国经济社会高质量发展迈入新征程。❶

延伸阅读

碳达峰、碳中和工作的基本要求和主要目标

实现碳达峰、碳中和，是以习近平同志为核心的党中央统筹国内国际两个大局作出的重大战略决策，是着力解决资源环境约束突出问题、实现中华民族永续发展的必然选择，是构建人类命运共同体的庄严承诺。为完整、准确、全面贯彻新发展理念，做好碳达峰、碳中和工作，现提出如下意见。

一、总体要求

（一）指导思想。以习近平新时代中国特色社会主义思想为指导，全面贯彻党的十九大和十九届二中、三中、四中、五中全会精神，深入贯彻习近平生态文明思想，立足新发展阶段，贯彻新发展理念，构建新发展格局，坚持系统观念，处理好发展和减排、整体和局部、短期和中长期的关系，把碳达峰、碳中和纳入经济社会发展全局，以经济社会发展全面绿色转型为引领，以能源绿色低碳发展为关键，加快形成节约资源和保护环境的产业结构、生产方式、生活方式、空间格局，坚定不移走生态优先、绿色低碳的高质量发展道路，确保如期实现碳达峰、碳中和。

（二）工作原则。实现碳达峰、碳中和目标，要坚持"全国统筹、节约优先、双轮驱动、内外畅通、防范风险"原则。

——全国统筹。全国一盘棋，强化顶层设计，发挥制度优势，实行党政同责，压实各方责任。根据各地实际分类施策，鼓励主动作为、率先达峰。

——节约优先。把节约能源资源放在首位，实行全面节约战略，持续降低单位

---

❶ 于法稳，林珊 ."双碳"目标下企业绿色转型发展的促进策略 [J]. 改革，2022(2):144.

产出能源资源消耗和碳排放，提高投入产出效率，倡导简约适度、绿色低碳生活方式，从源头和入口形成有效的碳排放控制阀门。

——双轮驱动。政府和市场两手发力，构建新型举国体制，强化科技和制度创新，加快绿色低碳科技革命。深化能源和相关领域改革，发挥市场机制作用，形成有效激励约束机制。

——内外畅通。立足国情实际，统筹国内国际能源资源，推广先进绿色低碳技术和经验。统筹做好应对气候变化对外斗争与合作，不断增强国际影响力和话语权，坚决维护我国发展权益。

——防范风险。处理好减污降碳和能源安全、产业链供应链安全、粮食安全、群众正常生活的关系，有效应对绿色低碳转型可能伴随的经济、金融、社会风险，防止过度反应，确保安全降碳。

二、主要目标

到 2025 年，绿色低碳循环发展的经济体系初步形成，重点行业能源利用效率大幅提升。单位国内生产总值能耗比 2020 年下降 13.5%；单位国内生产总值二氧化碳排放比 2020 年下降 18%；非化石能源消费比重达到 20% 左右；森林覆盖率达到 24.1%，森林蓄积量达到 180 亿立方米，为实现碳达峰、碳中和奠定坚实基础。

到 2030 年，经济社会发展全面绿色转型取得显著成效，重点耗能行业能源利用效率达到国际先进水平。单位国内生产总值能耗大幅下降；单位国内生产总值二氧化碳排放比 2005 年下降 65% 以上；非化石能源消费比重达到 25% 左右，风电、太阳能发电总装机容量达到 12 亿千瓦以上；森林覆盖率达到 25% 左右，森林蓄积量达到 190 亿立方米，二氧化碳排放量达到峰值并实现稳中有降。

到 2060 年，绿色低碳循环发展的经济体系和清洁低碳安全高效的能源体系全面建立，能源利用效率达到国际先进水平，非化石能源消费比重达到 80% 以上，碳中和目标顺利实现，生态文明建设取得丰硕成果，开创人与自然和谐共生新境界。

（资料来源：《中共中央　国务院关于完整准确全面贯彻新发展理念做好碳达峰碳中和工作的意见》节选）

> **延伸阅读**

2030年前碳达峰行动方案

一、总体要求

（一）指导思想。以习近平新时代中国特色社会主义思想为指导，全面贯彻党的十九大和十九届二中、三中、四中、五中全会精神，深入贯彻习近平生态文明思想，立足新发展阶段，完整、准确、全面贯彻新发展理念，构建新发展格局，坚持系统观念，处理好发展和减排、整体和局部、短期和中长期的关系，统筹稳增长和调结构，把碳达峰、碳中和纳入经济社会发展全局，坚持"全国统筹、节约优先、双轮驱动、内外畅通、防范风险"的总方针，有力有序有效做好碳达峰工作，明确各地区、各领域、各行业目标任务，加快实现生产生活方式绿色变革，推动经济社会发展建立在资源高效利用和绿色低碳发展的基础之上，确保如期实现 2030 年前碳达峰目标。

（二）工作原则。

——总体部署、分类施策。坚持全国一盘棋，强化顶层设计和各方统筹。各地区、各领域、各行业因地制宜、分类施策，明确既符合自身实际又满足总体要求的目标任务。

——系统推进、重点突破。全面准确认识碳达峰行动对经济社会发展的深远影响，加强政策的系统性、协同性。抓住主要矛盾和矛盾的主要方面，推动重点领域、重点行业和有条件的地方率先达峰。

——双轮驱动、两手发力。更好发挥政府作用，构建新型举国体制，充分发挥市场机制作用，大力推进绿色低碳科技创新，深化能源和相关领域改革，形成有效激励约束机制。

——稳妥有序、安全降碳。立足我国富煤贫油少气的能源资源禀赋，坚持先立后破，稳住存量，拓展增量，以保障国家能源安全和经济发展为底线，争取时间实现新能源的逐渐替代，推动能源低碳转型平稳过渡，切实保障国家能源安全、产业链供应链安全、粮食安全和群众正常生产生活，着力化解各类风险隐患，防止过度反应，稳妥有序、循序渐进推进碳达峰行动，确保安全降碳。

二、主要目标

"十四五"期间，产业结构和能源结构调整优化取得明显进展，重点行业能源利用效率大幅提升，煤炭消费增长得到严格控制，新型电力系统加快构建，绿色低碳技术研发和推广应用取得新进展，绿色生产生活方式得到普遍推行，有利于绿色低碳循环发展的政策体系进一步完善。到 2025 年，非化石能源消费比重达到 20% 左右，单位国内生产总值能源消耗比 2020 年下降 13.5%，单位国内生产总值二氧化碳排放比 2020 年下降 18%，为实现碳达峰奠定坚实基础。

"十五五"期间，产业结构调整取得重大进展，清洁低碳安全高效的能源体系初步建立，重点领域低碳发展模式基本形成，重点耗能行业能源利用效率达到国际先进水平，非化石能源消费比重进一步提高，煤炭消费逐步减少，绿色低碳技术取得关键突破，绿色生活方式成为公众自觉选择，绿色低碳循环发展政策体系基本健全。到 2030 年，非化石能源消费比重达到 25% 左右，单位国内生产总值二氧化碳排放比 2005 年下降 65% 以上，顺利实现 2030 年前碳达峰目标。

（资料来源：《国务院关于印发 2030 年前碳达峰行动方案的通知》节选）

可见，实现碳达峰、碳中和，具有重要的战略意义：

从全局视野看，我国建设社会主义现代化具有许多重要特征，其中之一就是我国现代化是人与自然和谐共生的现代化，注重同步推进物质文明建设和生态文明建设。

从阶段特征看，"十四五"时期，我国生态文明建设进入了以降碳为重点战略方向、推动减污降碳协同增效、促进经济社会发展全面绿色转型、实现生态环境质量改善由量变到质变的关键时期。

从顶层设计看，党中央、国务院高规格成立碳达峰、碳中和工作领导小组，于2021年10月印发《中共中央 国务院关于完整准确全面贯彻新发展理念做好碳达峰碳中和工作的意见》。国务院随后出台《2030年前碳达峰行动方案》，明确我国实现"双碳"目标的时间表、路线图和施工图。

从实现路径看，习近平同志强调，要完善能耗"双控"制度，创造条件尽早实现能耗"双控"向碳排放总量和强度"双控"转变。要立足以煤为主的基本国情，抓好煤炭清洁高效利用、增加新能源消纳能力，推动煤炭和新能源优化组合。2022年全国两会期间，习近平总书记在参加内蒙古代表团审议时强调："绿色转型是一个过程，不是一蹴而就的事情。要先立后破，而不能够未立先破。富煤贫油少气是我国的国情，以煤为主的能源结构短期内难以根本改变。实现'双碳'目标，必须立足国情，坚持稳中求进、逐步实现，不能脱离实际、急于求成，搞运动式'降碳'、踩'急刹车'。"这为我们更好地融入"双碳"战略、推动企业绿色转型，提供了根本遵循。

（2）"双碳"目标给企业带来的机遇和挑战。 ❶

①机遇。一是政策机遇。中央提出，完善有利于绿色低碳发展的财税、价格、金融、土地、政府采购等政策，积极发展绿色金融。《政府工作报告》提出，有序推进碳达峰、碳中和工作，推动能源革命，确保能源供应，立足资源禀赋，坚持先立后破、通盘谋划，推进能源低碳转型。加强煤炭清洁高效利用，有序减量替代，推动煤电节能降碳改造、灵活性改造、供热改造。推动能耗"双控"向碳排放总量和强度"双控"转变，完善减污降碳激励约束政策，加快形成绿色生产生活方式。二是市场机遇。在"双碳"政策倒逼下，绿色发展型企业无论是产品市场、碳交易市场还是碳汇方面，其发展空间都无比巨大。就煤矿碳交易市场来说，煤矿每利用1亿立方米矿井瓦斯，相当于减排150万吨二氧化碳。如果将减碳指标投放碳交易市场，就是数亿元、数十亿元的无形资产。三是发展机遇。2021年9月15日，习近平同志在陕西榆林考察时，对煤炭企业未来发展作出重大部署。标定了煤炭产业发展减碳、低碳化的大方向，以及持续做减法的大趋势，这是"双碳"倒逼下煤炭产业的必然命运。同时，肯定了煤化工转型方向和

---

❶ 李毛.以企业绿色转型助力实现"双碳"目标 [J].中国煤炭工业，2022(5)：6-8.

发展潜力，提出了煤化工产业"三化"发展重大要求，强调了煤基产业创新使命。可以看出，煤炭未来逐步减量替代是大势所趋，早转早主动、早转早受益，要善于把握"十四五""十五五"发展窗口期，坚持安全高效导向，加快产能挖潜、技改提效、智能化改造步伐，最大限度提升资源价值。

②挑战。一是生产方式变革带来的新挑战。任何生产型企业，必然是绿色、低碳、清洁生产，一切不符合环保节能标准的生产环节，必将被时代淘汰。二是资源环境约束带来的新挑战。排放量和能耗，对企业发展的制约进一步加大。比如，现在新上项目，要求设计之初就把"双碳"标准作为前置条件。三是技术更新迭代带来的新挑战。"双碳"必然带来新技术的研究与运用，掀起减碳科技潮流，这对于企业创新能力是一个巨大挑战。总的来看，"双碳"目标对企业可持续发展能力、企业家领导力，带来了新挑战、提出了新要求。

总之，就重工业企业而言，融入"双碳"战略、推进"双碳"目标，因其规模大、能耗高，调结构、上项目受"双碳"政策制约很大。但反过来看，这类企业在节能减排降碳上潜力巨大、容易出效果，只要找对方向、找准路径，就能对整个企业带来重大的积极影响。这就要求重工业企业必须站在讲政治、顾大局的高度，以更大的决心、更高的标准、更硬的举措、更严的要求，担当起"双碳"主力军、先锋队的重大使命，必须从根本上着手，积极探索绿色转型新路径，大力推进产业结构调整、节能减排降碳、绿色能源建设，从根本上实现绿色可持续发展。

（3）企业的绿色转型。

在"双碳"目标下，企业不得不进行绿色转型，其目的主要是依靠技术创新提高资源和能源的利用效率，控制碳排放数量，实现全产业生命周期内碳流量的减少，并采取积极有效的措施消减碳存量，实现"双碳"目标，推动企业的可持续发展。

《2030年前碳达峰行动方案》中将碳达峰贯穿于经济社会发展全过程和各方面，重点实施能源绿色低碳转型、节能降碳增效行动、工业领域碳达峰行动、城乡建设碳达峰行动、交通运输绿色低碳行动、循环经济助力降碳行动、绿色低碳科技创新行动、碳汇能力巩固提升行动、绿色低碳全民行动、各地区梯次有序碳达峰行动等"十大行动"。其中，有关企业绿色转型的是工业领域碳达峰行动，为企业绿色转型提供依据。

工业领域碳达峰行动：工业是产生碳排放的主要领域之一，对全国整体实现碳达峰具有重要影响。工业领域要加快绿色低碳转型和高质量发展，力争率先实现碳达峰。

第一，推动工业领域绿色低碳发展。优化产业结构，加快退出落后产能，大力发展战略性新兴产业，加快传统产业绿色低碳改造。促进工业能源消费低碳化，推动化石能源清洁高效利用，提高可再生能源应用比重，加强电力需求侧管理，提升工业电气化水平。深入实施绿色制造工程，大力推行绿色设计，完善绿色制造体系，建设绿色工厂和绿色工业园区。推进工业领域数字化智能化绿色化融合发展，加强重点行业和领域技术改造。

第二，推动钢铁行业碳达峰。深化钢铁行业供给侧结构性改革，严格执行产能置换，严禁新增产能，推进存量优化，淘汰落后产能。推进钢铁企业跨地区、跨所有制兼并重组，提高行业集中度。优化生产力布局，以京津冀及周边地区为重点，继续压减钢铁产能。促进钢铁行业结构优化和清洁能源替代，大力推进非高炉炼铁技术示范，提升废钢资源回收利用水平，推行全废钢电炉工艺。推广先进适用技术，深挖节能降碳潜力，鼓励钢化联产，探索开展氢冶金、二氧化碳捕集利用一体化等试点示范，推动低品位余热供暖发展。

第三，推动有色金属行业碳达峰。巩固化解电解铝过剩产能成果，严格执行产能置换，严控新增产能。推进清洁能源替代，提高水电、风电、太阳能发电等应用比重。加快再生有色金属产业发展，完善废弃有色金属资源回收、分选和加工网络，提高再生有色金属产量。加快推广应用先进适用绿色低碳技术，提升有色金属生产过程余热回收水平，推动单位产品能耗持续下降。

第四，推动建材行业碳达峰。加强产能置换监管，加快低效产能退出，严禁新增水泥熟料、平板玻璃产能，引导建材行业向轻型化、集约化、制品化转型。推动水泥错峰生产常态化，合理缩短水泥熟料装置运转时间。因地制宜利用风能、太阳能等可再生能源，逐步提高电力、天然气应用比重。鼓励建材企业使用粉煤灰、工业废渣、尾矿渣等作为原料或水泥混合材。加快推进绿色建材产品认证和应用推广，加强新型胶凝材料、低碳混凝土、木竹建材等低碳建材产品研发应用。推广节能技术设备，开展能源管理体系建设，实现节能增效。

第五，推动石化化工行业碳达峰。优化产能规模和布局，加大落后产能淘汰力度，有效化解结构性过剩矛盾。严格项目准入，合理安排建设时序，严控新增炼油和传统煤化工生产能力，稳妥有序发展现代煤化工。引导企业转变用能方式，鼓励以电力、天然气等替代煤炭。调整原料结构，控制新增原料用煤，拓展富氢原料进口来源，推动石化化工原料轻质化。优化产品结构，促进石化化工与煤炭开采、冶金、建材、化纤等产业协同发展，加强炼厂干气、液化气等副产气体高效利用。鼓励企业节能升级改造，推动能量梯级利用、物料循环利用。到2025年，国内原油一次加工能力控制在10亿吨以内，主要产品产能利用率提升至80%以上。

第六，坚决遏制"两高"项目盲目发展。采取强有力措施，对"两高"项目实行清单管理、分类处置、动态监控。全面排查在建项目，对能效水平低于本行业能耗限额准入值的，按有关规定停工整改，推动能效水平应提尽提，力争全面达到国内乃至国际先进水平。科学评估拟建项目，对产能已饱和的行业，按照"减量替代"原则压减产能；对产能尚未饱和的行业，按照国家布局和审批备案等要求，对标国际先进水平提高准入门槛；对能耗量较大的新兴产业，支持引导企业应用绿色低碳技术，提高能效水平。深入挖潜存量项目，加快淘汰落后产能，通过改造升级挖掘节能减排潜力。强化常态化监管，坚决拿下不符合要求的"两高"项目。

1.3　实施环境经营战略是企业绿色转型的唯一出路

1.3.1　环境经营的概念及提出

（1）环境经营的含义。

通过对环境问题的分类及表现的论述，我们不难看出：目前人类环境的破坏者主要是创造经济增长传奇的各类型企业，随着绿色环保和生态经济理念的深入人心，其对企业经营理念和经营模式也产生了重大影响。注重环保，崇尚绿色经营，对企业经营来说，不再只是支出和投入，也不再只是作为与企业利润相对立的经济负担，而是企业新的财富源泉。树立绿色经营理念，采用绿色经营模式，已经成为企业增加盈利、获得成长的必然选择。

环境经营，也叫绿色经营，是指企业适应社会经济可持续发展的要求，把节约资源、保护和改善生态与环境、促进消费者和公众身心健康的理念，贯穿于企业经营管理的全过程和各个方面，以实现企业的可持续增长，达到经济效益、社会效益和环保效益的有机统一。日益严峻的资源和环境形势，迫使企业必须转变原有的生产模式。社会公众环境保护意识的增强，使得造成环境污染的企业逐渐失去生存的空间。公众对企业社会责任的追究，使得企业必须承担起应有的环境保护责任。

（2）环境经营的提出。

20 世纪 90 年代初，为了解决环境污染、能源危机和资源枯竭等环境问题，一些发达国家开始把环境作为经营的重要内容。进入 21 世纪，绿色经营能力已成为决定企业竞争优势的一个重要因素。一个没有绿色经营能力的企业（或者不注重环境保护的企业），在激烈的市场竞争中不可能真正立足。因此，绿色经营已经成为现代企业创新的必然选择，是企业竞争优势的一个新的重要来源。

21 世纪是"绿色世纪"。人们越来越关注人与自然的和谐共处，在经济活动中保护环境日渐成为时尚。与之相伴的"环境经营"成为企业经营的一大趋势，成为现代企业可持续发展的重要内容。企业绿色经营，就是根据绿色经济的要求，把环境保护观念融于企业的生产经营活动之中，注重对资源、环境的管理，通过节约资源和控制污染，实现企业的可持续发展。绿色经营本质上是企业对外部生态环境带来的影响所进行的重新定位，是可持续发展的必然选择。

从人与环境的角度来审视，企业的发展过程也是企业经营方式不断调整的过程，归纳起来可以分为以下四个阶段：

①掠夺性开采与生产阶段。传统的企业生产经营是建立在自然资源取之不尽、环境容量无限的基础之上的。它以尽可能多地利用资源，甚至通过掠夺性的开采，以获取最大利润，不考虑或极少考虑环境效益和社会效益。正是这种传统的生产经营模式，导致今天全球大多数可识别资源都成为短缺资源，环境危机日益加剧。

②被动性污染治理阶段。从20世纪60年代开始，受制于环境保护的压力和环境法规的制约，企业开始被动地开发和采用一些末端治理技术以控制污染。但是，被动的污染治理只能暂时控制污染，无法从根本上解决问题，也不能保持较高的运作效率和最佳效果，在运行中往往又会出现新的污染问题。

③主动性预防阶段。受国家和国际环境保护法律法规的约束和企业自身经济利益的驱使，许多企业越来越意识到节约资源和改善环境的重要性。虽然通过采取"末端治理"式的污染控制措施，可能符合政府的要求，但这种"分期付款"的方式成本太高。随着高新技术的不断涌现，一些企业开始寻求成本更低、适用性更强的解决办法，大力开发和设计符合甚至优于环境标准的产品和工艺。污染控制开始从末端治理走向全过程控制，企业开始从被动污染治理转向主动的污染预防。

④面向可持续发展的绿色经营阶段。进入20世纪90年代，随着可持续发展思想不断深入人心，一些企业开始以超前的眼光关注环境因素在整个社会经济发展中的作用，把生态环境保护作为经营目标，把生态环境治理作为经营内容，把环境因素作为构建企业竞争优势、获取更大利润的战略要素之一，通过谋求实现经济效益、社会效益和环境效益三者统一的绿色经营战略，达到企业可持续发展的目的。

1.3.2　企业实施环境经营的重要性

（1）环境经营——企业竞争优势的重要来源。

按照传统经济学的理论，企业的经营战略是在企业自身和竞争对手共同面向顾客时，如何形成自身的竞争优势。这一竞争优势主要是通过四要素"Q（质量）、C（成本）、T（时效）、S（服务）"来实现的。这种传统的经营战略是以顾客为导向，以赢得顾客、获取最大利润为最终目标，但它忽视了企业与生态环境之间的关系，淡化了其经济的外部负效应，即企业活动对环境的破坏。随着企业外部环境的变化和社会公众环境保护意识的增强，社会公众不仅关心企业产品本身，而且关心企业产品的环境影响。社会公众开始以一种整体的观点来看待企业的经营行为，尤其考虑企业是否关心社会问题和担负社会责任。而体现企业社会责任的一个重要方面就是企业对生态环境问题的敏感程度，即实施环境（绿色）经营。因为，绿色经营的核心是要改变传统的大量消耗和浪费资源，甚至破坏环境的生产经营方式，建立新的有利于环境保护的资源节约型的生产经营方式。在绿色浪潮的冲击之下，产品的环境指标、环境标志、生命周期等已成为企业竞争优势的基本要素。因此，企业新的竞争优势不仅来自Q、C、T、S，而且体现在绿色生产、绿色管理、绿色营销等一系列保护生态环境的活动方面。因此，改进之后的企业竞争优势包括五个要素，即"Q（质量）、C（成本）、T（时效）、S（服务）和E（环境）"。环境经营作为一种新的经营战略，不仅要考虑企业自身、竞争对手和顾客三个要素，还要考虑企业经营活动对生态环境的影响，它把环境价值考虑在经营活动之中，在尽可能减少环境污染、降低环境成本的基础上实现最合理的利润。企业为了获得更大的竞争优势，必须采取一系列符合自然界发展规律的、更加亲和环境的、有社会责任感的措施，使企业经营活动对生态环境的影响减少到最低限度。

（2）环境经营——财富源泉新理念。

环境经营不再只是企业在环保上的投入，或者是从事传统意义上的环保产业，而是指把绿色环保的理念贯穿于企业经营的全过程，从人与自然的和谐出发，从对环境资源的保护和补充中获得盈利的一种经营方式。如美国再加工行业1996年的收入为530亿美元，超过了耐用消费品行业（家用器皿、家具、音响、录像机、农场及花园装备等）的收入。AT&T公司通过对复印纸和打印纸的双面使用，使得纸张的费用下降了15%。甚至，技术的发展使得一些复印机和打印机能够去掉纸张上的墨迹，从而使同一张纸可以被重复使用。这些节约资源的措施能够为企业带来丰厚的利润。

实行环境经营能够改善企业形象，使企业获得隐性收益，甚至能够直接为企业创造经济效益。绿色环保的企业形象意味着市场占有率，就意味着产品能够卖得较好的售价，就是经济效益。这方面成功的例子举不胜举。相反，一些污染企业被指责为不负责任的企业，形象就会受到损害，甚至影响到产品的销售和企业的生存。同时，在人们的环保意识增强的今天，政府也加大了治理污染的工作力度，舆论的监督力度也在加强。实行绿色经营就能够减少企业经营中受到的行政制裁和舆论指责，减少企业经营的社会成本以及污染罚没成本，消除利润的侵蚀因素。

（3）绿色设计——获取财富的绿色方案。

绿色设计是环境经营的起点和基础。在设计中首先要注重高新技术的运用。选择技术方案要遵循绿色经营的原则：领先、高效、适用、和谐。领先就是要运用比竞争对手更先进的技术。这样才能在竞争中获得优势地位。高效就是生产效率和原材料的利用率要高，减少废弃物的排放量。适用就是选择的技术要合理，技术的运用成本要低。和谐就是要使方案所涉及的各方面相互协调，减少相互间的摩擦损耗，提高总体效率。

树立"全方位设计"的整体观念。环境经营所要求的节约资源，不只是某一道工序、某个零配件上的节约，而是整个生产体系的节约和效率提高。这种整体的节约，既不会使企业增加环保的开支，又节约了资源，为企业带来新的效益。生产体系中的某一小环节的变动就会带来巨大的节约效益。一个制造公司的设计师在生产车间设计中采用大直径少弯曲的管道取代了细长而弯曲的标准泵管。从局部看，管道材料增加了；但从整体看，由于摩擦力减小，水泵、马达、马达监控设备以及其他电子配件的功率和体积全都比以往的小得多，使这部分设备的投资大大下降，不仅足以弥补管道加粗所导致的费用上升，而且还有盈余。这种整体协调的理念在房地产开发中的运用也是很成功的。新建房屋的二次装修一直是困扰我国房地产业的难题。现在一些开发商采取装修好成品房出售的办法，避免了建筑材料浪费，为用户节约了装修费用，开发商也从中获得了利益。

以人为本的设计理念。人与自然的和谐是提高效率的最有效的手段，也是经营活动的宗旨。设计要以人为中心，而不是以机器为中心。传统设计是以机器体系为中心，人只是作为机器体系的附属而存在，人被作为资源开发的工具。绿色设计注重发挥人的作用，努力实现人与机器的和谐。通过人的作用提高效率，减少资源耗费。设计中还要注意人与人之间关系的协调。在经济生活中，每个人都希望用最小的成本获得最大的利益。这就要在设计中做好员工之间的利益的协调，以减少人际摩擦，提高员工的整体工作效率。

（4）绿色生产——节约与效率创造财富。

采用封闭式生产模式，对原材料循环利用，或者延伸原材料开发深度，把上一生产环节的废弃物作为下一道生产环节的原材料进行加工，就可以有效地提高对原材料的利用效率，节约资源，创造新的收益。榨糖厂利用蔗渣造纸，钢铁厂利用废渣提取稀有金属或生产建筑材料，这些都是很成功的例子。如果对我国的污染大户造纸厂的废水进行再提取加工，循环利用水资源，既可以减少污染，又可以获得新的产品收益，会给企业带来可观的经济效益。有些工业排泄物无法继续加工，可以使其转化为对环境无害的营养物资，重新回归自然。当然，由于受到现有技术的限制，人们还无法做到完全杜绝有害品的产生。但我们有意识地采用封闭式生产，是能够带来现实的效益的。例如美国施乐公司通过再加工增加了 7000 万美元的收益。而且施乐公司还预计，通过对新型的、可全面重复使用的环保型影印机的再加工，将再取得 10 亿美元的收益。

改良产品性能，提高资源利用效率，也是实现绿色生产以增加效益的一项重要手段。通过技术手段，或者重新组合配置，使产品获得新的用途，或者用较少的原材料达到同样的性能，都可以达到节约资源、提高效率和效益的目的。比如美国杜邦公司，在工业用聚酯胶片的生产中，为了减少物耗、降低成本，通过提高胶片的坚韧度来使片体变得更薄。既提高了产品的性能，又节约了原材料的消耗。由于产品的性能提高，产品的价格也得以提高，极大地提高了经济效益。这种以技术进步为基础的节约办法，已经被越来越多的生产企业所认识，将会得到广泛的运用。

精益生产是符合绿色经营理念的新型生产经营模式。精益企业使用精益方式生产出来的产品品种能尽量满足顾客的要求，通过其对各个环节中采用的杜绝一切浪费（人力、物力、时间、空间）的方法与手段满足顾客对价格的要求。精益生产方式需要对顾客的需求作出实时反映，把产品的开发时间减至最小，加快产品周期、减小规模效益的影响，提高生产率，杜绝浪费并且主动寻找、纠正和解决问题。通过不断改善，精益生产模式把顾客需要融入企业经营过程，消除了生产与顾客需要之间的距离，消除了因供求矛盾和产品成本与顾客支付能力之间的矛盾而导致的资源浪费，也极大地提高了企业保持市场占有率和进行扩张市场的能力，能够大幅度地增加企业盈利。日本的汽车制造业之所以能够在全世界取得成功，就与其采用精益生产模式有着密切的关系。

（5）绿色销售——盈利来自提供服务。

绿色销售是环境经营的重要环节。绿色销售包含着丰富的内容，以服务代替生产就是其主要内容之一。绿色销售所关注的是顾客购买产品的最终消费目的。正像人们购买灯泡不是为了灯泡本身，而是为了获得灯泡所能提供的照明效果一样，人们购买产品就是为了获得产品所能提供的服务。企业可以改变传统的经营方式，由提供产品转变为提供服务。比如有的地毯厂改生产地毯为出租地毯，把收回的地毯的磨损部分予以修复继续使用，而不是把旧地毯报废重新生产新的地毯。这种做法为客户节约了一次性购买地毯的投入，也节约了生产地毯所需的物料投入，当然也为企业带来了丰厚的收入。绿色销售也可以通过为用户提供专业的产品售后保养和维护来实现。通过生产厂家的售后服务，提高产品为用户提供服务的能力和期限，客观上提高了资源的利用效率，也稳定了企业的用户群。可见，以服务代替生产可以节约大量的资源，也为企业开拓新的利润来源，带来可观的经济效益。

建立精益销售体系是绿色销售的重要手段。在精益销售体系中，销售人员与用户建立长期稳固的联系，主动推销，主动服务。销售人员及时把顾客的需要反馈给工厂，工厂据此组织生产。通过绿色销售构成一个由用户需求带动的而不是由工厂的需求带动的生产经营体系。在产品的整个使用期间，即使是超过保修期之后，销售人员仍主动地为用户提供全方位的服务，努力培养用户对厂家和产品的忠诚。精益销售的实质就是建立一个为用户提供高水准的服务和为生产厂商提供高水准的真实信息反馈的销售服务体系。精益销售可以大大节省市场调查的费用和时间，缩短产品的设计时间，避免生产出不适合市场需要的产品，降低库存成本及其他营运成本，并使工厂的生产稳定，并且还能够有效地阻止竞争对手蚕食市场，稳定自己的市场份额，进而拓展市场，实现节约资源、占领市场、增加盈利的目的。

环境经营是新的企业经营盈利模式，它不只是简单地在某一个方面或者某一个经营环节上实施节能环保措施，而是全新的经营理念、盈利理念和企业运营模式。环境经营作为一个新的经营理念和经营模式，是对传统经营模式的革命性变革。实施环境经营模式，需要企业管理的诸多方面做出相应的变革。企业根据环境经营的要求，制定全新的战略目标、运行模式、分配体制等。改变企业管理中的反向激励政策，不要鼓励各部门及其员工通过增加消耗量来增加产量和产值，成绩考核不以产值而以效率和效益为准，逐步完成由传统经营模式向绿色经营模式的转变。当然，环境经营模式的实施也需要政府部门改变对企业的传统评价标准，为企业提供良好的社会经济条件。

绿色行动：宝钢环境经营战略实践探索

2009年6月4日，宝钢正式提出实施"环境经营战略的总体设计"文件，明确了环境经营战略的基本思路与总体目标、战略任务，以及由此宝钢将做出的根本性转变。

（1）基本思路与总体目标。

宝钢实施环境经营战略基本思路是：正确理解、牢固树立环境经营的理念；创建绿色宝钢的环境经营体系；走绿色生产、低碳经济的差异化道路，生产绿色、环保产品；以节能减排、低碳经济和资源综合利用等促进宝钢节能减排装备技术、资源综合利用技术的产业化工作；勇于承担社会责任，积极回报社会，树立良好的社会形象，建立和谐社区和社会。

基于这一思路，宝钢环境经营战略的目标也非常明确。即通过创建环境经营新体制，使钢铁生产过程对环境危害最小、能耗最低、成本最优，在系列化开发节能环保型产品、努力提升材料功效方面开创宝钢技术领先的新领域，建立钢铁新时代的竞争力，拓展企业生存空间、提高企业的社会贡献度，保持领先优势，并通过这种差异化战略，成为中国钢铁工业的领头羊，并最终成为世界最具竞争力的资源节约型、环境友好型钢铁企业集团。

（2）三大战略任务。

宝钢所提出的环境经营战略是要把环境保护融入企业经营管理的全过程，使环境保护和企业发展融为一体的企业经营活动。因此，宝钢的环境经营战略不同于常规的差异化、成本领先等竞争战略，它要覆盖企业的产品开发、产品设计、产品制造等运营的全过程，同时约束和指导员工、产业链伙伴的行为。为了进一步明确环境经营战略的本质，并为环境经营战略目标的实现提供路径，宝钢将环境战略分解成绿色制造、绿色产品和绿色产业三大战略任务。

绿色制造是指在钢铁生产的过程中，通过采取各类管理和技术措施，最大限度地节省能源、降低消耗，减少排放，在实现良好经济效益的同时实现清洁生产，与所在环境和谐共存。在绿色制造方面，宝钢将制定严于法律法规的内控标准并严格执行，加大新、改、扩建项目的环境投资比例，同时每年投入大量资金用于环境工艺装备的技术改造和日常维护。

绿色产品是指在设计、制造、运输、使用、回收、再利用和废弃的全生命周期内节省能源，降低消耗，减少污染物排放，并且在改善环境质量和减少对人体健康的危害方面有所贡献的产品。具体而言，绿色产品指的是开展生态设计，开发生态产品，保证产品不在使用过程中危害环境，开发可替代现有非绿色材料的新产品。

宝钢作为钢铁制造商，不仅要对钢铁制造过程负责，而且有责任保证所有钢铁产品在下游使用过程中，不会因为钢材本身的问题对环境造成危害。更重要的是，要通过深入广泛地与下游产业开展合作，不断地开发并持续提供具有卓越使用性能的新一代钢铁产品，以实现供应链整体的节能减排。

绿色产业是指整合节能环保技术，发展节能环保产业，扩大钢铁业自身积累的节能及环境改善技术在行业内外的应用，对节能环保技术进行系统的商业化开发，塑造为行业内外提供节能环保解决方案的能力，在为社会提供有价值的产品和服务的同时，实现企业经济效益和社会效益的双重收益。

（3）三大根本性转变。

宝钢通过环境经营战略的实施，将实现三个根本性的转变。第一个转变体现在企业战略层面上，需要变被动环境治理为主动环境经营。第二个转变体现在生产方式上，需要变忽视环境的"粗放生产"为注重生态的"绿色生产"。第三个转变体现在投入产出上，需要将对环境的消耗型投入转化为盈利型产出。

第一个转变体现在企业战略层面上，需要变被动环境治理为主动环境经营。传统环境治理是通过对生产现场发生的污染物的彻底管理以符合有关环境法规的被动的、功能性、事后处理方式，而环境经营采取的是超越单纯的符合法规并对环境的可持续性有所贡献的主动的、战略性、事前预防式方法。环境经营第一要求企业对环境有一个先进的价值观，具备把环境经营贯彻下去的牢固信念和意志；第二，需要制定环境经营战略规划，将环境经营当作企业最重要的工作之一，对企业的生产发展和环境保护实行统一领导，有效地协调与组织企业各个部门的力量，做好环境保护工作；第三，确保环境保护在企业决策中的影响力。企业在制订生产计划、新产品开发、固定资产投资等决策时，尽可能考虑环境保护的要求；第四，将环境管理与企业的生产经营相结合，将环境保护的决策贯穿到产品生命周期的全过程；第五，要求决策者把环境预算当作投资和提高竞争力的必要投入，而不是企业的额外费用支出；第六，通过系统的环境教育和培训，提高全员对环境经营的认识水平，形成健全的环境意识。

第二个转变体现在生产方式上，需要变忽视环境的"粗放生产"为注重生态的"绿色生产"。传统的经营方式是大量消耗和浪费资源、破坏环境的"粗放生产"方式，而环境经营是有利于环境保护的资源节约型的"绿色生产"方式。在绿色浪潮的冲击之下，产品的环境指标、环境标志、生命周期等已成为企业竞争优势的基本要求。因此，企业新的竞争优势不仅来自 Q（质量）、C（成本）、T（时效）、S（服务），而且体现在环境生产、环境管理、环境营销等一系列保护、珍惜和爱护生态环境的活动方面。因此，改进之后的企业竞争优势包括五个要素，即 Q（质量）、C（成本）、T（时效）、S（服务）和 E（环境）。

第三个转变体现在投入产出上，需要将对环境的消耗型投入转化为盈利型产出。

传统经营方式的环境保护是以末端治理为主，因此实现环境保护要通过增加消耗型成本才能达到国家环境法制法规的要求。而环境经营是把环境保护作为企业经营的内容，将环境作为一种财富来经营，以滋生出更大的财富；将绿色理念融入产品的研发设计阶段，通过绿色材料的选择、节能环保生产技术和工艺的采用来实现环境负荷削减。生产的绿色产品具有更高的附加值、更强的盈利能力和更持久的市场竞争力。也就是说，在环境经营过程中，"环境保护"与"创造利益"这二者之间的关系并不是对立的，它们是相辅相成的共生体。企业可以通过环境经营在社会上树立企业的绿色品牌、绿色形象、绿色商誉，赢得用户、消费者和市场以获得利益，然后通过创造利益来实现环境保护和创造效益的良性互动，提升企业的竞争力。

实施环境经营战略是宝钢最富有创意的战略选择，也是宝钢对于绿色生态的庄严承诺。

（资料来源：田海峰，郁培丽，黄祎.绿色行动：宝钢环境经营战略实践探索[A].中国管理案例共享中心，2016(8).案例来源：中国管理案例共享中心，并经该中心同意授权引用。）

本章小结

本章首先从经济与发展的辩证关系入手，提出"环境保护优先"的理念，并介绍了目前人类所面临的各种环境问题及其成因；其次介绍了企业发展与绿色转型，特别是在"双碳"目标下企业绿色转型的必要性、机遇和挑战以及如何转型；最后介绍了环境经营的定义、内涵和基本原则，重点论述了企业实施环境（绿色）经营的优势。

思考题

（1）环境保护与经济发展谁更重要？为什么？

（2）人类所面临的主要环境问题有哪些？

（3）试述环境问题产生的原因都有哪些？

（4）解释说明什么是"碳达峰""碳中和"？在"双碳"目标下企业的绿色转型的必要性以及面临的机遇和挑战是什么？

（5）如何理解环境经营的含义？

（6）企业实施环境经营的优势有哪些？

（7）结合我国实际情况，试讨论企业实施环境经营的途径和方法。

经典案例

资料阅读

第2章
环境管理体系

第 2 章

主要内容 ▶

　　ISO 14000 环境管理体系作为企业及其他组织管理体系中极为重要的一部分，是从社会、政府及采购方等多角度所提的一致要求，可用在环境方针制定及实施、环境因素管理中，是有效预防并控制污染、提升资源能源利用效率的重要保障。本章介绍了国际标准化组织 ISO 及其环境管理体系产生的背景、实施意义、主要内容、建立步骤；剖析了环境管理体系在企业管理应用中的问题，并提出了解决对策。

　　【关键术语】 环境管理体系、ISO 14000、企业管理、生态文明

课前阅读 ▶

环境管理体系建设在北京市天宫院街道大气污染防治中的应用

　　环境管理体系建设在街乡镇大气污染防治中的应用具有较大的发展潜力，其为镇街提供了以污染源排放清单为基础的强化治理措施，达到了减排目的，该方法在北京市大兴区得到了较好的推广及应用，可为下一步大气区域联防联控提供参考，为创新环境管理体系建设方法提供思路，以提供更好的服务模式。

　　众所周知，街乡镇政府管辖面临着环境管理难度大、各类型污染物累计排放量大、环境管理力量不足、人们环保意识较差等问题。第一，镇街管辖范围内普遍存在移动源、扬尘源、工业源、生活源等各类污染源，此类污染源往往伴随着超排、漏排等违法排放问题，不仅会对环境容量造成较大的冲击，还会影响人们的日常生活。第二，污染源排放量大，北京的经济增长与环境质量并不完全符合环境库兹涅茨曲线（EKC）理论，环境治理工作在近几年虽取得了显著成效，但仍存在需要改进的方面，需要减少工业固废的绝对产生量。第三，环境管理力量不足，街乡镇政府工作中配备的环境监管人员过少，导致人力不足，这是目前街乡镇面临的重大难题，各市区县级环保力量无法兼顾所有区域，导致一批向大气排放重点污染物的项目向农村和偏远地区迁移。街乡镇环保部门大多不具备大气污染物溯源能力，无法精准发现违法排放大气污染物的问题，

"难发现、难解决"导致企业排放超标问题严重，影响了空气质量，对人们生活和健康产生了较大影响。第四，人们环保意识较差，人们环保意识更多集中在对自身影响较大的方面，对于日常生活中常见的废气排放关注度不高，很难利用人们的环保意识提高对大气排放的研判并制定应对措施。

根据《环境管理体系通用实施指南》中的"保护环境和污染预防"的相关信息，结合北京天官院街道的实际情况，以治理本地大气污染排放为主的环境管理服务模式悄然构建并实施，取得了显著的治理效果。该模式分为前期、中期和后期三个阶段，具体实施过程如下：

（1）前期：开展污染源排放信息清单，了解本地排放。

建立了工业、餐饮、汽修、医疗、物流园、裸地、施工工地等十四类污染源清单，共计调查污染源点位1100余处，以"一企一档"的方式进行清单信息收集和整理。通过对污染源清单的收集、分析，基本掌握辖区排放重点区域及重点点位的源强，进一步筛分企业的污染及治理达标情况，通过技术分析出具调查报告，为污染物治理提供基础数据。

（2）中期：闭环式管理结合溯源监测，推动落实污染排放达标治理。

结合前期调查结果分析，对每个污染点位出具整改方案及日常管控建议，秉承"谁污染谁负责"的理念将责任落实到污染排放责任主体。在政府推动下，提出"立清立改""限时整改"等措施，加大治理力度。组建了巡查检查队伍，不间断地开展"污染整改回头看"与"双随机抽查"工作，既加强了污染排查力度，也补充了政府管理力量不足的问题。同时，对于辖区内新增污染源，及时纳入污染源排放清单，做到动态更新，一并管理。通过"调查—分析—治理—保障"的闭环式环境管理模式，对污染源实现纳归纳管，不断深化污染物超排整治，极大地控制本地排放，使污染源责任主体的排放始终处于可控范围内，再结合溯源监测，及时发现辖区污染高值区域，在这类重点区域开展重点排查，提高了环境污染问题发现效率，减轻工作负荷。

（3）后期：加强精细化工作，确保辖区大气环境质量稳步提升。

针对新增或减少的污染源，不断填报与删除污染源清单，确保污染排放清单动态更新。通过污染源动态清单中的污染点分析，出具"一企一档"整改方案并监督整改，保障污染排放达标和污染物防治措施的落实，从而有效减少本地源排放，确保污染源本地排放逐步稳定、规范化。同时，达到了 TSP、$PM_{2.5}$ 监测考核数值和排名处在大兴区和北京市的前列。为服务的镇街提供培训工作，分批次、分类别地为政府办事人员、餐饮企业、汽修企业、涉 VOCs 排放企业、医疗机构、施工工地等提供相应的环保知识及法律法规、标准的培训，加强政府办事人员的专业水平，使污染源责任主体从自身环保意识方面得到提高，从而更自主地开展各项环境保护措施。

（资料来源：周哲平.环境管理体系建设在街乡镇大气污染防治中的应用——以北

京市大兴区天宫院街道为例 [J]. 黑龙江环境通报，2022(1)：47-49. 节选改编）

阅读思考 ▶

（1）结合案例内容，谈谈大气污染治理的必要性和重要性。

（2）仔细研读《环境管理体系通用实施指南》，思考该指南是如何应用到实际的生产管理实践当中并取得成效的。

2.1　环境管理体系概况

2.1.1　ISO国际标准化组织简介

ISO 是国际标准化组织（International Organization for Standardization）名称的英文缩写，ISO 来源于希腊语 "ISOS"，其意为 "平等"，官方语言是英语、法语和俄语。

国际标准化组织是由多国联合组成的非政府性国际标准化机构，是世界上最大的非政府性国际标准化组织，也是当今世界上规模是大的国际科学技术组织之一。其前身是国家标准化协会国际联合会和联合国标准协调委员会，1946 年 10 月，25 个国家标准化机构的代表在伦敦召开大会，决定成立新的国际标准化机构，定名为 ISO。大会起草了 ISO 的第一个章程和议事规则，并认可通过了该章程草案。1947 年 2 月 23 日，国际标准化组织正式成立。该国际组织的主要工作之一就是制定各行业的国际标准，协调世界范围的标准化工作。自成立以来，已制定并颁发了许多国际标准，其下设若干技术委员会，其中第 176 技术委员会在 1987 年成功地制定和颁布了 ISO 9000 族质量管理体系标准，在世界范围内引起了巨大的反响。到目前为止，ISO 有正式成员国 165 个，包括各会员国的国家标准机构和主要工业和服务业企业，中国国家标准化管理委员会（由国家市场监督管理总局管理）于 1978 年加入 ISO[1]，在 2008 年 10 月的第 31 届国际化标准组织大会上，中国正式成为 ISO 的常任理事国。每一个成员国均有一个国内标准化机构与 ISO 相对应。

ISO 的技术工作是通过技术委员会（TC）来进行的。根据工作需要，每个技术委员会可以设若干分委员会（SC），TC 和 SC 下面还可设立若干工作组（简称 WG）。ISO 技术工作的成果是正式出版的国际标准，即 ISO 标准。

ISO 制定的标准推荐给世界各国采用，而非强制性标准。但是由于 ISO 颁布的标准在世界上具有很强的权威性、指导性和通用性，对世界标准化进程起着十分重要的作

[1] 郭鑫，信息安全风险评估手册 [M]. 北京：机械工业出版社，2017.

用，所以各国都非常重视 ISO 标准。许多国家的政府部门、有影响的工业部门及有关方面都十分重视，通过参加技术委员会、分委员会及工作小组的活动积极参与 ISO 标准制定工作。目前 ISO 和 200 多个技术委员会正在不断地制定新的产品、工艺及管理方面的标准。

全体大会是 ISO 最高权力机构；理事会是 ISO 重要决策机构；中央秘书处是 ISO 日常办事机构，设在瑞士日内瓦，现有 170 名职员，由秘书长领导。ISO 的主要官员有 5 位，他们是：ISO 主席（President）；ISO 副主席（政策）（Vice President，Policy），ISO 副主席（技术）（Vice President，Technical Management）；ISO 司库（Treasurer）；ISO 秘书长（Secretary-General），所有主要官员由理事会任命，享有终身任期。ISO 秘书长负责主持 ISO 的日常工作。2023 年 9 月 4 日，从 2023 年中国国际服务贸易交易会上获悉，国际标准化组织（ISO）管理咨询技术委员会秘书处在北京成立，这是 ISO 成立 76 年来，首个管理领域的国际标委会秘书处落户中国。

国际标准化组织的目的和宗旨是："在全世界范围内促进标准化工作的开展，以便于国际物资交流和服务，并扩大在知识、科学、技术和经济方面的合作。"其主要活动是制定国际标准，协调世界范围的标准化工作，组织各成员和技术委员会进行情报交流，与其他国际组织进行合作，共同研究有关标准化问题。❶

2.1.2　环境管理体系产生的背景

1972 年，联合国在瑞典斯德戈尔摩召开了人类环境大会。大会成立了一个独立的委员会，即"世界环境与发展委员会"。该委员会承担重新评估环境与发展关系的调查任务，历时若干年，在考证大量素材后，于 1987 年发表了《我们共同的未来》的报告，这篇报告首次引入"持续发展"的概念，敦促工业界建立有效的环境管理体系。这份报告一颁布即得到 50 多个国家领导人的支持，他们联合呼吁召开世界性会议专题讨论和制定行动纲领。

从 20 世纪 80 年代起，美国和西欧一些公司为了响应持续发展的号召，减少污染，提高在公众中的形象以获得商品经营支持，开始建立各自的环境管理方式，这是环境管理体系的雏形。1985 年荷兰率先提出建立企业环境管理体系的概念，1988 年试行实施，1990 年进入环境圆桌会议上专门讨论了环境审核问题。英国也在质量体系标准（BS 5750）基础上，制定 BS 7750 环境管理体系。英国的 BS 7750 和欧盟的环境审核实施后，欧洲的许多国家纷纷开展认证活动，由第三方予以证明企业的环境绩效。这些实践活动奠定了 ISO 14000 系列标准产生的基础。

---

❶ 郑寓，吴燕明，刘咏峰，等，水利技术标准国际化理论与探索 [M].北京：中国水利水电出版社 ,2015.

1992 年在巴西里约热内卢召开环境与发展大会，183 个国家和 70 多个国际组织出席会议，通过了《21 世纪议程》等文件。这次大会的召开，标志着全球谋求可持续发展的时代开始了。各国政府领导、科学家和公众认识到要实现可持续发展的目标，就必须改变工业污染控制的战略，从加强环境管理入手，建立污染预防（清洁生产）的新观念。通过企业的"自我决策、自我控制、自我管理"方式，把环境管理融于企业全面管理之中。

为此 ISO 于 1993 年 6 月成立了 ISO/TC 3207 环境管理技术委员会，正式开展环境管理系列标准的制定工作，以规划企业和社会团体等所有组织的活动、产品和服务的环境行为，支持全球的环境保护工作。

2.1.3　ISO 14000环境管理体系简介及实施意义

ISO 14000 环境管理体系标准是 ISO 继 ISO 9000 标准之后推出的又一个管理标准，是针对全球性的环境污染和生态破坏越来越严重，臭氧层破坏、全球气候变暖、生物多样性消失等重大环境问题威胁着人类未来的生存和发展，顺应国际环境保护的发展，依据国际经济贸易发展的需要而制定的。该标准是由 ISO/TC 207 的环境管理技术委员会制定，有 14001 到 14100 共 100 个号，统称为 ISO 14000 系列标准，其中，ISO 14001 是可用于环境管理体系认证的代号。

环境管理体系包括了环境管理体系（EMS）、环境管理体系审核（EA）、环境标志（EL）、生命周期评价（LCA）、环境绩效评价（EPE）、术语和定义（T&D）等国际环境管理领域的研究与实践的焦点问题，向各国政府及各类组织提供统一、一致的环境管理体系、产品的国际标准和严格、规范的审核认证办法。它是全面管理体系的组成部分，包括制定、实施、实现、评审和维护环境方针所需的组织结构、策划、活动、职责、操作惯例、程序、过程和资源。

ISO 14000 系列标准归根结底是一套管理性质的标准。它是工业发达国家环境管理经验的结晶，在制定国家标准时又考虑了不同国家的情况，尽量使标准能普遍适用。它的实施意义主要体现在以下三个方面。

（1）社会意义。

第一，有利于树立科学的自然观和发展观，提高全民的环境意识和遵纪守法意识。

第二，有利于调动组织防治环境污染的主动性，促进企业通过建立自律机制，制定并实施"预防为主，从源头抓起，全过程控制"的管理措施，为解决环境问题提供了一套同依法治理相辅相成的科学管理方法。

第三，该系列标准把防治环境污染同减少资源、能源的消耗同时并重，有利于推动资源和能源的节约和合理利用，从而实现经济与环境协调统一，可持续发展，也符合我国要建设成为节约型社会和循环经济社会的发展要求。

第四，实施统一的国际环境管理标准，有利于实现各国间环境认证的双边和多边互认，有利于消除技术性贸易壁垒。

（2）现实意义。

第一，提高各类组织管理者及员工的环境意识和守法的主动性和自觉性。

第二，ISO 14000 系列标准为帮助组织提高环境管理能力，提供了一整套方法和系统化框架。组织借助这套框架，可以建立符合基本要求的环境管理模式。

第三，组织推行 ISO 14000 系列标准，有利于适应绿色消费潮流，满足市场、用户和各相关方面的要求，提高企业的竞争优势。

第四，组织通过环境管理体系认证，可向外界证实自身遵循所声明的环境方针和改善环境行为的承诺，树立企业自身的良好形象，提高企业信誉和知名度。

第五，环境绩效改善有利于企业经济效益的增长，有利于保证职工身心健康，提高职工的劳动热情。

第六，组织通过环境管理体系认证还能推动企业技术改造，工艺技术改进和新产品开发。

（3）对中国的重要意义。

第一，有利于实现环境与经济的协调发展。ISO 14000 系列标准的实施，强调全过程的环境管理与控制。实施这一标准，可以加速产业结构的调整，鼓励企业积极开发无毒、无污染的产品，节约原材料和能源的新工艺，为实施全过程控制污染和清洁生产提供程序上的保障。实施 ISO 14000 系列标准，不仅可以促进企业节能、降耗、降低成本，同时还可以降低污染物的排放量，减少污染事件的发生，减少环境风险和环境费用开支，为企业主动保护环境创造了条件。

第二，有利于加强政府对企业环境管理的指导，提高企业的环境管理水平。我国环境管理都是以环境保护的法律、法规、标准为依据的。目前造成环境污染问题的大部分原因是管理不善，要有效地控制和解决这些问题还有赖于政府的干预作用、法制的规范作用和标准的引导作用。ISO 14000 系列标准是指导企业和组织建立和完善环境管理的行动大纲，是规范企业达到政府法律、法规、标准要求的管理工具，实施 ISO 14000 系列标准，建立环境管理体系，企业（最高领导层）要对遵守国家环境法律法规和其他要求做出承诺。要首先达到国家法律法规、标准的要求，这有利于规范企业的环境行为，改进环境保护工作，提高企业的环境管理水平。

第三，有利于提高企业及其产品在市场上的竞争力，促进国际贸易。ISO 9000 质量认证作为一种市场行为仅向消费者表明了企业产品的质量，而 ISO 14000 系列标准的实施向消费者提供了这样一种信息，谁取得了 ISO 14001 认证，谁就为环境保护做出了贡献，一个能对环境负责的企业所生产出的产品也一定能对消费者负责。企业实施 ISO 14000 系列标准，势必要提高产品的环境价值，有助于改善企业环保形象，提高企业产品在国内外的环境效益与经济效益。ISO 14000 系列标准把消除国际贸易壁垒作为一项基本原则，它的普遍实施在一定程度上消除了地区间、国家间的贸易壁垒。但是，对于暂时没有条件取得 ISO 14000 系列标准认证的企业可能会构成新的技术贸易壁垒。

第四，有利于提高全民的环境保护意识。环境保护工作需要千百万民众的共同参与。因此提高全民的环境保护意识就显得十分重要。实施 ISO 14000 系列标准，建立环境管理体系要求对企业全体员工进行系统的环境方面的培训，并要求员工在观念、行为方式和思考过程等方面有所改变，需要知道企业面临的环境问题，怎样做才能影响企业的环境行为。如果众多企业都能够实施 ISO 14000 系列标准，建立环境管理体系，就会有相当多的企业员工和管理者了解环境保护工作，重视环境保护工作，就会使全民的环境保护意识有一个大的提高。

2.1.4 ISO 14000环境管理体系制定的基础

欧美一些大公司在 20 世纪 80 年代就已开始自发制定公司的环境政策，委托外部的环境咨询公司来调查他们的环境绩效，并对外公布调查结果（这可以认为是环境审核的前身），以此证明他们优良的环境管理和引以为豪的环境绩效。他们的做法得到了公众对公司的理解，也赢得广泛认可，公司也相应地获得经济与环境效益。为了推行这种做法，到 1990 年末，欧洲制定了两个有关计划，为公司提供环境管理的办法，使其不必为证明环境信誉而各自采取单独行动。第一个计划为 BS 7750，由英国标准所制定。第二个计划是欧盟的环境管理系统，称为生态管理和审核系统（The Eco-Management and Audit Scheme，EMAS），其大部分内容来源于 BS 7750。很多公司试用这些标准后，取得了较好的环境效益和经济效益。这两个标准在欧洲得到较好的推广和实施。同时，世界上其他国家也开始按照 BS 7750 和 EMAS 的条款，并参照本国的法规标准，建立环境管理体系。

另外一项具有基础性意义的则是 1987 年 ISO 颁布的世界上第一套管理系列标准——ISO 9000。许多国家和地区对 ISO 9000 系列标准极为重视，积极建立企业质量管理体系并获得第三方认证，以此作为开展国际贸易进入国际市场的优势条件之一。ISO 9000 的成功经验证明国际标准中设立管理系列标准的可行性和巨大进步意义。因此，ISO 在成功制定 ISO 9000 系列的基础上，开始着手制定标准序号为14000 的系列环境管理标准。因此可以说欧洲发达国家积极推行的 BS7750、EMAS 以及 ISO 9000 的成功经验是 ISO 14000 系列的基础。

2.2 环境管理体系的主要内容及建立步骤

2.2.1 ISO 14000环境管理体系的主要内容

自 1996 年 ISO/TC 207 国际标准化组织环境管理标准化技术委员会首次发布环境管理系列标准至今，ISO/TC 207 已陆续发布有关环境管理体系、环境审核、环境标志和声明、环境绩效评价、生命周期评价、物质流成本核算、环境信息交流、绿色金融等 71 项环境管理领域的国际标准、技术报告和技术规范。❶

ISO 14000 环境管理系列标准❷作为一个多标准组合系统，按标准性质分为三类：第一类是术语标准，第二类是环境管理体系、规范、原则、应用指南，第三类是支持技术类标准（工具），包括：环境审核、环境标志、环境行为评价、生命周期评估。

如按标准的功能，可以分为两类：第一类是评价组织，包括环境管理体系、环境行为评价、环境审核。第二类是评价产品，包括生命周期评估、环境标志、产品标准中的环境指标。

阅读资料 ▶

ISO 14000的子系统明细

ISO 14000 系列标准是一个庞大的标准系统，其涉及了环境管理体系、环境审核、环境标志、生命周期评价等国际环境领域的许多焦点问题，包括 7 个子系列，每个子系列标准的目的及制订情况如下：

分技术委员会	任 务	标准号
SC1	环境管理体系 EMS	14001—14009
SC2	环境审核 EA	14010—14019
SC3	环境标志 EL	14020—14029
SC4	环境行为评价 EPE	14030—14039
SC5	生命周期评估 LCA	14040—14049
SC6	术语和定义 T&D	14050—14059

---

❶ 黄进，张晓昕，方菲，等．新版《环境管理体系 采取灵活方法分阶段实施的指南》国际标准分析研究［J］．标准科学,2022(11)87-95.

❷ 文中涉及 ISO 14000 环境管理体系中的所有标准均来自 ISO 国际标准化组织官方网站，网址为 iso.org/home.html.

| WG1 | 产品标准中的环境指标 EAPS | 14060—14069 |
| | 其他补充或备用 | 14070—14100 |

（1）环境管理体系（EMS）子系列标准（ISO 14001—ISO 14009）。

目前已制定的有 ISO 14001、ISO 14002 和 ISO 14004 三项标准。该系列标准的主要目的是：规定环境管理体系的要求，包括对中小企业的要求（ISO 14002），使组织能够依据法规要求和对环境影响的信息制定其方针和目标；适用于组织能够控制或即使不能控制但仍能施加影响的环境因素。环境管理体系围绕环境方针的要求展开环境管理，管理的内容包括制定环境方针、实施并实现环境方针所要求的相关内容、对环境方针的实施情况与实现程度进行评审、并予以保持等。环境管理所涉及的管理要素包括组织结构、计划活动、职责、惯例、程序、过程和资源等，这些管理要素与企业生产管理、人事管理、财务管理是类似，没有本质区别，ISO 14001 是 ISO 14000 系列标准的龙头标准，于 1996 年 9 月正式颁布。ISO 14001 标准将它们系统化、结构化，其指导思想是 PDCA 原则，即策划（Plan）、实施（Do）、检查（Check）、改进（Action）。该体系规划出管理活动要达到的目的和遵循的原则；在实施阶段实现目标并在实施过程中体现以上工作原则；检查和发现问题，及时采取纠正措施，以保证实施与实现过程不会偏离原有目标与原则，实现过程与结果的改进提高。ISO 14004 是与 ISO 14001 配套使用的指南性标准，对环境管理体系要素进行了详细的论述，为组织建立和实施环境管理体系提供帮助、指导和参考。

① ISO 14001 系列标准。ISO 14001 是环境管理体系标准的主干标准，也是一般标准，该标准 2004 年第一次修订，后历经 2015 年、2021 年两次修订。它规定了 EMS 必须达到的要求：建立实现方针和目标的框架；对遵守环境法规、坚持污染预防和持续改进环境做出承诺。而 EMS 的框架则是由 5 个一级要素，即环境方针、体系策划、实施和运行、检查和纠正、管理评审，以及 17 个二级要素组成。这 5 个基本部分包含了环境管理体系的建立过程和建立后有计划地评审及持续改进的循环，以保证组织内部环境管理体系的不断完善和提高。17 个要素是指环境方针、环境因素、法律与其他要求、目标和指标、环境管理方案、机构和职责、培训，意识与能力、信息交流、环境管理体系文件、文件管理、运行控制、应急准备和响应、监测、不符合，纠正与预防措施、记录、环境管理体系审核、管理评审。通过实施这个标准，相关组织可以确信自己已建立了完善的环境管理体系。

ISO 14001 环境管理体系标准有以下几大特点。

第一，强调法律法规的符合性。ISO 14001 标准要求实施这一标准的组织的最高管理者必须承诺符合有关环境法律法规和其他要求。

第二，强调污染预防。污染预防是 ISO 14001 标准的基本指导思想，即应首先从源头考虑如何预防和减少污染的产生，而不是末端治理。

第三，强调持续改进。ISO 14001 没有规定绝对的行为标准，在符合法律法规的基础上，企业要自己和自己比，进行持续改进，即今天做的要比昨天做得好。

第四，强调系统化、程序化的管理和必要的文件支持。

第五，自愿性。ISO 14001 标准不是强制性标准，企业可根据自身需要自主选择是否实施；

第六，可认证性。ISO 14001 标准可作为第三方审核认证的依据，因此企业通过建立和实施 ISO 14001 标准可获得第三方审核认证证书。

第七，广泛适用性。ISO 14001 标准不仅适用于企业，同时也可适用于事业单位、商行、政府机构、民间机构等任何类型的组织。

② ISO 14002。ISO 14002 预设 4 个文件，其中 2019 年发布了 ISO 14002-1，该文件以 ISO 14001 为基础，为组织寻求多主题环境变化中的环境因素或应对环境条件变化影响提供了一般指南。各组织根据其内外部环境、与环境的互动以及相关利益方的要求，根据该标准，可以科学设定环境管理方面的优先事项。ISO 14002 系列为那些希望将其环境管理体系应用于更集中的一组环境因素或特定环境因素和环境条件的组合的组织提供了特定主题的指导和示例。它补充了 ISO 14001 和 ISO 14004 中的一般要求和指南，同时还构成了 ISO 14002 系列后续部分的通用元素的框架。

2023 年发布了 ISO 14002-2，该文件在 ISO 14001 的框架下旨在解决与水相关的环境管理问题，包括环境影响、环境条件以及相关风险和机遇等。该文件涉及与水量和水质相关的环境管理问题，如取水、有效利用水和排水，以及应对洪水和干旱等与水有关的事件的方法。该文件考虑了水与其他环境介质的相互联系，并因其对生态系统、生态系统服务、相关生物多样性以及人类生活和福祉的影响而对水的管理采取了整体方法。该文件适用于各类政府组织、行业协会以及企事业单位对于所有类型水的环境管理。

ISO 14002-3 和 ISO 14002-4 目前仍在制订中。

③ ISO 14004。该文件 1996 年发布，又被称为《环境管理体系—原则、体系和支持技术通用指南》，ISO 14004 简述了环境管理体系要素，为建立和实施环境管理体系，加强环境管理体系与其他管理体系的协调提供了可操作的建议和指导，它同时也向组织提供了如何有效改进或保持的建议，使组织通过资源配置、职责分配以及对操作惯例、程序和过程的不断评价（评审或审核）来有序地处理环境事务，从而确保组织确定并实现其环境目标，达到持续满足国家或国际要求的能力。ISO 14004 是一个指南，不是一项规范标准，只作为内部管理工具，不适用于环境管理体系认证和注册。

该文件于 2004 年和 2016 年分别进行了修订，ISO 14004:2016 为组织建立，实施，维护和改进优化可信可靠的环境管理体系提供指导，帮助组织寻求以系统的方式管理其环境，有助于可持续发展。该标准在 2021 年被又一次修订和确认。

④ ISO 14005。标准首次发布是 2010 年，为所有组织特别是中小型企业分阶段开发、实施、维护和改进环境管理体系提供指导，包括提供整合和提高环境管理绩效的建议。2019 年又发布了 ISO 14005:2019，也称为《环境管理体系 — 分阶段灵活实施方法指南》，该标准为分阶段建立、实施、维护和改进环境管理体系（EMS）提供了指导方针，包括中小型企业（SME）在内的组织可以采用该系统来提高其环境绩效。

⑤ ISO 14006。ISO 14006:2011 于 2011 年发布，为企事业单位等各类组织建立、记录、实施、维护和持续改进其生态设计管理提供指南，使其顺利建立环境管理体系。之后 2020 年又发布了 ISO 14006:2020《环境管理体系—纳入生态设计指南》，对 2011 版标准进行了系统修订。

⑥ ISO 14007。2019 年发布了 ISO 14007《环境管理—环境成本和效益确定指南》，文件为各类组织提供了确定与其环境因素相关的环境成本和收益指南，解决了组织对环境（如自然资源）的依赖关系，以及组织运营或所在的环境。

⑦ ISO 14008。2019 年公布了 ISO 14008:2019《环境影响和相关环境因素的货币估价》，该文件规定了环境影响和相关环境方面的价值评价的方法框架。环境影响包括对人类健康以及对建筑和自然环境的影响，也包括自然资源的释放和使用，标准中提及的价值评估方法还可用于更好地了解组织对环境的依赖关系。

⑧ ISO 14009。2020 年 12 月 ISO 标准化组织发布了 ISO 14009:2020《环境管理体系—将物料流通纳入设计和开发的指南》，协助组织使用环境管理体系（EMS）框架，以系统的方式在其设计和开发中建立、记录、实施、维护和持续改进材料循环，该准则可适用于任何组织的任何活动。

（2）环境管理体系审核（EA）子系列标准（ISO 14010—ISO 14019）。

本标准旨在向组织、审核员和委托方提供关于环境审核通用原则的指南。环境审核是客观地获取审核证据并予以评价，以判断特定的环境活动、事件、状况、管理体系，或有关上述事项的信息是否符合审核准则的一个系统化、文件化的验证过程，包括将这一过程的结果呈报委托方。其核心是验证和帮助一个组织改进环境行为的重要手段。它提供了关于环境审核及其他有关术语的定义和环境审核的通用原则。该子系统标准的主要目的是为环境审核提供基本原则，它适用于所有类型的环境审核。

2022 年颁布了 ISO 14015:2022《环境管理—环境尽职调查评估指南》，文件为如何系统进行环境尽职调查（EDD）评估提供指导，以确定环境因素、问题和条件，并在适当的情况下确定其业务后果。文件不提供其他类型的环境评估的指导，例如，环境审核，环境影响评估，环境绩效、效率或可靠性评估，以及侵入性环境调查和补救。

2020 年颁布了 ISO 14016:2020《环境管理—环境报告保证准则》，文件提供了组织在其环境报告中披露环境信息的原则和指南。

2022 年颁布了 ISO 14017:2022《环境管理—水报表的验证和确认要求及指南》，文件规定了验证和确认水报表的原则、要求和准则。它适用于组织、产品和项目水报表的验证和确认，也可用于为地方、区域或国家层面报告的水信息提供可信度。

目前 ISO 标准化组织正在着手制定 ISO/AWI 14019-1《可持续性信息的审定与核查—第 1 部分：一般原则和要求》和 ISO/AWI 14019-2《可持续性信息的审定与核查—第 2 部分：验证过程》。

（3）环境标志（EL）子系列标准（ISO 14020—ISO 14029）。

ISO 14020 标准是 ISO 颁发的与环境标志有关的一系列环境管理标准，1998 年首次颁布了 ISO 14020《环境标志和声明—通用原则》，之后分别在 2000 年和 2022 年进行了修订；1999 年首次发布 ISO 14021《环境标志和声明—自我环境声明（Ⅱ型环境标志）》，并于 2016 年进行了修订；1999 年发布了 ISO 14024:1999《环境标志和声明—Ⅰ型环境标志—原则和准则》，并于 2018 年进行了修订；2006 年发布了 ISO 14025:2006《环境标志和声明—Ⅲ型环境声明—原则和程序》；2017 年首次发布了 ISO 14026:2017《环境标签和声明—足迹信息传达的原则、要求和指南》和 ISO 14027:2017《环境标签和声明—产品类别规则的制定》；2022 年发布了 ISO/TS 14029:2022《产品环境声明和计划—环境产品声明（EPD）和足迹沟通计划的相互认可》。

根据 ISO 14020—ISO 14027 的相关文件规定，环境标志主要有三种，三种环境标志也有着自己不同的名字，Ⅰ型叫"环境标志"，Ⅱ型叫"自我环境声明"，Ⅲ型叫"环境产品声明"。Ⅰ型建立在由第三方设立的，根据产品生命周期评价建立的标准之上，是一个基于多重准则的标志。该类型标志的授权实体可以是一个政府组织，也可以是民间的非营利组织。Ⅱ型是自我宣称的环境声明，建立在制造商和零售商自己声称的基础之上，如声明"产品中有 ×% 是由回收材料制造的"。Ⅲ型是单一声明的标志计划，如有机食品标志，虽然不属于上述类型中的任何一个，但是 ISO 14020 根据环境声明的一般指导方针会部分地涵盖一些内容。

以上每种环境标志和声明方法有着共同目标：鼓励人们尽量消费和生产那些对环境污染影响小的产品，并由此刺激市场驱动下的环境持续改善，使之充分发挥其潜力。但同时，这三种方法也有着非常显著的区别。三种不同环境标志的出现是源于不同的需要和市场，Ⅰ型、Ⅱ型环境标志的出现是针对普通的市场和消费者，Ⅲ型环境标志是针对专业的购买者。由于三种环境标志采用的评价方法不同，实施起来有着巨大的区别，Ⅰ型的特点是要对每类产品制定产品环境特性标准，Ⅱ型是企业可以自己进行环境声明，Ⅲ型是要进行全生命周期评价，然后公布产品对全球环境产生的影响。

实施环境标志计划的意义在于：为消费者建立和提供可靠的尺度来选择有利于环境的产品；提升全社会的环保意识；鼓励生产绿色产品，为生产者提供公平竞争的统一尺度，有利于市场经济条件下的环境保护；有利于标志产品的销售，改善企业形象；有利于促进国际贸易和全球环境合作。

（4）环境绩效评价（EPE）子系列标准（ISO 14030—ISO 14039）。

环境绩效评价是评价一个组织是否达到其环境目标和指标的重要手段。2021 年发布了 ISO 14030-1《环境绩效评估—绿色债务工具—第 1 部分：绿色债券流程》，该文件确立了原则，具体规定了要求并给出了指导方针：将资助合格项目、资产和支持支出的债券指定为"绿色"债券，ISO 14030-2《环境绩效评估—绿色债务工具—第 2 部分：绿色贷款流程》，该文件界定"绿色"贷款为符合条件的项目、资产和支助支出提供资金和 ISO 14030-4《环境绩效评估—绿色债务工具—第 4 部分：验证要求》，规定了验证机构对符合 ISO 14030-1 或 ISO 14030-2 和 ISO 14030-3 或适当替代分类法的声明进行验证的要求。

2022 年又发布了 ISO 14030-3:2022《环境绩效评估—绿色债务工具—第 3 部分：分类法》，该文件定义了合格投资类别的分类，可指定为绿色债务工具，包括债券和贷款。该文件对经济部门进行了分类，并确定了项目、资产等标准。

1999 年发布了 ISO 14031:1999《环境管理　环境表现评价—指南》和 ISO/TR l4032:1999《环境管理—环境绩效评估示例（EPE）》两个标准。ISO 14031 规定了对组织评价环境表现水平的方法进行策划、实施、描述、评审和改进的方法并于 2013 年和 2021 年进行了修订。ISO/TR l4032:1999 标准用案例的形式详尽描述了如何收集、分析和报告环境表现参数，该系列标准的目的是为选择和使用评价组织的环境绩效指标提供指南，确保组织策划和实施环境表现评价并将评价的有关信息通报管理者和相关方，鼓励并促进各种类型、规模和性质的组织主动使用环境表现评价方法，目前该标准已被撤销。

2012 年发布了 ISO/TS 14033:2012《环境管理—环境定量信息—指南和示例》（已撤销），并于 2019 年进行了修订，该文件为如何获取定量环境信息和数据以及实施方法提供了指导方针。2016 年发布了 ISO 14034:2016《环境管理—环境技术验证（ETV）》，规定了环境技术验证（ETV）的原则、程序和要求。

（5）生命周期评价（LCA）子系列标准（ISO 14040—ISO 14049）。

生命周期评价是一项用以评估产品的环境因素与潜在环境影响的技术。所谓生命周期评价实际上就是将从资源开采到废弃物处置和再生的产品和服务的整个生命周期全过程中的环境因素及所产生的环境影响列出清单，加以评估，形成报告并最终用于管理者决策。评价步骤有：与产品系统有关的投入产出清单、与投入产出相关的潜在的环境影响评价、与产品的目的和范围有关的清单分析阶段和评价阶段的结果的解释和说明。

该系列标准为实施和报告生命周期评价的研究提供了指南；从市场调研、设计开发、制造、流通、使用、用后处理和再生利用的整个产品的生命周期内，评价资源的利用是否合理，污染的控制程度是否有效，以求达到资源利用最有效、无污染、废物还可再生利用的目的，以最终解决环境问题。

ISO 14040 系列标准是一项用来评估产品的环境因素与潜在环境影响的技术。基本的生命周期评价步骤包括：编制与研究的产品系统有关的投入产出清单、评价与这些投入产出相关的潜在的环境影响，以及对于研究目的和范围有关的清单分析阶段和评价阶段的结果进行解释和说明等。生命周期评价是一项用以评估产品的环境因素与潜在环境影响的技术，是 ISO 14000 系列标准中最具技术难度的领域。

1997 年发布了 ISO 14040:1997《环境管理—生命周期评价—原则和框架》，并于2006 年进行了修订。

1998 年发布了 ISO 14041:1998《环境管理—生命周期评估—目标和范围定义及库存分析》。

2000 年发布了 ISO 14042:2000《环境管理—生命周期评估—生命周期影响评估》（已撤销）。

2000 年发布了 ISO 14043:2000《环境管理—生命周期评估—生命周期解释》（已撤销）。

2006 年发布 ISO 14044:2006《环境管理—生命周期评估—要求和指南》。

2012 年发布 ISO 14045:2012《环境管理—产品系统的生态效率评估—原则、要求和准则》，描述了产品系统生态效率评估的原则、要求和指南，包括生态效率评估的目标和范围定义、环境评估、产品—系统—价值评估和生态效率的量化等。

2014 年发布了 ISO 14046:2014《环境管理—水足迹—原则、要求和指南》，规定了基于生命周期评估（LCA）的产品、过程和组织的水足迹评估相关的原则、要求和指南。

2003 年发布了 ISO/TR 14047:2003《环境管理—生命周期影响评估—ISO 14042 应用示例》，并于 2012 年修订为《环境管理—生命周期评估—如何将 ISO 14044 应用于影响评估情况的说明性示例》。

2002 年发布 ISO/TS 14048:2002《环境管理—生命周期评估—数据文件格式》，提供了数据文档格式的要求和结构，2000 年发布了 ISO/TR 14049:2000《环境管理—生命周期评估——ISO 14041 在目标和范围定义以及库存分析中的应用示例》并于 2012 年修订为《环境管理—生命周期评估—如何应用 ISO 14044 中的目标和范围定义以及库存分析的说明性示例》。

（6）环境管理（EM）子系列标准（ISO 14050—ISO 14059）。

ISO 术语新标准将帮助应用 ISO 14000 系列标准的用户节省时间、金钱，避免环境管理术语的模糊性，使大家正确地理解环境术语以及相关定义，使环境管理体系得到有效的贯彻和实施。ISO 14050 环境管理词汇标准制定的目的就是保证环境管理活动描述以及环境管理术语使用的连贯性，同时保证标准用户对环境管理术语的理解保持一致。

　　ISO 14050 由 ISO/TC 207 环境管理技术委员会 SC6 术语与定义分支委员会制定并于 1998 年首发，历经 2002 年、2009 年和 2020 年三次修改。正如 ISO/TC 207 的 SC6 主席所说的："术语缺乏，或术语不丰富将导致标准不适宜的贯彻，或者因为术语的难以理解以至产生不必要的费用，而 ISO 14050 非常注重术语的实用性。"因此标准中的术语用系统化的方式予以编制，这有利于标准用户更加容易理解环境管理词汇。新标准除加强 ISO 14000 系列标准的可理解性外，还将帮助用户全面理解环境管理术语。另外，标准用户无须通过几份资料查询术语，这样就会节省很多时间。

　　新标准术语表中收录了 ISO 14000 系列标准中所有的术语与定义，共涉及 106 个术语与定义，同时还标注了其相关出处、例子以及双语版本中涉及的具体用法。"ISO 14050 是 ISO/TC 207 全体技术专家以及所有 ISO 14000 系列标准术语专家合作的结晶。它有利于促进用户对术语的全面理解，同时保证了个体文件术语的一致性。"而标准的服务对象主要为所有 ISO 14000 系列标准的使用者、实施者，以及环境管理领域的翻译、技术作者等。

　　2011 年发布了 ISO 14051:2011《环境管理—物流成本核算—总体框架》为物流成本核算（MFCA）提供了通用框架。根据 MFCA，组织内的物流和库存以物理单位（如质量、体积）进行跟踪和量化，并且还评估与这些物流相关的成本。

　　2017 年发布了 ISO 14052:2017《环境管理—物流成本核算—供应链实际实施指南》为供应链中物流成本会计（MFCA）的实际实施提供了指导。

　　2021 年发布 ISO 14053:2021《环境管理—物流成本核算—组织分阶段实施指南》，文件为分阶段实施物流成本会计（MFCA）提供了实用指南，包括中小型企业（SME）在内的组织可以采用该会计来提高其环境绩效和材料效率。

　　2017 年发布了 ISO 14055-1:2017《环境管理—建立防治土地退化和荒漠化良好做法的准则—第 1 部分：良好做法框架》为建立土地管理方面的良好实践提供了指导方针，以防止或最大限度地减少土地退化和荒漠化。2022 年发布了 ISO/TR 14055-2:2022《环境管理—建立防治土地退化和荒漠化良好做法的准则—第 2 部分：区域案例研究》，文件提供了土地管理良好实践的区域案例研究，以防止或最大限度减少土地退化和荒漠化，以支持 ISO 14055-1:2017。

　　（7）产品标准中的环境因素（EAPS）子系统标准（ISO 14060—ISO 14069）。

　　在产品标准中的环境因素子系统中目前已经发布了 8 个指南，包括已撤销的和现行的，其目的是为产品标准制定者提供指南，最大限度消除产品标准要求不同对环境产生的不利影响。

　　2020 发布 ISO 14063:2020《环境管理—环境沟通—指南和示例》，文件为各组织提供了与内部和外部环境沟通有关的一般原则、政策、战略和活动的指导方针。

　　2018 年和 2019 年分别发布了 ISO 14064-1《温室气体—第 1 部分：组织层面的温

室气体排放量和清除量量化和报告指导》，文件规定了组织层面量化和报告温室气体（GHG）排放和清除量的原则和要求，它包括组织温室气体清单的设计、开发、管理、报告和验证要求。ISO 14064-2《温室气体—第 2 部分：量化、监测和报告温室气体减排量或清除增强量的项目层面的规范和指导》，具体规定了原则和要求，并在项目一级为量化、监测和报告旨在减少温室气体（GHG）排放或增加清除量的活动提供了指导。ISO 14064-3《温室气体—第 3 部分：温室气体声明验证和确认指南规范》，文件规定了原则和要求，并为验证和验证温室气体（GHG）声明提供了指导。它适用于组织、项目和产品温室气体报表。

2007 年发布 ISO 14065:2007《温室气体—温室气体审定和核查机构用于认可或其他形式的认可的要求》并于 2013 年修订，目前执行的是 2020 年发布的 ISO 14065:2020《验证和核实环境信息的机构的一般原则和要求》，文件规定了执行环境信息声明验证和核查的机构的原则和要求。与各机构有关的任何方案要求均在本文件要求之外。

2011 年发布 ISO 14066:2011《温室气体—温室气体审定小组和核查小组的能力要求》，并于 2023 年修订为《环境信息—验证和验证环境信息的团队的能力要求》，文件适用于计划和执行外部或内部验证、验证和商定程序（AUP）的所有组织。

2013 年发布了 ISO/TS 14067:2013《温室气体—产品的碳足迹量化和沟通的要求和指南》，2018 年进行了修订，文件规定了产品碳足迹（CFP）量化和报告的原则、要求和指南，其方式符合生命周期评估（LCA）（ISO 14040 和 ISO 14044）。

2013 年发布 ISO/TR 14069:2013《温室气体—组织温室气体排放的量化和报告—ISO 14064-1 应用指南》，描述了与组织直接和间接温室气体（GHG）排放的量化和报告相关的原则、概念和方法。它为 ISO 14064-1 在组织层面应用于温室气体清单提供了指导。

（8）其他补充与备用（ISO 14070—ISO 14100）。

在 ISO 14000 环境管理体系设立之初，预留了 ISO 14070—ISO 14100 号段，之后随着环境管理情景不断复杂，环境管理体系也不断完善，备用号段逐一启用，用于上述标准的补充说明。

2014 年发布的 ISO/TS 14071:2014《环境管理—生命周期评估—严格审查流程和审查者能力》补充说明了 ISO 14044 的附加要求和准则，它提供了对任何类型的 LCA 研究进行批判性审查的要求和指南以及审查所需的能力。

2014 年发布的 ISO/TS 14072:2014《环境管理—生命周期评估—组织生命周期评估的要求和准则》为 ISO 14040 和 ISO 14044 有效应用于组织提供了额外的要求和指南。

2017 年发布的 ISO/TR 14073:2017《环境管理—水足迹—如何应用 ISO 14046 的说明性示例》。

提供了如何应用 ISO 14046 的说明性示例，以便根据生命周期评估产品，过程和组织的水足迹，提供这些示例是为了演示 ISO 14046 应用的特定方面。

2022 年发布的 ISO/TS 14074:2022《环境管理—生命周期评估—标准化、加权和解释的原则、要求和指南》补充说明了 ISO 14040 和 ISO 14044 文件中涉及的标准化、加权和生命周期解释的原则、要求和指南，该文件适用于任何生命周期评估（LCA）和足迹量化研究。

2018 年发布 ISO 14080:2018《温室气体管理及相关活动—气候行动方法框架和原则》。

2023 年发布 ISO 14083:2023《温室气体—运输链运营产生的温室气体排放的量化和报告》，该文件建立了量化和确认客运和货运运输链运营产生的温室气体（GHG）排放的通用方法。

2015 年发布了 ISO 14084-1:2015《发电厂工艺图—第 1 部分：图表规范》，规定了发电厂流程图的类型以及此类图表中信息的准备和表示规则和指南。ISO 14084-2《发电厂流程图—第 2 部分：图形符号》规定了发电厂过程图的图形符号和创建新图形符号示例的指南，这也是对 ISO 14617 系列的集体应用标准。

2015 年陆续发布了 ISO 14085-1《航空航天系列—液压滤芯—试验方法—第 1 部分：试验顺序》，规定了在标准条件下评估液压油过滤器元件特性的测试顺序。ISO 14085-2《航空航天系列—液压滤芯—试验方法—第 2 部分：调节》规定将液压滤芯热调节到假定的航空航天液压系统应力的程序，以组合方式完成冷浸、热浸和温度变化的测试程序。ISO 14085-3《航空航天系列—液压滤芯—试验方法—第 3 部分：过滤效率和保留能力》描述了两种在可重复条件下测量航空航天液压流体系统中使用的滤芯过滤效率的方法。ISO 14085-4《航空航天系列—液压滤芯—试验方法—第 4 部分：塌陷/爆破压力额定值的验证》描述了一种验证航空航天液压流体动力滤芯的塌陷/爆破压力额定值的方法。ISO 14085-5《航空航天系列—液压滤芯—试验方法—第 5 部分：抗流动疲劳》规定了一种确定滤芯对在过滤器污染物加载过程的各个阶段通过过滤器的流量变化引起的流动疲劳的抵抗力的方法。ISO 14085-6《航空航天系列—液压滤芯—试验方法—第 6 部分：初始清洁度水平》定义了确定用于飞机液压系统的新滤芯清洁度水平的参考方法，在装运前的生产之后，或在回路中安装之前。

2022 发布的 ISO 14087:2022《皮革—物理和机械试验—弯曲力的测定》修订了 2011 版的文件，规定了测定皮革弯曲力的试验方法。2020 发布的 ISO 14088:2022《皮革—化学测试—鞣剂的定量分析》修订了 2012 版文件，规定了通过过滤所有植物和合成鞣制产品测定鞣剂的测试方法

2019 年发布了 ISO 14090:2019《适应气候变化—原则、要求和指南》，文件具体规定了适应气候变化的原则、要求和准则。这包括在组织内部或组织之间整合适应，了解

影响和不确定性以及如何利用这些来为决策提供信息。

2021 年发布 ISO 14091:2021《适应气候变化—脆弱性、影响和风险评估指南》，文件为评估与气候变化潜在影响有关的风险提供了指导方针，它描述了如何理解脆弱性以及如何在气候变化背景下制定和实施健全的风险评估。

2020 年发布 ISO/TS 14092:2020《适应气候变化—地方政府和社区适应规划的要求和指南》，文件具体规定了地方政府和社区适应规划的要求和指导，支持地方政府和社区根据脆弱性、影响和风险评估适应气候变化。

2022 年发布 ISO 14093:2022《地方适应气候变化融资机制—基于绩效的气候适应补助金—要求和准则》，文件为基于国家的机制建立了一种方针和方法，将气候资金引导到国家以下各级当局，以支持气候变化适应并提高地方复原力，从而有助于实现2015 年《联合国巴黎协定》的目标。

2005 年发布 ISO 14096-1:2005《无损检测—射线照相胶片数字化系统的鉴定—第1 部分：图像质量参数的定义、定量测量、标准参考胶片和定性控制》，规定了评估射线照相胶片数字化过程基本性能参数的程序，如空间分辨率和空间线性度、密度范围、密度对比度灵敏度和特征转移曲线。ISO 14096-2:2005《无损检测—射线照相胶片数字化系统的鉴定—第 2 部分：最低要求》，规定了三种胶片数字化质量等级，以满足无损检测的要求。选择的等级取决于辐射能量、穿透材料厚度和原始射线照相胶片的质量水平。

2021 年发布 ISO 14097:2021《温室气体管理及相关活动—框架，包括评估和报告与气候变化相关的投资和融资活动的原则和要求》，具体规定了一个总体框架，包括评估、衡量、监测和报告与气候变化和向低碳经济过渡有关的投资和融资活动的原则、要求和指南。

2022 年发布 ISO 14100:2022《支持绿色金融发展的项目、资产和活动环境标准指南》，该文件建立了一个框架，并概述了一个程序，以确定在考虑寻求融资的项目、资产和活动时要考虑的环境影响和绩效标准。

2.2.2　ISO 14000体系的认证要求

第一，组织应建立符合 ISO 14000 标准要求的文件化环境管理体系，在申请认证之前应完成内部审核和管理评审，并保证环境管理体系的有效，充分运行三个月以上。

第二，组织应向世通认证提供环境管理体系运行的充分信息，对于多现场应说明各现场的认证范围、地址及人员分布等情况，世通认证将以抽样的方式对多现场进行审核。

第三，组织自建立环境管理体系始，应保持对法律法规符合性的自我评价，并提交组织的三废监测报告及一年以来的守法证明。在不符合相关法律法规要求时应及时采取必要的纠正措施。

第四，ISO 14000 审核是一项收集客观证据的符合性验证活动，为使审核顺利进行，组织应为世通认证开展认证审核、跟踪审核、监督审核、复审换证以及解决投诉等活动做出必要的安排，包括文件审核、现场审核、调阅相关记录和访问人员等各个方面。

第五，组织获证后，应遵守世通认证的有关要求，在进行宣传时应仅就获准认证的范围作出声明，并遵守世通认证有关认证证书及认证标志使用规定；在监督审核时世通认证将对认证证书及标志的使用情况进行审核。

第六，当组织的环境管理体系出现变化，或出现影响环境管理体系符合性的重大变动时，应及时通知世通认证；世通认证将视情况进行监督审核、换证审核或复审以保持证书的有效性。

第七，组织应向世通认证提供有关与相关方信息沟通和投诉的记录，以及采取纠正措施的记录。

2.2.3 ISO 14000体系建立的步骤及主要工作

（1）领导决策与准备。

最高管理者决策，建立环境管理体系；任命环境管理者代表；提供资源保障：人、财、物。

（2）初始环境评审。

组成评审组，包括从事环保、质量安全等工作的人员；获取适用的环境法律、法规和其他要求，评审住址环境行为与法律法规符合性；识别组织活动、产品、服务中的环境因素，评价出重要环境因素；评价现有有关环境的管理制度与 ISO 14001 标准的差距；形成初始环境评审报告。

（3）体系策划与设计。

制定环境方针；制定目标、指标、环境管理方案；确定环境管理体系构架；确定组织机构与职责；策划哪些活动需要制订运行控制程序。

（4）环境管理体系文件编制。

组成体系文件编制小组；编写环境管理手册、程序文件、作业指导书；修改一到两次，正式颁布，环境管理体系开始试运行。

（5）体系试运行。

进行全员培训；按照文件规定去做，目标、指标、方案的层层落实；对合同方、供货方的工作，通过环境管理要求；日常体系运行的检查、监督、纠正；根据试运行的情况对环境管理体系文件进行再修改。

（6）内审。

任命内审组长，组成内审组；进行内审员培训；制订审核计划、编写检查清单、实施内审；对不符合分析原因，采取纠正措施，进行验证；编写审核报告，报送最高管理者。

（7）管理评审。

环境管理者代表负责搜集充分的信息；由最高管理者评审体系的持续适用性、充分性、有效性；评审方针的适宜性、目标指标、环境管理方案完成的情况；指出方针、目标及其他体系要素需改进的方面；形成管理评审报告。

2.3　环境管理体系的实施

根据来自众多已建立并实施环境管理体系的企业的经验，其成功的关键因素主要可以归纳为以下方面：最高管理层的承诺、以往的运行模式与文件基础、识别阶段性的目标、员工的参与、能够胜任的管理者代表、项目计划、对进展状况进行持续监测。体系的实施要求企业的员工与各级别管理者都了解环境管理体系的结构，并完全理解与其活动相关的程序与作业指导书。实践证明，以项目运作的角度看待环境管理体系的建立与实施是十分合理的。这一项目的运作包括：项目管理、项目组织、资源（时间、人力、财力）、项目计划、项目跟踪检查。建立一个有效的环境管理体系的过程就是培训与实践的过程。在体系建立阶段，尝试与失败几乎是不可避免的。

2.3.1　建立项目组织

为了保证项目的成功实施，必须从管理层向下有明确的方向与次序。项目实施将会带来变化，这些变化将影响整个企业。为此，建议管理层建立一个项目管理委员会（SC）。该委员会的成员应包括最高管理层的代表、部门主管与员工代表。通常，最高管理者应作为这一委员会的领导者。作为项目的正式责任机构，委员会负有以下职责：

①明确范围与条件。

②明确职责分工与权限。

③接受行动计划。

④通知、推动企业的其他部门。

⑤解决共有问题与挑战。

⑥根据整体计划对项目进行监督。

⑦参与项目的全部活动。

阅读资料

项目主管的特征及任务

特征	任务
有条理性、系统性；	调动积极性、掌握方向；
了解运行与实践；	分配任务与资源；
了解环境问题；	提供后勤支持；
能调动企业的积极性；	组织讨论；
有管理经验；	报告进展情况；
有资历、在企业中有权威。	解决争端、清除障碍。

（资料来源：《中国汽车行业环境管理体系实施指南》）

2.3.2　制定项目计划

项目计划一般应包括：项目目标、项目组织（职责分工）、行动计划、阶段目标、相互关系与资源。

由于环境管理体系的范围广泛，将会影响整个企业的组织与运作方式，在实施前应予以充分策划。通常，项目的策划分为两个步骤。第一步是总揽全局，制定整体项目规划并确立阶段目标。在项目小组已经组建后，应为每一个阶段的活动制订详细的计划。这些计划都应通过管理委员会的审批。

在确立阶段目标时，应采用下面的方式将活动分解：

如果时间是关键因素——对某段时间内为实现目标所需要的资源进行预测。

如果资源是关键因素——对利用某种资源完成项目所需要的时间进行预测。

需要注意的是，在策划阶段设定时限与所需资源时总会过于乐观。因此，必须能够保证在项目实施中对计划做出相应调整。完成项目整体规划后，应为项目配备人员。这时也应对所需资源进行预测，并确定项目预算。

2.3.3　实施准备

在项目实施分工阶段，企业通常会面临很大的挑战。这一挑战在各部门、过程中都会经常出现。因此，各层管理者在项目准备阶段的参与就是至关重要的。首先应在积极性高且具备相关人员的部门开始项目的实施工作。除此以外，在项目实施前应进行全面的培训以确保整个企业具备项目所需的能力与积极性。通过这种方式，员工会将环境管理体系视为有效的工具，并能够在实施之前充分调动积极性。

环境管理体系的实施要求在日常工作中应用工作文件（程序、作业指导书、表格等）。这是一大挑战。应在制订与审批工作文件时逐步开始项目的实施工作。程序规范了工作方式，因此在实施上会有一定的难度。通常这意味着为了保证满足程序的要求，一些人需要改进现在的工作方式。因而，极可能有一些人不赞同程序中所规范的工作方式。

在项目的整个实施周期中，最常见的一个错误就是不能够提供充分的信息。如果准备阶段的工作不充分，如没有相关人员的参与、信息与培训，就很难保证实施阶段的成功。

项目的任务之一是实施比现行的工作方式更为规范的工作方式。另一个挑战是通过纠正措施与预防措施引起员工对持续改进的关注。这对大部分企业都是十分困难的。

在处理环境问题时，高层与中层管理者应积极参与并主动采取措施。这一点对环境管理体系的建立与实施都是至关重要的。管理层应采取必要的措施，启动环境管理体系项目并进行管理。这包括提供必要的资源、做出必要的承诺并参与项目实施的每一阶段。各级管理者应特别关注环境管理体系在实施之后的保持与改进。环境管理体系应保持有效性与高效率，以确保实现企业的既定目标与指标。管理层应做到"言出必行"。这将有助于项目的实施，并节约成本。如果一个企业是通过其环境绩效来进行市场活动并树立企业形象的，那么对环境问题的讨论一定是该企业定期管理会议的内容之一（作为会议的首项议程）。同时，管理者会定期通过新闻简报、电子邮件、记录、告示牌或公司内部网络交流有关环境的问题与新闻。

阅读资料

上海大众汽车有限公司环境方针

保护环境是我们应负的社会责任，上海大众在向社会提供一流产品的同时，将尽最大的努力减少在产品、活动与服务中对环境造成的负面影响。我们的承诺是：

①遵守国家和地方有关环境保护的法律、法规及其他要求。

②建立、实施环境管理体系，对可能产生环境影响的活动进行控制。

③在产品、工艺、包装材料和废物处置的设计上，按照能促使环境影响减至最小的方式进行。

④逐步减少氟利昂的使用，到2000年停止在产品车上使用氟利昂。

⑤尽可能降低能源、原材料的消耗，努力实现资源消耗量最少化。

⑥逐步减少有害物质的使用。

⑦尽可能对供货方和合同方的环境行为施加影响。

⑧逐步提高全体员工的环境保护意识与能力。

2.3.4　信息沟通

（1）内部信息交流。

企业必须建立促进环境问题交流的双向渠道。内部信息交流的示例有：以报告、讲话形式由管理层定期发布的环境信息、在各级会议中将环境问题作为一项固定议题、公告板、内部网络等。提高环境兴趣与意识的方式有：意见箱、竞争、参与联盟等。

（2）外部信息交流。

企业应向外界报告其所面临的、通过环境管理体系予以控制的现实环境问题与自身环境绩效。交流环境绩效的渠道有：年度报告、环境报告、讲话、与不同利益相关方的会议、企业宣传册等。与权威机构的联系应有特定的程序。外部交流（往来）必须保留记录。

2.3.5　环境管理体系审核: 改进的工具

"审核"一词来自拉丁语，本义是"听取"。用于德语的意思是重新检查。在本教材中，审核是一种特殊的方法，用以客观地评价活动是否符合计划、法规或其他应满足的要求。审核应是公正的。审核的对象可以是体系、产品、过程与项目。我们这里关注的是对体系的审核。通过环境管理体系审核，可以对实际运行情况是否符合环境管理体系的计划进行检查，并确定该体系是否符合相关要求（如 ISO 14001 标准）。

在审核结果的基础上，应进一步分析，并采取针对现状的纠正措施或针对有可能发生的情况的预防措施。因此，审核是提高企业运行绩效的有效工具。

2.4　环境管理体系在企业管理中的应用❶

2.4.1　完善环境管理体系对企业发展的意义和影响

环境管理体系要求企业管理应当与国家法律法规和标准体系相适应，以全过程控制来改善企业的环境行为，从而实现经济发展与环境保护工作的同步进行，为企业实现绿色、低碳、可持续发展打下了坚实的基础。在社会主义生态文明建设的发展环境下，完善环境管理体系对企业发展具有重要的影响价值。

---

❶ 该章节内容节选自陈正《企业环境管理体系问题及改进措施研究》，企业改革与管理，2022 年 1 月 15 日发表，42-44 页，DOI：10.13768/j.cnki.cn11-3793/f.2022.0010。

（1）有利于践行生态文明建设，促进企业可持续发展。

现阶段，我国社会主义生态文明建设处于关键时期。企业通过完善环境管理体系，不仅能够通过环境效益的提升来推动企业的发展，而且也能够进一步践行生态文明发展理念，从根本上对企业的管理体系和生产环境进行有效的指导，实现对产品生产、员工生活以及企业相关方等各个环节的全过程、全流程控制管理。环境管理体系作为一种有效的管理方法和手段，通过在企业中的应用，使企业内部原有的制度体系和管理方案更加完善，提高了企业应对风险、化解风险的能力，提升了企业的综合管理水平与应变能力，为企业实现绿色可持续发展发挥着重要作用。

（2）有利于实现节能降耗，提升企业经济效益。

环境管理体系要求企业对生产的全过程进行有效地控制，以此来实现清洁生产的目的。完善的环境管理体系有利于企业实现从产品设计、生产到服务全流程的环境控制，通过管理目标和管理方案的设立，促使企业优化产品生产流程，加强节能技术改进工作，提升新技术新手段的利用水平，重视环境检测工作，在生产中积极采用绿色环保、无污染的原料原材料，使整个生产过程有效减少环境污染事件的发生，降低环境费用支出，达到降低生产成本的效果，实现经济效益与环境保护双提升。

（3）有利于促进企业环境保护工作，提升管理水平。

完善环境管理体系能够帮助企业顺利通过环境管理体系的认证，对于促进企业环境与经济的协调发展，增强企业的竞争力，促进企业向绿色、低碳、可持续发展与转型。目前，很多国家明确规定生产产品的企业都应当通过环境管理体系认证，实现履行企业的社会责任，只有通过了认证才能够为企业争取更多的竞争优势，能有效改善企业的发展形象，对于提升企业的市场竞争力和管理水平具有重要的实践价值。

（4）有利于减少企业污染排放，降低环境事故风险。

当前环境污染已经成为全球人类面临的共同问题，给人类生存环境带来了极大的威胁。保护环境是全人类的共同责任。企业作为污染源的重要产生单位，建立完善的环境管理体系，既是确保企业安全生产、减少污染排放的重要路径，也是履行社会责任、提升企业社会效益的基础实践方式。同时，随着我国环境法律的进一步完善和加强，对于排污企业的管理和要求也日益严格，建立完善的环境管理体系不仅能够降低污染事故或违反环保法规造成的环境风险，也能够为企业增加获得优惠信贷和保险政策的机会。

（5）有利于宣传环境保护意识，提高企业职工环保意识。

在企业建立、完善、运行环境管理体系过程中，通过企业内部环境管理制度、管理方案、流程控制的制定和运行，并通过组织企业员工对文件标准条款、环境保护相关法律法规、应急预案和演练的学习，能够进一步宣传环境保护知识，丰富员工的知识结构，提高员工的环境保护意识，规范员工的行为，使员工充分认识到个人环境保护行为与企业发展、社会责任是一脉相承的，鼓励员工从自身做起，充分发挥主观能动性，不断优化环境管理体系工作流程，持续改进环境保护工作，切实投身到环境保护工作中来。

2.4.2　企业环境管理体系中存在的问题

（1）制度设计以利益为导向，成本投入较低。

我国传统企业管理制度倾向于鼓励企业过度追求经济效益而忽略环境效益，这样不仅会造成严重的环境污染问题，也不利于企业的长远发展。当前，我国的环境保护工作是由整个社会负责的，企业的环境违法违规成本较低。在传统制度（包括某些现行制度）下，企业既不用对自身发展造成的环境问题负责，也不会花成本去进行管理体系的创新和完善，导致企业过度追求经济效益而不履行社会责任。作为环境保护型企业管理体系的重要构成因素，完善环境管理体系势在必行。

（2）重视物质生产资本，缺乏环境利益内驱力。

自工业时代建立至今，企业的管理体系都是以机器生产为中心的，存在过度重视物质资本和生产资本，而忽视环境成本的问题。在企业的管理体系中，涉及产品生产、产品质量以及物流等方面的管理手段和管理工具都相对发达，而涉及环境管理的手段及工具则相对较少，这主要是由于企业内驱力缺乏，关于提升环境效益的内部管理机制落后而导致的。由此可见，为了确保企业管理水平和环境效益的提升，体现企业的社会责任，在当前社会环境下建立完善的环境管理体系十分必要。

（3）环境管理生产要素单一，缺乏多维度设计。

传统的企业管理体系是线性设计的，即只针对管理体系的单一生产要素进行阶段化管理，对于各种管理行为也仅仅考虑自身和上下游协作方的关系，无法做到从多维度的生产管理角度对企业的管理体系进行综合考量。随着环境管理体系认证标准的施行，企业安全生产的前提必须要通过完善的环境管理体系来实现，必须通过设计和研究多维度的管理体系和要求来降低企业的环境管理风险，提升企业的管理水平。

（4）忽视企业的环境适应性，缺乏长远发展规划。

以环境为导向的企业管理体系的驱动力主要来源于企业的发展需求，在这一发展背景下，企业的环境适应性是影响企业长远发展的重要因素。然而，从目前我国企业的环境管理工作来看，在管理中往往只注重内部管理机制的构建及运行，对企业的组织设计和治理较为关注，忽视了全球化环境下企业的开放性及外部管理制度的完善，导致企业在构建环境管理体系时缺乏长远的发展规划，无法形成健全的环境管理体系。

2.4.3　企业环境管理体系的改进措施

（1）加强培训，优化环境管理体系。

生态文明理念是近年来提出了一种新发展理念，对于很多企业而言，环境管理体系是一种相对陌生的管理体系。要想保障企业环境管理体系的进一步完善，提升体系实施效果，一方面，需要对涉及环境管理的企业人员加强专业培训，通过提升环境管理人员对环境因素准确识别的基础能力来促进企业环境管理体系的有效应用；另一方面，需要及时评定和优化初始环境。对于企业而言，环境管理体系的创建和完善只有及时评定初始环境，才能够保障后续环节的顺利开展。在完善体系的过程中，需要将环境管理体系与相关的法规要求相匹配，及时了解和分析企业在运行过程中的各项管理信息，对环境因素的综合评价，以此实现环境管理体系的完善与发展。

（2）建立多维环境导向的绿色目标和发展战略。

完善的环境管理体系建设需要企业建立以环境为导向的多维管理目标，改变传统单一的以追求经济利益为主的企业目标。现阶段经济目标的优化也需要由过去完全追求物质利益转变为追求绿色经济效益，将企业发展过程中涉及的环境成本也纳入成本预算和利益审核中，由此优化企业的外部管理制度。同时，为了企业的长远发展，完善环境管理体系还需要企业制定以多维环境为导向的绿色发展战略，不仅要在企业内部构建良好的环境保护氛围，提升管理人员的绿色环保意识，也需要改变传统的以物质和经济效益为中心的管理考量方式，将其转变为多维角度下的环境成本综合考量方式，以此实现企业管理体系的完善和优化。

（3）创设多维环境导向的企业文化和运营体系。

完善的环境管理体系建设需要建立以多维环境为导向的企业文化和运行体系。一方面，企业文化的创设需要从根本上转变管理人员关于企业发展和环境问题的价值观念，引导工作人员充分认同与环境发展相协调的企业文化和制度体系，从而通过企业文化的创设来完善环境管理体系。另一方面，转变单维的线性价值实现模式是企业完善环境管理体系的重要方式，从企业生产运营体系来看，环境管理体系的应用在一定程度上冲击了企业的产供销运营体系，构建以清洁生产为核心的完善的绿色供应链，是确保企业运营体系长远发展的关键，在此过程中完善的环境管理体系将发挥重要的指导作用。

（4）建立完善的运行监督检查制度，保障体系有效运行。

完善环境管理体系的最终目的是确保其在企业运营发展中的良好应用。为了确保环境管理体系的有效性和充分性，一方面，需要保障体系的有效运行，通过加大对企业生产经营环节的日常监督检查力度，构建科学的监督检查体系来实现，例如，企业可以定期有针对性地对环境管理工作进行检查，确保体系应用的有效性；另一方面，在检查的过程中，也要着重加强企业生产目标及指标体系的管理和控制工作，尤其是目标及指标体系完成以后要及时做好分析，进一步总结管理经验，并将检查记录留存，以此确保监督检查机制的良好应用，确保环境管理体系的有效运行。

教学案例

环境管理体系在钢铁企业中的应用

环境管理体系可被各种企业组织使用，企业组织环境管理系统以环境管理体系为标准，开展检查、规划和评审。因此钢铁行业也应用环境管理，是企业实施评价环境管理和预估环境风险的有效方式，能够帮助钢铁企业降低环境风险中的管控费用。

（1）环境管理体系应用在钢铁企业中的主要内容与应用现状。

环境管理体系是内部管理的工具，同时它也是组织内全面化管理的重要组成内容。环境管理体系包含着实施、评审和制定等机构，同时也包含组织环境、目标方针等内容。在环境管理体系中实施全面质量管理和环境审计是有效的管理措施。为优化全球的环境质量，目前世界组织已制定了环境管理体系标准，通过此体系颁布相关文件，使企业能够正确地开展环境管理工作，提高环保水平和环保能力，从而优化环境质量。我国是通过其他方式来推行环境管理系统的实施。

①主要内容。环境管理体系标准指的是世界环境管理领域对相关经验与案例的一种总结，包含着对生命周期环境、管理体系等多种问题的一种总结方式。环境管理体系标准是指导相关企业正确开展环境管理的行为，但不包含制定污染物试验标准、产品标准等。环境管理体系的标准可应用在加工业、制造业、建筑业和运输业等服务行业中，环境管理体系的标准是为了加速改善全球环境质量而出现，它通过所制定的环境管理框架，加强环境管理意识和能力，从而改善环境质量。环境管理体系目前是大多数公司所应用管理自身环境的系统，在我国使用第三方认证公司来验证此些公司管理环境因素是否符合环境绩效标准，从而满足有关要求，符合社会保护环境的标准。

②应用现状。我国自从加入 WTO 后，企业进入市场的通行证主要取决于是否获取环境管理体系的认证，由此可知，环境管理体系在企业中的重要性。只有企业获得环境管理体系，才能够实现可持续性发展。钢铁企业环境负荷在全国单位面积人口中仅占据一部分份额，但排放污染量较大。钢铁企业的厂址位于郊区，因此，增加了区域环境负荷量。我国钢铁工业技术快速发展，推动着工艺结构在降低能耗。环境管理体系在管理层有着重要的作用，根据管理推动技术进步，从而降低能耗，优化环境，提高生产技术指标，提升钢铁企业的经济效益。

全球目前已有多家企业获得认证，钢铁企业也及时做出回应，应用环境管理体系，同时也通过了环境管理体系的认证。钢铁行业在通过环境管理体系的认证后，制定出分级管控、优先管理的环境风险管控系统。并健全环境安全与环境信息化的应急体系，形成分级管控、量化评价和有效监督等环保管理循环系统。

（2）环境管理体系对钢铁企业的影响。

①正确解读法律法规，做好政策奖励。任何企业开展环境管理系统均以环境管理体系为主，其思想是预防环境污染、节约资源。钢铁企业通过认证环境管理体系，提高企业知名度，健全管理系统，加强工作人员的环保意识，防止产生环境污染，同时为国家奉献一份力量。钢铁企业在实施环境管理体系过程中，应结合行业的压产限产，凸显工作的重要性。钢铁企业通过内部审核环境变更法规，开展两年一次的外部审核，实施闭环运行的方式，系统性分析相关法律法规。钢铁公司也要开展环境管理体系，以便于获取准确的相关信息，从而做出管理计划目标的调整，避免钢铁公司发生违法事件。我国对环保关注度不断地加大，因此也颁布了关于环境保护的法律法规，同时开展奖惩机制，如果现场环境改变，根据有关制度可获得政府更多的奖励，从而降低钢铁企业需要的环境成本。

通过深化环境管理，扩大企业和政府间的交流，以便于获得政府的支持。钢铁企业在开展自主管理时，可有效地融入政府职能，比如钢铁企业在实施环境管理体系时，将节能减排作为原则，根据政府要求实施节能减排，进而获得更多奖励，争取得到政府提供的更多支持和帮助。环境管理体系标准需要钢铁企业按照环境保护的法规和法律，将此体系作为公司环境管理的方针和企业指导思想，将被动遵守环境的行为变为主动遵守环境的行为，通过合理地评价和更新环境法律法规解读相关法律内容。

②取得绿色通行证，有助于国际贸易。环境管理体系资格的认证是钢铁企业进入国际市场的基础条件，环境管理体系作为时代发展的必备需求，增加了世界各国对环保的重视度，同时也加大了企业的环保压力，需要企业不断进行创新和改善，从而不断改进环保问题。争取自身在市场上获得优势，消费者环保意识不断加强，购买的产品也在关注着其生产过程是否符合环保要求。因此在市场推动下产生的环保压力增大，企业为争取更多的消费者增加市场份额，需要先获得环境管理体系的认证。

③提升全民的环保意识。环境管理体系需要领导人员积极制定钢铁公司环境方案、指标和方针，从而为其发展提供所需的资源。若想环境管理体系能够顺畅运行，一方面需要领导的支持，另一方面需要全员的参与，只有领导重视，员工宣传到位，才能够有效地推进环境管理体系工作的实施，使人们心中能够产生环保意识，进而由被动变为主动环保，推动良性环保管理体系的运行。

④推动环境管理体系的发展。实施环境管理体系有利于提升钢铁企业的管理效率。环境管理体系的标准目前是国家认定的科学性管理标准。企业实施环境管理标准能够详细掌握自身环境运行的状况，并且也能筛选出环境要素，加以控制相关级

别的文件，提高环境管理标准。环境管理体系标准与运营模式也可应用在其他企业管理中，从而推动企业管理水平。

（3）环境管理体系在钢铁企业中的具体应用。

①进一步构建与完善环境管理系统。钢铁企业只有制定出符合环境管理体系的方针，才能够建全管理体系。因此，钢铁企业需要先明确环境方针，确保此方针能够在环境管理体系下参与组织活动。环境方针指的是持续改进、预防污染，同时遵守相关环境法律法规。制定审核环境指标的文件并应用在钢铁企业的生产流程中，在钢铁企业的班组，要对自身班组的环境因素有着正确的认知。各工段的班组在明确环境因素后，需要进行合理的审核，根据明细准则以及清单评价表上交给领导审核，然后汇报给公司环保部门的主管。识别企业环境因素，为保证统一管理环保工作，钢铁企业的环保部门应结合生产污染情况、法律法规和企业环境要素做出正确且合理的评价。钢铁企业要构建环境指标，从而保证钢铁企业的管理体系能够持续改进环境不足。钢铁企业的组织机构以环境指标为思想，制订环保方案，钢铁企业需要根据环境方针实施审核控制活动。企业在生产中需要制订应急措施，避免产生环境污染。企业的新增设备使用前，企业也要制订应急预案，确保无污染产生。

②做好目标掌控工作。钢铁公司的污染划分为四个领域，即水、气、声和渣，根据法律规定将四个专业领域明确管理目标，并且把持续改进作为工作的宗旨，以便于能够节省治理污染的费用。通过制订目标方案、合理使用废料、改进工艺和提升使用率等方式，降低经验和生产中的能耗，从而节约生产成本。目前钢铁行业所产生的经济效益远高于在环境管理体系中投入的费用，钢铁行业若想合理的使用资源和能源，则需要正确地应用领域目标管理方式，确保使用最小的能耗，完成更多的生产活动，节省费用，减少污染物，为合理排放污染提供保障。

③识别环境因素，实施针对性管控。钢铁行业在应用环境管理体系时，需要区分对待生产过程中的多种环境因素。根据不同的污染源制订操作流程和管理文件，特别是需要在管理体系中融入清洁生产的理念，保证从源头控制，降低生产流程的污染达到最少，从而有效地预防污染。钢铁企业需要加强环境管理，重点考虑在生产活动等环节出现的环境因素，及时筛选出影响环境大的因素，并制订针对性的管理措施，确保能够有效控制影响环境的因素，降低产生的负面影响。

钢铁公司在应用环境管理体系后，所获得的经济效益已远远超出环境管理体系使用的费用。因此钢铁企业构建环境管理体系，能够让企业合理使用资源，节省费用，科学排放污染物和废弃物，为钢铁企业人员提供优良的工作环境，推动企业有着更好的发展。

（资料来源：彭璐.环境管理体系对钢铁企业的环境管理的作用 [J].冶金与材料,2022(2):173-174.）

案例思考题目 ▶

（1）你从环境管理体系在钢铁企业中的应用得到了哪些结论和启示？

（2）结合环境管理体系在钢铁企业中的应用谈谈环境管理体系在其他行业中应该如何应用？

本章小结 ▶

本章首先在第一节中介绍了 ISO 国际标准化组织的产生及职能，介绍了 ISO 14000 环境管理体系的产生背景及实施意义；第二节重点介绍了环境管理系统的主要内容及建立的关键步骤，指出 ISO 14000 主要包括环境管理体系、审核体系等七个子系统；第三节重点介绍了环境管理体系的实施步骤；第四节简单介绍了环境管理体系在国际和国内的发展现状。

思 考 题 ▶

（1）环境管理体系是在什么背景下产生的？

（2）ISO 14000 主要包括哪几部分和要素？

（3）ISO 14000 体系的基本要求是什么？

（4）ISO 14000 体系的主要内容是什么？

（5）对于一个企业来说，如何有效实施环境管理体系？

（6）为什么说环境管理体系的成功实施需要企业管理者的支持？

（7）我国环境管理体系认证国家认可制度的原则是什么？

（8）我国实施 ISO 14000 系列标准应注意哪些问题？

└　资料阅读　┘

第3章
环境经营相关理论

主要内容 ▶

　　环境是人类生存和活动的场所，也是向人类提供生产和消费所需要自然资源的供应基地，随着科技与生产力水平的提高，人类干预自然的能力大大增强，社会财富迅速膨胀，环境污染日益严重。本章主要介绍环境经营相关理论，包括：可持续发展、循环经济、生态经济理论、低碳经济、环境资源价值理论等基础理论。

　　【关键术语】 环境经营、可持续发展、循环经济、低碳经济

课前阅读 ▶

2023年中国企业可持续发展十大趋势

　　2023年我国经济复苏前景乐观，消费需求的增长将成为国内经济增长的主要驱动力，在全球聚焦可持续发展的背景下，实现可持续发展仍面临复杂而严峻的挑战。5月30日，中国可持续发展工商理事会（CBCSD）在第十九届可持续发展新趋势报告会上正式发布《2023中国企业可持续发展十大趋势》报告，涵盖能源转型、"碳关税"与碳市场、应对气候变化、人工智能、ESG、数字技术、系统性风险、循环经济、新型城镇化、粮食安全等可持续发展十大议题。

　　趋势一：全球传统能源市场跌宕起伏，清洁能源发展潜力巨大。

　　能源供应安全面临重大风险，全球能源危机加速能源结构变革。在"双碳"目标驱动和引领下，企业面临着巨大的转型压力。及时重新评估低碳转型战略的适应性，认清能源危机为能源结构转变带来的巨大动能及发展机遇。工商企业在新型能源领域大有可为，存在巨大的商业机会。

　　趋势二：欧盟"碳关税"落地，绿色贸易壁垒将间接影响出口竞争力。

　　随着国际社会在"减碳降碳"合作领域不断深入，碳已成为国家竞争力和国际贸易的新因素之一。欧盟碳关税的实施，将会对我国推进碳达峰、碳中和产生影响。企业减碳脱碳是一个系统工程，涉及一系列管理措施和技术手段的优化与革新。

趋势三：防范和抵御气候风险，提高适应气候变化能力成为共识。

气候变化引起的极端异常自然现象在全球范围内以更高的强度、更高的频率和更多样的形式出现，适应气候变化的重要性和紧迫性需引起重视。企业预防气候风险，增强企业对气候变化的适应能力和抵御能力迫在眉睫。

趋势四：人工智能加速迭代发展，企业科技创新主体地位不断强化。

人工智能是新一轮科技和产业变革的重要驱动力，是加快战略新兴产业发展、构筑综合竞争优势的必然选择。智能化转型是推动企业创新创造的驱动力，有益于推进探索和应用更高水平的人工智能技术，帮助企业更好地适应市场变化，实现全社会智能化转型。

趋势五：ESG信息披露日渐规范，逐渐成为企业管理的组成部分。

ESG理念逐渐成为企业管理的重要组成部分。全球视野下，对企业的综合考量更重视企业社会价值和公司治理实践，更关注企业长期价值。众多企业已将ESG管理作为完善公司治理，提升管理绩效的重要手段，ESG已成为成熟管理体系的价值导向。

趋势六：主动顺应数字化转型，加大绿色投资力度。

我国数字经济规模增长迅速。数字技术可以帮助企业及时捕捉消费者动态和市场机会，对行业和自身市场数据进行细致的分析，有利于灵活、快速地进行战略制订和提高管理效能。

趋势七：提升企业适应性和弹性，积极应对系统性风险。

2022年以来，全球经济政策不确定性以及能源危机、通货膨胀、人口趋势、宏观经济政策、气候变化、碳排放等多种因素或多种因素叠加影响，导致全球系统性风险进一步加剧。识别出自身的系统性风险所在，采取有效措施防范和把握系统性风险的发生，显得十分迫切和必要。

趋势八：循环经济助力双碳目标实现，固废资源化利用发展空间广阔。

在"双碳"目标背景下，中国循环经济进入新的发展阶段，废弃物的资源化存在巨大的商业价值。企业开展循环经济、固废回收资源化的商业环境更趋向好，有利于激发更多创新主体从事循环经济领域相关工作，有助于降碳减排目标的早日实现。

趋势九：有序推进以人为核心的新型城镇化建设。

城镇化进程的快速发展，为企业转型发展带来新的机遇和市场。通过工商企业的深度介入，引入社会资本协助政府解决城镇化资金需求，既能拓宽城镇化建设融资渠道，又能增加社会资本投资途径，激发市场活力，提振经济。

趋势十：粮食安全常抓不懈，可持续消费引领企业创新。

保障粮食安全，需要政府、企业和社会各方共同努力，在政策、技术、产业、市场、消费等层面综合施策。减少损耗和浪费，将可持续发展理念融入监管和企业长期发展战略，将有助于确保粮食安全目标的实现。

中国可持续发展工商理事会自 2019 年提出，深入开展中国企业可持续发展趋势研究，发布年度可持续发展趋势报告，为提升企业抵抗风险和不确定性的商业韧性，强化可持续发展能力提供决策参考。

（资料来源：第十九届可持续发展新趋势报告）

阅读思考 ▶

（1）结合 2023 年中国企业可持续发展十大趋势谈谈你对可持续发展的认识。

（2）结合报告内容谈谈企业应该如何推进可持续发展。

3.1　可持续发展理论

3.1.1　可持续发展的发展历程

可持续发展（Sustainable Development）的概念的明确提出，最早可以追溯到 1980 年由世界自然保护联盟（IUCN）、联合国环境规划署（UNEP）、世界自然基金会（WWF）共同发表的《世界自然资源保护大纲》。《世界自然资源保护大纲》中说："必须研究自然的、社会的、生态的、经济的以及利用自然资源过程中的基本关系，以确保全球的可持续发展。"1981 年，美国学者布朗出版《建设一个可持续发展的社会》，提出以控制人口增长、保护资源基础和开发再生能源来实现可持续发展。

1987 年以布伦特兰夫人为首的世界环境与发展委员会（WCED）发表了报告《我们共同的未来》，这份报告正式使用了可持续发展概念，并对之做出了比较系统的阐述，产生了广泛的影响。有关可持续发展的定义有 100 多种，但被广泛接受且影响最大的仍是世界环境与发展委员会在《我们共同的未来》中的定义。该报告中将"可持续发展"定义为："能满足当代人的需要，又不对后代人满足其需要的能力构成危害的发展。它包括两个重要概念：需要的概念，尤其是世界各国人们的基本需要，应将此放在特别优先的地位来考虑；限制的概念，技术状况和社会组织对环境满足眼前和将来需要的能力施加的限制。"

1992 年 6 月，联合国在里约热内卢召开环境与发展大会，通过了以可持续发展为核心的《里约环境与发展宣言》《21 世纪议程》等文件。随后，中国政府编制了《中国 21 世纪议程——中国 21 世纪人口、环境与发展白皮书》，首次把可持续发展战略纳入我国经济和社会发展的长远规划。1997 年的中共十五大把可持续发展战略确定为我国现代化建设中必须实施的战略。

3.1.2 可持续发展的含义

《我们共同的未来》中对"可持续发展"定义是"既满足当代人的需求，又不对后代人满足其自身需求的能力构成危害的发展"。

1989年UNEP专门为"可持续发展"的定义和战略通过了《关于可持续发展的声明》，认为可持续发展的定义和战略主要包括四个方面的含义：①走向国家和国际平等；②要有一种支援性的国际经济环境；③维护、合理使用并提高自然资源基础；④在发展计划和政策中纳入对环境的关注和考虑。

综上所述，可持续发展理论（Sustainable Development Theory）是指既满足当代人的需要，又不对后代人满足其需要的能力构成危害的发展，以公平性、持续性、共同性为三大基本原则。可持续发展理论的最终目的是达到共同、协调、公平、高效、多维的发展。可持续发展主要包括社会可持续发展，生态可持续发展，经济可持续发展。

3.1.3 可持续发展的基本原则

（1）公平性原则。

所谓公平是指机会选择的平等性。可持续发展的公平性原则包括两个方面：一方面是本代人的公平，即代内之间的横向公平；另一方面是指代际公平性，即世代之间的纵向公平性。可持续发展要满足当代所有人的基本需求，给他们机会以满足他们要求过美好生活的愿望。可持续发展不仅要实现当代人之间的公平，而且也要实现当代人与未来各代人之间的公平，因为人类赖以生存与发展的自然资源是有限的。从伦理上讲，未来各代人应与当代人有同样的权力来提出他们对资源与环境的需求。可持续发展要求当代人在考虑自己的需求与消费的同时，也要对未来各代人的需求与消费负起历史的责任，因为与同后代人相比，当代人在资源开发和利用方面处于一种无竞争的主宰地位。各代人之间的公平要求任何一代都不能处于支配的地位，即各代人都应有同样选择的机会空间。

（2）持续性原则。

这里的持续性是指生态系统受到某种干扰时能保持其生产力的能力。资源环境是人类生存与发展的基础和条件，资源的持续利用和生态系统的可持续性是保持人类社会可持续发展的首要条件。这就要求人们根据可持续性的条件调整自己的生活方式，在生态可能的范围内确定自己的消耗标准，要合理开发、合理利用自然资源，使再生性资源能保持其再生产能力，非再生性资源不至过度消耗并能得到替代资源的补充，环境自净能力能得以维持。可持续发展的可持续性原则，从某一个侧面反映了可持续发展的公平性原则。

（3）共同性原则。

可持续发展关系到全球的发展。要实现可持续发展的总目标，必须争取全球共同的配合行动，这是由地球整体性和相互依存性所决定的。因此，致力于达成既尊重各方的利益，又保护全球环境与发展体系的国际协定至关重要。正如《我们共同的未来》中写道："今天我们最紧迫的任务也许是要说服各国，认识回到多边主义的必要性""进一步发展共同的认识和共同的责任感，是这个分裂的世界十分需要的"。这就是说，实现可持续发展就是人类要共同促进自身之间、自身与自然之间的协调，这是人类共同的道义和责任。❶

3.1.4　可持续发展的主要理念

可持续发展涉及可持续经济、可持续生态和可持续社会三方面的协调统一，要求人类在发展中讲究经济效率、关注生态和谐和追求社会公平，最终达到人的全面发展。

①在经济可持续发展方面：可持续发展鼓励经济增长而不是以环境保护为名取消经济增长，因为经济发展是国家实力和社会财富的基础。但可持续发展不仅重视经济增长的数量，更追求经济发展的质量。可持续发展要求改变传统的以"高投入、高消耗、高污染"为特征的生产模式和消费模式，实施清洁生产和文明消费，以提高经济活动中的效益、节约资源和减少废物。从某种角度上可以说，集约型的经济增长方式就是可持续发展在经济方面的体现。

②在生态可持续发展方面：可持续发展要求经济建设和社会发展要与自然承载能力相协调。发展的同时必须保护和改善地球生态环境，保证以可持续的方式使用自然资源和环境成本，使人类的发展控制在地球承载能力之内。因此，可持续发展强调了发展是有限制的，没有限制就没有发展的持续。生态可持续发展同样强调环境保护，但不同于以往将环境保护与社会发展对立的做法，可持续发展要求通过转变发展模式，从人类发展的源头、从根本上解决环境问题。

③在社会可持续发展方面：可持续发展强调社会公平是环境保护得以实现的机制和目标。可持续发展指出世界各国的发展阶段可以不同，发展的具体目标也各不相同，但发展的本质应包括改善人类生活质量，提高人类健康水平，创造一个保障人们平等、自由、教育、人权和免受暴力的社会环境。这就是说，在人类可持续发展系统中，生态可持续是基础，经济可持续是条件，社会可持续才是目的。下个世纪人类应该共同追求的是以人为本位的自然—经济—社会复合系统的持续、稳定、健康发展。

---

❶《可持续发展指标体系》课题组.中国城市环境可持续发展指标体系研究手册 [M].北京：中国环境科学出版社,1999.

3.2 循环经济理论

3.2.1 循环经济的发展历程

循环经济的思想萌芽可以追溯到环境保护兴起的 20 世纪 60 年代。1962 年美国生态学家卡尔逊发表了《寂静的春天》，指出生物界以及人类所面临的危险。"循环经济"一词，首先由美国经济学家 K. 波尔丁提出，主要指在人、自然资源和科学技术的大系统内，在资源投入、企业生产、产品消费及其废弃的全过程中，把传统的依赖资源消耗的线形增长经济，转变为依靠生态型资源循环来发展的经济。其"宇宙飞船理论"可以作为循环经济的早期代表。在 20 世纪 70 年代，循环经济的思想只是一种理念，当时人们关心的主要是对污染物的无害化处理。20 世纪 80 年代，人们认识到应采用资源化的方式处理废弃物。20 世纪 90 年代，特别是可持续发展战略成为世界潮流。近些年，环境保护、清洁生产、绿色消费和废弃物的再生利用等才整合为一套系统的以资源循环利用、避免废物产生为特征的循环经济战略。

中国从 20 世纪 90 年代起引入了关于循环经济的思想。此后对于循环经济的理论研究和实践不断深入。1998 年引入德国循环经济概念，确立"3R"原理的中心地位；1999 年从可持续生产的角度对循环经济发展模式进行整合；2002 年从新兴工业化的角度认识循环经济的发展意义；2003 年将循环经济纳入科学发展观，确立物质减量化的发展战略；2004 年，提出从不同的空间规模：城市、区域、国家层面大力发展循环经济。❶

3.2.2 循环经济的含义

循环经济的思想萌芽诞生于 20 世纪 60 年代的美国。"循环经济"这一术语在中国出现于 20 世纪 90 年代中期，学术界在研究过程中已从资源综合利用的角度、环境保护的角度、技术范式的角度、经济形态和增长方式的角度、广义和狭义的角度等对其作了多种界定。当前，社会上普遍推行的是国家发展改革委对循环经济的定义："循环经济是一种以资源的高效利用和循环利用为核心，以'减量化、再利用、资源化'为原则，以低消耗、低排放、高效率为基本特征，符合可持续发展理念的经济增长模式，是对'大量生产、大量消费、大量废弃'的传统增长模式的根本变革。"这一定义不仅指出了循环经济的核心、原则、特征，同时也指出了循环经济是符合可持续发展理念的经济增

---

❶ 张凯 . 循环经济理论研究与实践 [M]. 北京 : 中国环境科学出版社 ,2004.

长模式，抓住了当前中国资源相对短缺而又大量消耗的症结，对解决中国资源对经济发展的瓶颈制约具有迫切的现实意义。❶

3.2.3　循环经济的基本原则

（1）资源利用的减量化原则（Reduce）。

减量化原则是循环经济的第一原则。它要求在生产过程中通过管理技术的改进。减少进入生产和消费过程的物质和能量。换言之，减量化原则要求在经济增长的过程中为使这种增长具有持续的和环境相容的特性，人们必须学会在生产源头的输入端就充分考虑节省资源、提高单位生产产品对资源的利用率、预防废物的产生，而不是把眼光放在产生废弃物后的治理上。对生产过程而言，企业可以通过技术改造，采用先进的生产工艺，或实施清洁生产减少单位产品生产的原料使用量和污染物的排放量。此外，减量化原则要求产品的包装应该追求简单朴实，而不是豪华浪费，从而达到减少废弃物排放的目的。

（2）产品生产的再使用原则（Reuse）。

产品生产的再使用原则是循环经济的第二个原则。要求尽可能多次或多种方式地使用人们所买的东西，通过再利用，人们可以防止物品过早成为垃圾。在生产中，要求制造产品和包装容器能够以初始的形式被反复利用，尽量延长产品的使用期，而不是非常快地更新换代，鼓励再制造工业的发展，以便拆卸、修理和组装用过的和破碎的东西。在生活中，反对一切一次性用品的泛滥，鼓励人们将可用的或可维修的物品返回市场体系供别人使用或捐献自己不再需要的物品。

（3）废弃物的再循环原则（Recycle）。

废弃物的再循环原则是循环经济的第三个原则。要求尽可能地通过对"废物"的再加工处理（再生）使其作为资源，制成使用资源、能源较少的新产品而再次进入市场或生产过程，以减少垃圾的产生。再循环有两种情况：第一种是原级再循环，也称为原级资源化，即将消费者遗弃的废弃物循环用来形成与原来相同的新产品，如利用废纸生产再生纸，利用废钢铁生产钢铁。第二种是次级再循环或称为次级资源化，是将废弃物用来生产与其性质不同的其他产品的原料的再循环过程，如将制糖厂所产生的蔗渣作为造纸厂的生产原料，将糖蜜作为酒厂的生产原料等。原级再循环在减少原材料消耗上达到的效率要比次级再循环高得多，是循环经济追求的理想境界。

循环经济"3R"原则的排序，实际上反映了 20 世纪下半叶以来人们在环境与发展问题上思想进步的三个历程：第一阶段，认识到以环境破坏为代价追求经济增长的危害，人们的思想从排放废弃物提高到要求通过末端治理净化废弃物；第二阶段，认识到环境污染的实质是资源浪费，因此，要求进一步从净化废弃物升华到通过再利用和再循

---

❶ 陆雄文. 管理学大辞典［M］. 上海：上海辞书出版社，2013.

环进行废弃物的利用；第三阶段，认识到利用废弃物仍然只是一种辅助性手段，环境与发展协调的最高目标应该是实现从利用废弃物到减少废弃物的质的飞跃。与此相应，在人类经济活动中，不同的思想认识导致形成三种不同的资源使用方式，一是线性经济与末端治理相结合的传统方式，二是仅仅让再利用和再循环原则起作用的资源恢复方式，三是包括整个"3R"原则且强调避免废弃物的低排放甚至零排放方式。❶

3.2.4 循环经济的主要理念

（1）新的系统观。

循环经济与生态经济都是由人、自然资源和科学技术等要素构成的大系统。要求人类在考虑生产和消费时不能把自身置于这个大系统之外，而是将自己作为这个大系统中的一部分来研究符合客观规律的经济原则。要从自然—经济大系统出发，对物质转化的全过程采取战略性、综合性、预防性措施，降低经济活动对资源环境的过度使用及对人类所造成的负面影响，使人类经济社会的循环与自然循环更好地融合起来，实现区域物质流、能量流、资金流的系统优化配置。

（2）新的经济观。

新的经济观就是用生态学和生态经济学规律来指导生产活动。经济活动要在生态可承受范围内进行，超过资源承载能力的循环是恶性循环，会造成生态系统退化。只有在资源承载能力之内的良性循环，才能使生态系统平衡发展。循环经济是用先进生产技术、替代技术、减量技术和共生链接技术以及废旧资源利用技术、"零排放"技术等支撑的经济，不是传统的低水平物质循环利用方式下的经济。要求在建立循环经济的支撑技术体系上下功夫。

（3）新的价值观。

在考虑自然资源时，不仅要视为可利用的资源，而且是需要维持良性循环的生态系统；在考虑科学技术时，不仅考虑其对自然的开发能力，而且要充分考虑它对生态系统的维系和修复能力，使之成为有益于环境的技术；在考虑人自身发展时，不仅考虑人对自然的改造能力，而且更重视人与自然和谐相处的能力，促进人的全面发展。❷

（4）新的生产观。

新的生产观就是要从循环意义上发展经济，用清洁生产、环保要求从事生产。它的生产观念是要充分考虑自然生态系统的承载能力，尽可能地节约自然资源，不断提高自然资源的利用效率，并且是从生产的源头和全过程充分利用资源，使每个企业在生产过程中少投入、少排放、高利用，达到废物最小化、资源化、无害化。上游企业的废物成

---

❶ 王克强，赵凯，刘红梅.资源与环境经济学 [M].上海：复旦大学出版社，2015.

❷ 陈慧慧.循环经济与企业环境经营研究 [J].菏泽学院学报,2011.

为下游企业的原料，实现区域或企业群的资源最有效利用，并且用生态链条把工业与农业、生产与消费、城区与郊区、行业与行业有机结合起来，实现可持续生产和消费，逐步建成循环型社会。

教学案例

兰精集团：打造循环经济新风向

2014 年，欧盟修订了公共采购指令（2014/24/EU），其中亮点之一便是引入了生命周期成本法，即鼓励公共部门和采购机构考虑采购行为的全部成本。自此，欧盟开始了以全生命周期为理念的多行业绿色公共采购标准指南的更新与修订。其中，家具、纺织品、打印设备、固定和便携式 IT 设备颇具代表性。

针对家具，在 2023 intertextile 秋冬面辅料展期间，作为全球领先的木质特种纤维生产商，兰精集团以"循环发展，零碳领航"为主题，联合 40 余家优质供应链合作伙伴，在 1541 平方米的兰精卫星区展团内，全面展示了零碳环保全品类产品和采用悦菲纤 ™ 技术的兰精 ™ 环生纤 ™ 粘胶纤维产品。

兰精集团首席执行官 Stephan Sielaff 表示，可持续发展深深耕植在兰精的 DNA 中，兰精推出最新的创新产品，希望携手合作伙伴，加速向循环经济转型。

"采用悦菲纤 ™ 技术生产的兰精 ™ 环生纤 ™，能够满足市场对创新循环设计多样性的需求，亦为有共同标的面料厂、服装制造商和消费品牌提供更符合可持续发展的选择，引领他们与兰精一同携手变革，为消费后纺织废料注入新生命，让循环经济成为纺织价值链的核心。"兰精全球纺织业务执行副总裁 Florian Heubrandner 表示。多年来，兰精集团一直持续倡导低碳环保可再生理念，坚持创新产品，零碳天丝 ™ 品牌纤维、差异化特种纤维、悦菲纤 ™ 技术无不向业界体现着兰精在不断践行绿色理念的可持续发展道路。

兰精展位上多元化的新颖产品，让每一位访客都体验到兰精营造的舒适体验，收获一站式、多维度的可持续时尚最佳解决方案。值得说的是，兰精持续探索零碳最佳解决方案，着重展示了取材可持续天然木源的零碳天丝 ™ 莱赛尔纤维和零碳天丝 ™ 莫代尔纤维的全品类应用，产品从推出至今已应用于内衣、外衣、牛仔、家纺等多个纺织服装细分领域。

为强化 TENCEL™（天丝 ™）商标保护以及在国内生态系统中保持健康的商业环境，兰精发起了一项名为"始于源创"的全新活动，打击商标侵权行为强化品牌保护，营造良好健康的商业环境。兰精集团市场推广与品牌营销全球副总裁 Harold Weghorst 指出，天丝 ™ 品牌是兰精集团受法律保护的品牌，在全球纺织领域有很高的知名度。随之而来的假冒和非法使用 TENCEL™ 商标的行为，迫使兰精加强

TENCEL™ 品牌保护，采用广告宣传和线上、线下推广活动等形式，以帮助用户在价值链中正确使用 TENCEL™ 商标。

展会期间，兰精还开展了全方位的行业教育活动，提供针对兰精电子品牌服务的专业培训，通过持续的教育和支持，为天丝™纤维用户提供必要的工具和指导。兰精的多部门品牌保护工作组和展会主办方进行现场巡查，主动监控并遏制侵犯兰精知识产权的行为。

持续推进专业化、规模化、品牌化的发展道路上，离不开合作伙伴的支持与协作，8月27日，"循环发展，美好永续"2023兰精合作伙伴晚宴隆重举行，兰精的众多合作伙伴们欢聚一堂，共话行业发展新格局。

（资料来源：田雨.兰精集团：打造循环经济新风向[J].纺织服装周刊,2023（33）:07.）

3.3　生态经济理论

3.3.1　生态经济的含义

生态经济是指在生态系统承载能力范围内，运用生态经济学原理和系统工程方法改变生产和消费方式，挖掘一切可以利用的资源潜力，发展一些经济发达、生态高效的产业，建设体制合理、社会和谐的文化以及生态健康、景观适宜的环境。生态经济是实现经济腾飞与环境保护、物质文明与精神文明、自然生态与人类生态的高度统一和可持续发展的经济。

3.3.2　生态经济的特征

（1）时间性。

时间性是指资源利用在时间维度上的持续性。在人类社会再生产的漫长过程中，后代人对自然资源应该拥有同等或更美好的享用权和生存权，当代人不应该牺牲后代人的利益换取自己的舒适，应该主动采取"财富转移"的政策，为后代人留下宽松的生存空间，让他们同我们一样拥有均等的发展机会。

（2）空间性。

空间性是指资源利用在空间维度上的持续性。区域的资源开发利用和区域发展不应损害其他区域满足其需求的能力，并要求区域间农业资源环境共享和共建。

（3）效率性。

效率性是指资源利用在效率维度上的高效性。即低耗、高效的资源利用方式，它以技术进步为支撑，通过优化资源配置，最大限度地降低单位产出的资源消耗量和环境代价，来不断提高资源的产出效率和社会经济的支撑能力，确保经济持续增长的资源基础和环境条件。❶

3.3.3　生态经济的构成要素

（1）人口要素。

人口是组成社会的基本前提和首要因素，是构成生产力要素和体现经济关系、社会关系的生命实体。自然生态系统和环境只有和人类相互作用才具有实际意义，没有人类或者不与人类发生关系的生态经济系统是不存在的。在生态经济系统中，人口要素处于主体地位，调控着处于客体地位的其他各要素，因为人类最大的特点是具有创造力可以能动地控制和调节生态经济系统，使之符合自然和社会经济的客观发展规律。

（2）环境要素。

环境是指与居于主体地位的要素相对应和相互作用的客体条件和空间，在生态经济系统中，人类处于主体地位，其他处于客体地位的所有生物和非生物就是环境要素。由于人类具有自然和社会两重属性，与环境的联系必然在自然和社会两个方面进行，因此人类的环境就包括了自然环境和社会环境两部分。自然环境是指一切直接或间接影响人类生产、生活的自然物质和能量的总体，包括物理系统和生物系统，它是人类存在和发展，生态经济系统产生和发展的基础。社会环境是人类社会为了提高自己的物质、文化生活水平，在自然环境的基础上经过长期有意识的劳动、加工、改造而建立起来的物质生产体系、精神文化体系和上层建筑系统。

（3）资源要素。

资源要素是指环境要素中参与人类生活和物质资料生产的一切物质要素。从本质上说，资源与环境并无严格区别，只有当它们对人类现实表现出不同的功能时才有差异，客观事物作为居于主体地位的人类的客体条件和空间时就是环境，而作为人类生活和生产有效用的具体要素时就是资源。因此，资源包含的内容是随着人类认识和科技的进步而变化的。资源具有数量、质量、时间和空间等多重属性。根据其来源，资源可以分为自然资源和社会经济资源。

①自然资源包括气候资源、生物资源、土壤资源、水资源、能源和矿物资源等。自然资源根据其特性和供应能力，一般分为：

不可枯竭资源，即稳定供应的资源，如太阳能、风能、大气等。它们是在宇宙因素、星球间的相互作用下而在地球产生的，其数量巨大，人类的活动不会引起其数量的明显变化，但是，有些资源受人类的影响正在加大，如温室效应、大气污染、水质变劣等。

❶ 陆宇海，邹艳芬. 生态经济考核评价及生态产业发展研究［M］. 南昌：江西人民出版社，2015.

可再生资源。主要包括生物资源和某些动态的非生物资源以及它们的复合体（土壤），它们可以借助生物的生长繁殖和自然物质的循环而得到更新和永续利用，但这须以适度利用和保护为前提，否则，使用不当会使其更新能力受损，以致资源枯竭，如生物多样性的降低与人类的猎杀、滥捕密切相关，以致某些生物濒于或者已经灭绝。

非更新资源。它是指基本没有自我更新能力的资源，其中，人类对其利用往往是一次性的、难以回收再利用的资源，称为不可回收的非更新自然资源，如化石能源。而各种金属矿物和除能源以外的非金属矿物，是经过亿万年的地球化学循环过程而缓慢形成的，更新能力极弱，但在人类开采利用后，一般是可以回收和重新利用的，称为可回收非更新自然资源，自然资源的种类、数量、丰度、分布等直接影响生态经济系统的自然生产力的高低、系统发展方向和速度。

②社会经济资源包括劳动力资源，经过生产加工的物质、能量、资金以及社会、经济、政治、军事的信息等。值得注意的是，信息是物质的存在形式和运动状态，它不等同于物质或能量，但源于物质、承载于物质，并受能量驱动，因此也是宝贵的资源，以致有人把资源定义为与人类社会经济发展相联系、有效用的各种客观要素的总称。

（4）科技要素。

科技是科学与技术的简称。科学是关于自然、社会和思维的运动形式和发展规律的知识体系，人类通过探索来发现科学奥秘，依据科学原理开发而成的各种操作工艺和技能的总称就是技术，它包括劳动工具、劳动对象和劳动技能，人类通过科学开发来发明新技术。技术是物化、应用化的科学，是劳动技能、生产经验与科学知识相结合的产物，是现实的生产力，是联系科学与生产的纽带。科学是理论化的技术，即技术的理论升华就是科学，技术是方法化、工艺化、物质化的科学，现代科技贯穿社会、经济的全过程，是第一生产力。在生态经济系统演进的不同时期，科技要素所起的作用不同，在原始的生态经济系统中，人类具备的科技知识极少，主要凭借传统经验从事生产活动，生产的盲目性很大，生产力水平十分低下，系统的发展极为缓慢。进入现代社会后，科技渗透到生态经济系统的各个方面和领域，人们认识和调控自然的能力大幅提高，因而科技要素在生态经济系统中的作用日益增大。

（5）资金要素。

资金是社会再生产过程中物质运动的价值形式，或者生态经济系统中物质资料价值的货币形式，其运转过程表现为价值流。资金的运动经历货币资金（现金）、生产资金和商品资金三种形态或阶段。第一阶段，人类使用货币资金购买生产资料，货币资金则储备转化为生产资金形态。第二阶段，即生产过程，工人将生产资料的价值转移到产品中去，并创造出新的价值。第三阶段，通过产品交换、销售和消费，将生产资金形态转变为商品资金形态，进而实现货币资金循环，即现金回笼，资金之所以能作为生态经济系统的要素，主要是因为它在循环运动中通过与资源、物质要素的链接，不仅协调了生态经济系统的物质流通和能量流动，而且实现了价值流增值，促进了系统生产力的提高。

延展阅读

辽宁省"十四五"生态环境保护规划

为深入打好污染防治攻坚战，持续改善生态环境质量，《辽宁省"十四五"生态环境保护规划》日前发布，提出"十四五"时期，我省生态文明建设取得新进步，美丽辽宁建设取得明显进展，绿色成为辽宁高质量发展的鲜明底色。

"十四五"时期，我省生态环境保护结构性、根源性、趋势性压力总体上仍将处于高位。为确保生态环境质量持续改善，我省发布了涵盖环境治理、应对气候变化、环境风险防控和生态保护 4 个领域的 22 项指标体系，其中 13 项为约束性指标，9 项为预期性指标。如 2025 年地级及以上城市细颗粒物浓度不高于每立方米 34 微克，地级及以上城市空气质量优良天数比例达到 88.3%，地表水达到或好于Ⅲ类水体比例达到 78.7%，单位地区生产总值能源消耗降低 15%，森林覆盖率达到 42.5%，均为约束性指标。这些指标的制定，将进一步助推我省生态环境质量稳步提升。

"绿色低碳"贯穿整个规划。"十四五"时期，我省将完善绿色发展机制，强化"三线一单"生态环境分区管控的约束和政策引领，2025 年年底前，形成基本完善的区域生态环境空间管控体系。健全完善宏观环境政策，加强煤炭消费总量和污染物排放总量控制，出台高耗能、高排放建设项目环境管理制度，严格实施节能审查制度。同时，健全生态保护补偿机制，建立健全生态产品价值实现机制。

"十四五"时期，我省将推动"一圈一带两区"绿色发展格局总体形成。沈阳现代化都市圈强化生态环境共保共治，辽宁沿海经济带持续推进行业深度治理，辽西融入京津冀协同发展战略先导区筑牢辽西陆海生态屏障，辽东绿色经济区夯实绿色发展生态基础，实现区域绿色协调发展。

在加快绿色低碳转型升级上，我省提出 2025 年年底前全省装机容量约 9000 万千瓦，非化石能源装机占比达到 50% 以上；大宗货物采用铁路、水运、管道等绿色环保方式运输比例达到 80%；80% 以上钢铁产能完成超低排放改造等具体目标。为实现"双碳"目标，我省将制定碳排放达峰行动方案，以协同增效为着力点，控制能源、工业、交通、建筑等领域二氧化碳排放，提出加快推进沈阳、大连、朝阳等国家低碳试点城市建设。2025 年年底前，城镇新建建筑中绿色建筑面积占比达到 100%。

深入打好污染防治攻坚战，我省将加强细颗粒物和臭氧协同控制，开展散煤替代工程、燃煤锅炉淘汰和改造工程等大气污染源治理重点工程。2025 年年底前，全省重度及以上污染天数比率控制在 0.7% 以内，基本消除重污染天气。在水污染治理上，提出 2025 年年底前基本完成全省流域主要河流、湖库、海湾入河排污口整治，构建辽河生态走廊、凌河生态走廊，全省农村生活污水治理率达到 35% 以上，基本消除较大面积农村黑臭水体。

"十四五"时期，我省还将强化环境风险防控，提升环境治理能力。推进"无废城市"建设，2025 年年底前一般工业固体废物综合利用率达到 50%，建筑垃圾综合利用率达到 60%。健全环境治理信用制度体系，2023 年年底前，建立排污企业和生态环境社会化服务机构黑名单制度，将企业环境违法信息纳入环境信用记录，依法向社会公开。

（资料来源：张靖宇 . 辽宁省"十四五"生态环境保护规划 [N]. 辽宁日报 .2022-2-28.）

3.4　低碳经济理论

3.4.1　低碳经济的发展历程

人类社会伴随着生物质能、风能、太阳能、水能、地热能、化石能、核能等的开发和利用，逐步从原始社会的农业文明走向现代化的工业文明，然而随着全球人口数量的上升和经济规模的不断增长，化石能源等常规能源的使用造成的环境问题及后果不断地为人们所认识。废气污染、光化学烟雾、水污染、酸雨，以及大气中二氧化碳浓度升高所带来的全球气候变化，已被确认为人类破坏自然环境、不健康的生产生活方式所带来的严重后果。在此背景下，"碳足迹""低碳经济""低碳技术""低碳发展""低碳生活方式""低碳社会""低碳城市""低碳世界"等一系列新概念、新政策应运而生。而能源与经济甚至价值观实行大变革的结果，可能将为逐步迈向生态文明走出一条新路，即摒弃20 世纪及以前的传统增长模式，直接应用新世纪的创新技术与创新机制，通过低碳经济模式与生活方式，实现社会可持续发展。❶

在全球气候变暖的背景下，以低能耗、低污染为基础的"低碳经济"已成为全球热点。欧美发达国家大力推进以高能效、低排放为核心的"低碳革命"，着力发展"低碳技术"，并对产业、能源、技术、贸易等政策进行重大调整，以抢占先机和产业制高点。低碳经济的争夺战已在全球悄然打响。低碳经济是指在可持续发展理念指导下，通过技术创新、制度创新、产业转型、新能源开发等多种手段，尽可能减少煤炭、石油等高碳能源消耗，减少温室气体排放，达到经济社会发展与生态环境保护双赢的一种经济发展

---

❶ 胡俊 . 关于发展低碳经济促进我国经济转型的思考 [J]. 上海商学院学报 ,2010,11(5).

形态。❶

"低碳经济"最早见于政府文件是在 2003 年的英国能源白皮书《我们能源的未来：创建低碳经济》。作为第一次工业革命的先驱和资源并不丰富的岛国，英国充分意识到了能源安全和气候变化的威胁，它正从自给自足的能源供应走向主要依靠进口的时代，按 2003 年的消费模式，预计 2020 年英国 80% 的能源都必须进口，并且应对气候变化的影响已经迫在眉睫。

2010 年 8 月，中国发展改革委确定在 5 省 8 市开展低碳产业建设试点工作。

3.4.2 低碳经济的含义

低碳经济是以低能耗、低污染、低排放为基础的经济模式，是人类社会继农业文明、工业文明之后的又一次重大进步。低碳经济的目的是以减少温室气体排放为目标，构筑以低能耗、低污染为基础的经济发展体系，包括低碳能源系统、低碳技术和低碳产业体系。

3.4.3 低碳经济的实施途径

（1）戒除以高耗能源为代价的便利消费嗜好。

"便利"是现代商业营销和消费生活中流行的价值观。不少便利消费方式在人们不经意中浪费着巨大的能源。比如，据制冷技术专家估算，超市电耗 70% 用于冷柜，而敞开式冷柜电耗比玻璃门冰柜高出 20%。由此推算，一家中型超市敞开式冷柜一年将额外耗费约 4.8 万度电，相当于多耗约 19 吨标煤，多排放约 48 吨二氧化碳，多耗约 19 万升净水。

（2）戒除使用一次性用品的消费嗜好。

2008 年 6 月全国开始实施"限塑令"。无节制地使用塑料袋，是多年来人们盛行便利消费最典型的嗜好之一。要使戒除这一嗜好成为人们的自觉行为，单让公众理解"限塑"意义在于遏制白色污染是不够的，这只是"单维型"环保科普意识。其实"限塑"的意义还在于节约塑料的来源——石油资源、减排二氧化碳。这是一种"关联型"节能环保意识。据中国科技部《全民节能减排手册》计算，全国减少 10% 的塑料袋，可节省生产塑料袋的能耗约 1.2 万吨标煤，减排 31 万吨二氧化碳。关联型环保意识不仅能引导公众明白"限塑就是节油节能"，也引导公众觉悟"节水也是节能"（即节约城市制水、供水的电能耗），意识到改变使用一次性用品的消费嗜好与节能、减少碳排放、应对气候变化的关系。

---

❶邬彩霞 . 中国低碳经济发展的协同效应研究［J］. 管理世界 ,2021,37(8).

（3）戒除以大量消耗能源为代价的奢侈消费嗜好。

2009 年第一季度，全国车市销量增长最快的是豪华车，其中高档大排量的宝马进口车同比增长 82% 以上，大排量的多功能运动车 SUV 同比增长 48.8%。与此相对照，不少发达国家都愿意使用小型汽车、小排量汽车。提倡低碳生活方式，并不一概反对小汽车进入家庭，而是提倡有节制地使用私家车。日本私家车普及率达 80%，但出行并不完全依赖私家车。在东京地区私家车一般年行驶 3000 至 5000 公里，而上海私家车一般年行使 1.8 万公里。国内人们无节制地使用私家车成了炫耀型消费生活的嗜好。有些城市的重点学校门口，接送孩子的一二百辆私家车将周围道路堵得水泄不通。❶

（4）全面加强以低碳饮食为主导的科学膳食平衡。

低碳饮食，就是低碳水化合物，主要注重限制碳水化合物的消耗量，增加蛋白质和脂肪的摄入量。目前我国国民的日常饮食，是以大米、小麦等粮食作物为主的生产形式和"南米北面"的饮食结构。而低碳饮食可以控制人体血糖的剧烈变化，从而提高人体的抗氧化能力，抑制自由基的产生，长期还会有保持体型、强健体魄、预防疾病、减缓衰老等益处。低碳饮食将会是一个长期的、艰巨的工作。不过相信随着大众普遍认识水平的提高，低碳饮食将会改变中国人的饮食习惯和生活方式。

2015 年，巴黎气候变化大会召开，超过 190 个国家的领导人在一起讨论关于气候变化的全球协议，旨在减少全球温室气体排放，避免危险的气候变化所带来的威胁。碳排放量依然是大会讨论的重点，低碳经济有望迎来曙光。规模最大的几个排放国家和地区已经做出承诺，欧盟将在 2030 年之前减少 1990 年排放量的 40%，美国将在 2025 年之前减少 2005 年排放量的 26% ～ 28%，中国承诺 2030 年的排放量将达到峰值。

〔延展阅读〕

关于加快建立健全绿色低碳循环发展经济体系的指导意见

以习近平新时代中国特色社会主义思想为指导，深入贯彻党的十九大和十九届二中、三中、四中、五中全会精神，全面贯彻习近平生态文明思想，认真落实党中央、国务院决策部署，坚定不移贯彻新发展理念，全方位全过程推行绿色规划、绿色设计、绿色投资、绿色建设、绿色生产、绿色流通、绿色生活、绿色消费，使发展建立在高效利用资源、严格保护生态环境、有效控制温室气体排放的基础上，统筹推进高质量发展和高水平保护，建立健全绿色低碳循环发展的经济体系，确保实

---

❶ 孙即才，蒋庆哲．碳达峰碳中和视角下区域低碳经济一体化发展研究：战略意蕴与策略选择 [J]．求是学刊，2021,48(5):36-43.

现碳达峰、碳中和目标，推动我国绿色发展迈上新台阶。

到 2025 年，产业结构、能源结构、运输结构明显优化，绿色产业比重显著提升，基础设施绿色化水平不断提高，清洁生产水平持续提高，生产生活方式绿色转型成效显著，能源资源配置更加合理、利用效率大幅提高，主要污染物排放总量持续减少，碳排放强度明显降低，生态环境持续改善，市场导向的绿色技术创新体系更加完善，法律法规政策体系更加有效，绿色低碳循环发展的生产体系、流通体系、消费体系初步形成。到 2035 年，绿色发展内生动力显著增强，绿色产业规模迈上新台阶，重点行业、重点产品能源资源利用效率达到国际先进水平，广泛形成绿色生产生活方式，碳排放达峰后稳中有降，生态环境根本好转，美丽中国建设目标基本实现。

意见中指出，要健全绿色低碳循环发展的生产体系：

一是推进工业绿色升级。加快实施钢铁、石化、化工、有色、建材、纺织、造纸、皮革等行业绿色化改造。推行产品绿色设计，建设绿色制造体系。大力发展再制造产业，加强再制造产品认证与推广应用。建设资源综合利用基地，促进工业固体废物综合利用。全面推行清洁生产，依法在"双超双有高耗能"行业实施强制性清洁生产审核。完善"散乱污"企业认定办法，分类实施关停取缔、整合搬迁、整改提升等措施，加快实施排污许可制度，加强工业生产过程中危险废物管理。

二是加快农业绿色发展。鼓励发展生态种植、生态养殖，加强绿色食品、有机农产品认证和管理。发展生态循环农业，提高畜禽粪污资源化利用水平，推进农作物秸秆综合利用，加强农膜污染治理。强化耕地质量保护与提升，推进退化耕地综合治理。发展林业循环经济，实施森林生态标志产品建设工程。大力推进农业节水，推广高效节水技术。推行水产健康养殖。实施农药、兽用抗菌药使用减量和产地环境净化行动。依法加强养殖水域滩涂统一规划。完善相关水域禁渔管理制度。推进农业与旅游、教育、文化、健康等产业深度融合，加快一、二、三产业融合发展。

三是提高服务业绿色发展水平。促进商贸企业绿色升级，培育一批绿色流通主体。有序发展出行、住宿等领域共享经济，规范发展闲置资源交易。加快信息服务业绿色转型，做好大中型数据中心、网络机房绿色建设和改造，建立绿色运营维护体系。推进会展业绿色发展，指导制定行业相关绿色标准，推动办展设施循环使用。推动汽修、装修装饰等行业使用低挥发性有机物含量原辅材料。倡导酒店、餐饮等行业不主动提供一次性用品。

四是壮大绿色环保产业。建设一批国家绿色产业示范基地，推动形成开放、协同、高效的创新生态系统。加快培育市场主体，鼓励设立混合所有制公司，打造一批大型绿色产业集团；引导中小企业聚焦主业增强核心竞争力，培育"专精特新"

中小企业。推行合同能源管理、合同节水管理、环境污染第三方治理等模式和以环境治理效果为导向的环境托管服务。进一步放开石油、化工、电力、天然气等领域节能环保竞争性业务，鼓励公共机构推行能源托管服务。适时修订绿色产业指导目录，引导产业发展方向。

五是提升产业园区和产业集群循环化水平。科学编制新建产业园区开发建设规划，依法依规开展规划环境影响评价，严格准入标准，完善循环产业链条，推动形成产业循环耦合。推进既有产业园区和产业集群循环化改造，推动公共设施共建共享、能源梯级利用、资源循环利用和污染物集中安全处置等。鼓励建设电、热、冷、气等多种能源协同互济的综合能源项目。鼓励化工等产业园区配套建设危险废物集中贮存、预处理和处置设施。

六是构建绿色供应链。鼓励企业开展绿色设计、选择绿色材料、实施绿色采购、打造绿色制造工艺、推行绿色包装、开展绿色运输、做好废弃产品回收处理，实现产品全周期的绿色环保。选择100家左右积极性高、社会影响大、带动作用强的企业开展绿色供应链试点，探索建立绿色供应链制度体系。鼓励行业协会通过制定规范、咨询服务、行业自律等方式提高行业供应链绿色化水平。

（资料来源：国务院公报，国发〔2021〕4号，节选）

3.5　环境资源价值理论

3.5.1　环境资源与环境资源价值的含义

环境保护从实质上讲也是保护环境资源、合理利用环境资源问题。环境资源作为人类赖以生存和发展的物质基础，它除具有区域分异性、整体性、稀缺性、多用途性等特点外，还具有价值性、无阶级性和非排他、非竞争的公共商品性。环境蕴含着资源，有资源就有价值，环境是资源，是资源就有价值。

环境资源是指作为资源总和的环境整体。各种自然资源包括水、空气、土地、动植物、矿产等和它们组合的各种状态，是人类赖以生存与发展的物质基础。不合理的开发和利用，使环境资源遭受到日益严重的破坏，例如水资源短缺和污染、臭氧层破坏、土壤沙化、森林面积锐减、部分珍稀物种和矿物濒临枯竭等，都会给人类的社会进步与经济发展带来相应的影响。

环境资源价值是指环境资源本身的存在价值并且包括其对生产或消费所有的贡献能直接满足或间接支持生产或消费活动的获益价值。

3.5.2　环境资源价值分类

环境资源的价值也称总经济价值，总经济价值分为：使用价值（Use Value）或称为有用性价值、非使用价值（Non Use Value）或称为内在价值。

（1）使用价值。

使用价值是指当某一物品被使用或消费时满足人们某种需要或偏好的能力。使用价值包括直接使用价值、间接使用价值。

①直接使用价值。直接使用价值是环境资源直接满足人们生产和消费需要的价值，由环境资源对目前的生产或消费的直接贡献来决定。以森林为例，木材、药品、休闲娱乐、植物基因、教育和人类住区等都是其直接使用价值。直接使用价值易于理解，但并不一定在经济上易于衡量，如森林产品的产量可以根据市场或调查数据进行估算，但药用植物的价值却难以衡量。

② 间接使用价值。间接使用价值包括从环境所提供的用来支持目前的生产和消费活动的各种功能中间接获得的效益。间接使用价值类似于生态学中的生态服务功能。营养循环、水域保护、小气候调节、减少空气污染等都属于森林的间接使用价值范畴，虽然不直接进入生产和消费过程，却为生产和消费的正常进行提供了必要条件（基础）。

以上两种价值都是传统经济学一致认定的经济价值。环境经济学家把人们对环境资源使用的选择考虑进来，称为选择价值。选择价值又称期权价值，任何一种环境资源都可能会具有选择价值。我们在利用环境资源时，并不希望其功能很快消耗殆尽，也许会设想在未来的某一天，该环境资源的使用价值会更大，或者由于不确定性的原因，如果现在利用了这一资源，那么将来就不可能获得该资源，因此要对其作出选择。❶

（2）非使用价值。

非使用价值通常也叫作存在价值（有时也称为保存价值或被动使用价值）。它是指人们在知道某种资源的存在（即使他们永远不会使用那种资源）后，对其存在赋予的价值。存在价值是指从仅仅知道这种资产存在中获得的满足，尽管并没有要使用它的意图。从某种意义上说，存在价值是人们对环境资源价值的一种道德上的评判，包括人类对其他生物的同情和关注。例如，如果人们相信所有的生物都有权继续生存在我们这个星球上的话，人类就必须保护这些生物，即使看起来它们既没有使用价值，也没有选择价值。由于绝大多数人对环境资源的存在（如野生生物和环境的服务功能等）具有支付意愿，所以，环境经济学家认为，人们对环境资源存在意义的支付意愿就是存在价值的基础。

---

❶ 郑春. 企业环境经营研究［D］. 吉林：长春理工大学,2002.

人们之所以认为资源或环境具有存在价值，是因为人们具有三种动机：一是遗赠动机：人们愿意把某种资源保留下来遗赠给后代，从某种意义上说，它同该资源的使用有关，因为人们认为，把资产留给后人，是为了让后人在使用它们时获得满足，因此，很多经济学家认为，应该纳入使用价值范围内；二是礼物动机：同遗赠动机类似，但更像是留给同代人；三是同情动机：人类对其他生物的同情与存在价值的关联性较大。

3.5.3　环境资源的价值指标体系

资源环境核算的价值指标体系主要包括以下六个方面：

（1）耗减成本。

耗减成本是指因生产和生活的消耗及大自然自身的侵蚀，导致资源环境的物质总量的耗减，这些耗减的价值反映并构成耗减成本。对耗减成本的核算，首先应按上述九大类包括矿产能源资源，土地资源，水资源，森林资源，海洋资源，草地资源，野生动植物资源，再生资源，环境资源物质指标及相应的明细指标进行分类统计（如矿产能源资源的统计分类标准可参照地矿部制定的标准等），再根据分类统计的结果核算资源环境的存量、使用量和耗减量，及相应的价值量。

（2）损失成本。

资源环境的损失成本，是指因对资源环境的不合理耗用或缺乏有效的保护措施及因对资源环境的人为污染、破坏导致资源环境质量日趋恶化（下降），而对其可持续发展造成的直接经济损失和潜在损失。对资源环境损失成本的核算，可先根据上述九大类指标进行分类统计，再根据政府有关职能部门制定的资源环境质量标准进行分析比较，确定哪些资源环境没有达到相应的质量标准，超标或未达标的差额是多少，对资源环境质量恶化的关联度和破坏程度有多大。在综合分析的基础上针对不同的恶化程度估算其损失成本。这里需要指出的是，因不可抗拒的非人力因素如自然侵蚀、自然灾害造成的资源环境的损失，它虽不是直接由人类活动引起的，但与人类活动间接相关，并直接导致资源环境质量的下降和国民财富积累的减少，因此，这部分损失也应计入资源环境的损失成本之中。当然，这部分损失在修正 GDP 时，不应全部一次计入，而应确定一个适当的系数分期计入。❶

（3）恢复成本。

恢复成本是指人们在开发利用某项资源环境的同时污染、破坏或损耗了另一项或几项资源环境，从而用来恢复被污染、破坏或损耗的资源本来面目的成本；再生成本是指将资源环境恢复到原来的规模和水平应计量的成本和补偿的价值。

❶ 王金南.环境经济学：理论·方法·政策 [M].北京：清华大学出版社,1994.

（4）保护成本。

保护成本是指保证资源环境免遭人为破坏，尽量减少自然力对资源环境的破坏、侵蚀，维护资源环境质量达到一定水平之上而采取各种保护性措施所花费的成本。具体包括：资源环境保护重大项目的研究、开发、建设、维护、更新费用，如三北防护林建设费用，大江大河大湖治理费用等；预防和保护资源环境污染的运作费用；资源环境污染治理的费用；资源环境保护部门的管理费用；为改善和发展资源环境而投入的费用等。

（5）替代成本和机会成本。

替代成本是指不可再生资源在开发利用时，人们以其他资源替代所需额外支付的相关费用，主要包括研究、开发、建设替代资源的费用。机会成本是指因对某些资源进行限制性或禁止性开发利用，以及因资源环境保护而对某些相关产业、行业、企业进行压缩、调整、关闭，造成资源闲置而产生的直接损失和机会损失。例如因森林的禁伐导致森工企业关停并转、职工下岗造成的直接损失和机会损失（如造纸业原料紧张、价格上涨）；出于资源环境保护压力，政府不得不强行关闭资源耗费大、污染严重的小企业，由此形成产值损失和就业压力；出于资源环境保护压力，一些相关企业不得不压缩生产规模，导致部分设备、资源闲置等，这些都构成巨大的机会成本。但从可持续发展角度出发，这种替代成本和机会成本的付出是必要的、有益的。

（6）改善收入。

改善收入是指国家、企业开展以保护和改善资源环境为宗旨的绿色管理、绿色生产运动而给人类、自然、社会、企业带来的绿色收入。主要包括因上述九大类物质指标数量的增加和质量的提高而带来的直接经济效益和间接生态效益；国民因环境质量的改善，生活质量的提高而带来的社会效益；企业因进行绿色设计、绿色开发、绿色生产、绿色包装、绿色营销等一系列绿色管理活动，创立绿色品牌，促使生产效率提高，市场占有率上升，销售收入增加，资源消耗下降，环境污染减少，环保支出减少，同时还可获得政府税收上的优惠和奖励，这些都构成了企业的绿色收入，也构成了整个社会的资源环境的改善收入。

本章小结

本章从环境视角提出环境保护的基本理念，包括可持续发展理论、生态经济理论、循环经济理论；在此基础上，提出关于环境相关的理论，包括低碳经济理论、环境资源价值理论，为后续的学习打下理论基础。

思 考 题

（1）破坏生态平衡的因素有哪些？试列举你熟知的破坏生态平衡的例子。

（2）人类活动对地球环境和生态系统发生了哪些影响？

（3）可持续发展观对人类传统发展理论的反思和创新主要表现在哪几个方面？

（4）可持续发展的基本理论有哪些？

（5）试述可从哪几个方面实施可持续发展战略。

（6）简述循环经济的概念、原则与发展途径。

（7）如何理解循环经济"3R"原则？

经典案例

资料阅读

第4章
绿色采购

主要内容 ▶

    消费是经济发展的"三驾马车"之一。绿色消费作为经济高质量发展的重要抓手，正在发挥着它独有的价值。绿色采购正为这一新潮流提供引领和推动力。本章的主要内容包括：绿色采购的概念及特点、企业的绿色采购以及政府的绿色采购。

【关键术语】 环境经营、绿色采购、采购政策、采购制度

课前阅读 ▶

绿色采购：经济高质量发展新引擎

    今年1月，国务院新闻办公室发布了《新时代的中国绿色发展》白皮书。白皮书肯定了政府采购在引导和促进绿色产品消费方面的积极作用——"不断完善绿色产品认证采信推广机制，健全政府绿色采购制度，实施能效水效标识制度，引导促进绿色产品消费"。

    消费是经济发展的"三驾马车"之一。绿色消费作为经济高质量发展的重要抓手，正在发挥着它独有的价值。绿色采购正为这一新潮流提供引领和推动力。

    过去：政府采购促进产品转型

    我国政府采购从诞生的那一天起，就前瞻性地将保护环境纳入顶层设计中，促进经济发展从高能耗向节能环保转型。

    2004年，财政部、国家发改委从采购节能产品这一环节入手破题——联合印发《节能产品政府采购实施意见》，并发布了第一期《节能产品政府采购清单》（以下简称节能清单）。该实施意见要求各级国家机关、事业单位和团体组织用财政性资金进行采购的，应当优先采购节能产品。第一期节能清单包括空调、冰箱、荧光灯、电视机、计算机、打印机、便器、水嘴等8类产品，共有86家企业1526个型号的产品入围。这是我国第一个政府采购促进节能与环保的具体政策，也是政府绿色采购实践的开始。

    "政府采购有节能要求，就推动了我们企业不断在产品能耗上动脑子下功夫，促进

了产品的转型。"奥克斯空调股份有限公司相关负责人表示。

节能产品采购顺利实施了两年。在 2006 年，财政部在政府绿色采购方面的举措又深入了一步，即与原国家环保总局联合发布了《关于环境标志产品政府采购的实施意见》和首批《环境标志产品政府采购清单》（以下简称环保清单）。第一期的环保清单共有汽车、计算机、打印机等 81 家企业的 856 个产品型号的产品入围。

实践是政策调整的依据与来源。在实践中，业界发现，绿色采购政策的支持范围局限于采购交易环节，支持手段相对单一，采购人在实际执行中缺乏政策执行的积极性、主动性等问题，在一定程度上影响了政策执行的效果，一场迈向更深层次的改革亟须启动。

"民有所呼，政有所应。"2018 年，中央全面深化改革委员会第五次会议审议通过的《深化政府采购制度改革方案》，进一步强化了政府采购作为财政政策工具的调控功能。

根据深化改革的要求，财政部明确将完善政府绿色采购政策，简化节能产品、环境标志产品政府采购执行机制，优化供应商参与政府采购活动的市场环境。

绿色采购的改革浪潮汹涌而来。从 2019 年起，我国不再发布节能清单和环保清单，而是依据品目清单和认证证书实施政府强制采购和优先采购，再次完善节能环保产品采购的政策措施。据统计，从 2004 年至 2019 年，我国共发布了 24 期节能产品政府采购清单和 22 期环境标志产品政府采购清单，清单制在当时对于促进产品向节能环保转型起到了历史性作用。

这些年，我国政府绿色采购的产品产生了显著的生态环境效益。据统计，2016—2020 年，政府采购绿色办公家具共减排 14.9 万吨挥发性有机物，减排 2191.48 吨甲醛；采购台式计算机和便携式计算机共减排 171.9 万吨二氧化碳，相当于 19.1 万公顷森林的年碳汇量；采购复印纸共减排 3924.87 吨化学需氧量。

现在：绿色采购方兴未艾

2020 年，政府绿色采购迎来了前所未有之新机遇。这一年，习近平主席在第七十五届联合国大会上向世界作出庄严承诺：我国在 2030 年前实现碳达峰，2060 年之前实现碳中和。

为实现"双碳"目标，党和国家出台了一系列有影响力的政策与文件，如《关于加快建立健全绿色低碳循环发展经济体系的指导意见》《关于完整准确全面贯彻新发展理念做好碳达峰碳中和工作的意见》等。这些文件均明确把政府绿色采购作为达成我国"双碳"目标的重要手段之一。2022 年 5 月，财政部印发《财政支持做好碳达峰碳中和工作的意见》，更是从财政视角为政府绿色采购精准发力定下了新基调。宏观层面，顶层设计已经为政府绿色采购指明了方向，选好了道路。

事实上，除了支持新能源汽车等重点领域的采购外，从 2020 年开始，财政部着手从绿色建筑与绿色建材的应用、绿色采购需求标准等方面发力，不断深入推进政府绿色采购工作。

　　绿色建筑与绿色建材应用的体量较大，对于实现"双碳"目标而言，分量举足轻重。2020 年 10 月，财政部、住房和城乡建设部发布了《关于政府采购支持绿色建材促进建筑品质提升试点工作的通知》，决定在南京市、杭州市、绍兴市、湖州市、青岛市、佛山市 6 城市进行试点，积极推广绿色建筑和绿色建材应用。同步公布的《绿色建筑和绿色建材政府采购基本要求（试行）》，明确绿色建材政府采购的需求标准，通过对工程建设中常用的绿色建筑材料的相关指标值进行界定，为政府采购绿色建材划定了客观、量化、可验证的标准。这两个文件的发布完成了政府绿色采购向建筑领域拓展的破冰。

　　据统计，自政策实施以来，6 个试点城市在医院、学校等公共建筑中使用绿色建材，运用装配式、智能化等新型建造方式，纳入试点的工程项目金额达 1025 亿元。这一举措有效地创造了政府消费需求，稳定了经济，促进了经济社会的绿色发展。

　　在过去两年里，绿色建材采购在稳经济促发展方面发挥了其自身独有的价值和作用。在 6 个试点城市中，绍兴、青岛、南京、佛山等地通过积极探索实施绿色建材批量集中采购，实实在在给企业提供订单。

　　批量集中采购的先行者——绍兴采用公开招标方式，将节能灯具、光伏设备、变频空调等一批通用性高的绿色材料、设备设施列入集中采购计划，进行集中采购。截至去年，该市已累计实施两类 3 种绿色建材的政府带量集中采购，总金额超过 1400 万元。随后，青岛探索了供需直接谈判的批量集中采购模式，试点种类为防水材料。2022 年 5 月，南京市开展了首个绿色建材集中带量采购项目，采购品类为保障房涂料。2022 年 11 月，佛山市顺利完成首个绿色建材集中带量采购项目，该项目为 2022—2023 年各主体的旋翼式液封水表年度采购。

　　2022 年 10 月，在绿色建材采购试点了一年多以后，财政部再次发布相关文件——《关于扩大政府采购支持绿色建材促进建筑品质提升政策实施范围的通知》。决定自 2022 年 11 月起，在北京市朝阳区等 48 个市（市辖区）实施政府采购支持绿色建材促进建筑品质提升政策。至此，试点城市从 6 个扩大为 48 个。

　　除了绿色建材采购外，政府绿色采购还将绿色要求贯穿到整个供应链。比如，早在 2020 年，财政部等三部门对外发布《关于印发〈商品包装政府采购需求标准（试行）〉、〈快递包装政府采购需求标准（试行）〉的通知》，构建了绿色包装的需求标准。

　　未来：拥有巨大拓展空间

　　政府绿色采购政策还有巨大的拓展空间。

　　为进一步发挥政府绿色采购的引领作用，支持经济社会实现绿色低碳转型发展，《中国政府采购报》以"绿色采购助力'双碳'目标实现"为主题，在 2022 年 7 月举办了中国政府采购峰会，邀请中央及地方政府采购相关部门负责人、政府采购业界代表和专家，进行了深入研讨，广泛凝聚共识。

财政部国库司司长王小龙在会上指出："一般情况下，政府采购规模占到一国 GDP 的 10%～15%，部分国家达到 20%。在'双碳'战略目标指引下，通过大力推行政府绿色采购政策，发挥政府采购的示范引领作用，引导公众绿色消费，带动产业绿色转型升级，必将大有可为。"

未来，财政部将从以下四方面推进政府绿色采购工作：

一是大力推广绿色建材和绿色建筑应用。继续推进建筑领域减碳工作，进一步扩大政策实施范围；研究制定政府采购支持绿色建材促进建筑品质提升相关管理制度；积极探索在交通、水利、市政基础设施等领域推广应用绿色建材和绿色建造方式。

二是分门别类建立绿色低碳采购需求标准。根据采购产品和服务的不同特点，加快建立绿色低碳采购需求标准体系，积极采购符合需求标准的绿色低碳产品。

三是积极推进重点领域绿色采购。加大对清洁能源交通工具的政府采购力度，机要通信等公务用车除特殊地理环境等因素外原则上采购新能源汽车，优先采购提供新能源汽车的租赁服务，公务用船优先采购新能源、清洁能源船舶。

四是压实采购人落实采购政策的主体责任。研究修订政府采购法，明确采购人落实采购政策的法律责任，强化法律约束。夯实采购人的需求管理和履约验收责任，在采购需求中即嵌入有关绿色低碳采购要求。

（资料来源：吴敏.绿色采购：经济高质量发展新引擎[N].中国政府采购报,2023-02-13.）

阅读思考

（1）结合以上论述谈谈你对推动绿色采购的看法和认识。

（2）结合以上内容谈谈应该如何推进绿色采购。

4.1　绿色采购的概念及特点

绿色采购有利于从源头上减少企业成本，降低企业风险，对企业节能减排、减少或者避免企业环境污染具有极其重要的历史地位和意义。当前是落实"双碳"目标的关键时期，企业应该主动树立绿色采购理念，将绿色采购理念融入企业的经营战略，贯穿企业原材料采购、产品采购和服务采购的全过程，不断改进和完善采购标准和制度，推动供应商持续提高环境管理水平，共同构建绿色供应链。

4.1.1　绿色采购的概念

绿色采购，是指企业在采购活动中，推广绿色低碳理念，充分考虑环境保护、资源

节约、安全健康、循环低碳和回收促进，优先采购和使用节能、节水、节材等有利于环境保护的原材料、产品和服务的行为。❶

这里的绿色采购行为，包括具有供应链上下游供应关系的供应商企业与采购商之间采购原材料、产品和服务，用于最终消费的各种产品和服务的采购，以及原材料、制成品、半成品等生产资料的采购，网上采购等。

4.1.2 绿色采购的特点

绿色采购是企业供应链的源头，在企业实施环境经营战略中占有重要位置，必须高度重视。其特点主要包括：

（1）绿色采购以可持续发展为主要目标。

绿色采购以充分利用绿色资源为前提，以企业可持续发展为主要目标，在供应链的源头实现绿色，为企业实施环境经营战略奠定坚实基础。

（2）绿色采购贯穿于产品的整个生命周期。

绿色采购是企业实施环境经营战略的重要步骤，并贯穿产品的整个生命周期，包括绿色资源开发、产品设计、清洁生产、绿色营销、绿色物流、绿色消费、绿色回收等整个过程。

（3）绿色采购要注重公平与效率。

企业在实施绿色采购时，既要注重公平也要注重效率。注重公平是不仅要做到兼顾国际公平，还要兼顾代际公平；注重效率是指企业采购时不仅要做到人与自然和谐相处，还要不断采用或者研制新的技术提高采购效率。

4.1.3 相关法律法规政策文件规定❷

近几年来，我国绿色采购的相关法律法规政策文件相关规定也越来越多，越来越规范，对推进政府和企业的绿色采购起到了重要的助推作用。

据不完全统计，2002 年以来，国务院层面发布的与政府采购政策相关的文件（含国发文、国办发文和国办函）共 97 个，其中有 34 个文件提到用政府采购支持绿色环保或节能事业发展。可见，通过完善法律体系落实政府绿色采购政策逐渐受到重视。

（1）中央层面。

2004 年，国务院办公厅发布《关于开展资源节约活动的通知》（国办发〔2004〕30 号）强调"深化政府采购制度改革"，政府机构应充分发挥带头作用，节约资源、降低费用支出。

---

❶ 绿色产与销 联盟架绿桥 [N]. 经济日报,2018-06-18.
❷ 姜爱华，高锦琦. 优化采购需求管理，落实绿色采购政策 [J]. 中国招标,2022(6):67.

2006 年《关于环境标志产品政府采购实施的意见》（财库〔2006〕90 号）中提到，采购人用财政性资金进行采购的，要优先采购环境标志产品。

2020 年《关于政府采购支持绿色建材促进建筑品质提升试点工作的通知》（财库〔2020〕31 号）提出到 2022 年，基本形成绿色建筑和绿色建材政府采购需求标准的目标。

2021 年《关于深化生态保护补偿制度改革的意见》中提及，实施政府绿色采购政策，建立绿色采购引导机制，加大绿色产品采购力度，支持绿色技术创新和绿色建材、绿色建筑发展。绿色采购覆盖范围逐渐扩大，2021 年国务院印发《关于加快建立健全绿色低碳循环发展经济体系的指导意见》（国发〔2021〕4 号）中指出需加大政府绿色采购力度，扩大绿色产品采购范围，逐步将绿色采购制度扩展至国有企业。2021 年《国务院关于印发"十四五"节能减排综合工作方案的通知》（国发〔2021〕33 号）中提到，扩大政府绿色采购覆盖范围，率先采购使用节能和新能源汽车。

（2）地方层面。

2012 年浙江省发布的《浙江省人民政府关于加快节能与新能源汽车产业发展的实施意见》（浙政发〔2012〕90 号）中提出要发挥政府采购的导向作用，逐步扩大公共机构采购节能与新能源汽车的规模。

2018 年《北京市财政局北京市生态环境局关于进一步加强绿色政府采购有关事项的通知》（京财采购〔2018〕2593 号）鼓励采购人将北京市环保政策要求、行业污染排放标准等，作为对供应商的条件嵌入采购需求。

2020 年江苏省发布的《省政府关于推进绿色产业发展的意见》（苏政发〔2020〕28 号）中提及加大绿色产品首次推广使用力度，扩大政府绿色采购范围，鼓励企业自主开展绿色采购。

资料阅读

日本绿色采购经验

日本政府绿色采购发展模式较为成熟。21 世纪初，日本政府颁布了《绿色采购法》，以法律的形式确立了绿色采购制度，确定了多方采购主体在绿色采购环节中的职责，其中多次提到通过采购需求管理落实政府绿色采购，对我国相关制度建设具有重要意义。

第一，《绿色采购法》规定，政府应通过采购需求管理引导企业生产制造绿色产品，落实绿色采购政策。根据《绿色采购法》第六条，日本的绿色采购主体分为中央政府和社会团体（独立行政法人）、地方政府和地方社会团体（地方独立行政法人）、企业及个人三个层次，不同采购主体具有不同的职责。该法第三条和第七条提到，在中央层面，要求政府机构制定并推行绿色采购需求标准，在获得内阁批准后，环境省长应及时进行公布；其第四条和第七条提出，在地方层面，要求各级地方政府和地方社会团体在综合考量年度预算、规划项目等具体情况后，因地制宜地编制绿色采购需求计划，优先采购绿色产品，同时尽可能创造更多机会激励企业生产绿色产品，并鼓励消费者进行绿色消费；该法第五条提出，在企业及个人层面，要求企业和公民响应政府政策号召，在购买、租赁商品或接受服务时，应尽量选择绿色产品和服务。

第二，《绿色采购法》规定，政府应通过采购需求管理倒逼企业进行产业和技术升级，落实政府绿色采购。根据《绿色采购法》第七条和第十一条，各级政府和社会团体需要立足本法案具体规定，对预算额度安排和采购项目规划等进行综合考虑，制定符合自身落实绿色采购政策的实施计划。该法第八条提到，自该法案实施日起，日本政府每年 2 月都要对去年的绿色采购基本方针进行更新，并对上年的绿色采购政策落实情况进行总结，提交至环境省长。基本方针的制定由环境省主导，下设审查委员会和专家委员会，也会征求地方部门的意见。基本方针的具体作用是为不同类型的绿色产品设置参数指标，并提供详细的绿色采购标准。如在空调采购标准中，将空调分为家用和工业用，并对不同种类空调的包装物、能耗标准、化学物质排放量等进行细致规定。在编制采购需求基本方针时，通过对各类品目的产品设置全面精确的准入条件，能够倒逼企业逐步淘汰高耗能、低技术的落后产品，对产品进行绿色升级，在生产过程中落实绿色采购政策。

（资料来源：姜爱华，高锦琦.优化采购需求管理，落实绿色采购政策 [J].中国招标,2022(6):69-70.）

4.2 企业的绿色采购

根据《环境保护法》《社会信用体系建设规划纲要（2014—2020 年）》和《节能减排"十二五"规划》等有关规定，为推进建设资源节约型、环境友好型社会，充分发挥市场配置资源的决定性作用，促进绿色流通和可持续发展，引导企业积极构建绿色供应链，商务部、环境保护部、工业和信息化部三部门于 2014 年 12 月 22 日联合印发了《企业绿色采购指南（试行）》。指南的制定，对进一步推进资源节约型和环境友好型社会建设，引导和促进企业积极履行环境保护责任，建立绿色供应链，实现绿色、低碳和循环发展，具有重要意义和指导作用。根据指南的相关规定，对企业实施绿色采购的相关内容进行了整理。

4.2.1　绿色采购的原则

企业的绿色采购应遵循以下原则：

（1）兼顾经济效益与环境效益。

企业在采购活动中，应充分考虑环境效益，优先采购环境友好、节能低耗和易于资源综合利用的原材料、产品和服务，兼顾经济效益和环境效益。

（2）打造绿色供应链。

企业应不断完善采购标准和制度，综合考虑产品设计、采购、生产、包装、物流、销售、服务、回收和再利用等多个环节的节能环保因素，与上下游企业共同践行环境保护、节能减排等社会责任，打造绿色供应链。

（3）企业主导与政府引导相结合。

坚持市场化运作，以企业为主体，充分发挥企业的主导作用。政府通过制度改革、政策引导、信息公开和促进行业规范等方式，推进企业绿色采购。充分发挥行业协会的桥梁和纽带作用，强化行业自律。

4.2.2　绿色采购方案

企业应根据自身情况制定和实施具体可行的绿色采购方案，并适时调整和完善。绿色采购方案应当包括且不限于以下内容：

①绿色采购目标、标准；

②绿色采购流程；

③绿色供应商筛选、认定的条件和程序；

④绿色采购合同履行过程中的检验和争议处理机制；

⑤绿色采购信息公开的范围、方式、频次等；

⑥绿色采购绩效的评价；

⑦实施产品下架、召回和追溯制度；

⑧实施绿色采购的其他有关内容。

4.2.3　绿色产品、绿色原材料与绿色服务采购

（1）绿色产品采购。

企业的绿色产品采购至少应符合以下条件：

①产品设计过程中树立全生命周期理念，充分考虑环境保护，减少资源能源消耗，关注可持续发展；

②产品在生产过程中使用更环保的原材料，采用清洁生产工艺，资源能源利用效率高，污染物排放优于相应的排放标准；

③产品在使用过程中能源消耗低，不会对使用者造成危害，污染物排放符合环保要求；

④产品废弃后可以回收，易于拆卸、翻新，能够安全处置。

⑤鼓励采购通过环境标志产品认证、节能产品认证或者国家认可的其他认证的节能环保产品。

企业不宜采购以下产品：

①不符合商务主管部门防止过度包装及回收促进要求的；

②被列入生态环境部制定的《环境保护综合名录》中的"高污染、高环境风险"产品名录的；

③产品或所采用的生产工艺、设备被列入工业和信息化部公布的《部分工业行业淘汰落后生产工艺装备和产品指导目录》的；

④国家限制或不鼓励生产、采购、使用的其他高耗能、高污染类产品。

（2）绿色原材料采购。

企业在采购原材料时要注意以下三点：

①绿色原材料选材应优先选用符合环保标准和节能要求的、具有低能耗、低污染、无毒害、资源利用率高、可回收再利用等各种良好性能的材料；

②鼓励企业参照上述绿色产品采购的内容采购绿色原材料；

③鼓励企业在满足有关环境标准、产品质量和安全要求的情况下，优先采购和利用废钢铁、废有色金属、废塑料、废纸、废弃电器电子产品、废旧轮胎、废玻璃、废纺织品等可再生资源作为原材料。

（3）绿色服务采购。

绿色服务采购至少需要符合以下条件：

①服务内容对环境总体损害的程度很小，污染物排放少、不产生有毒有害或者难处理的污染物，对固体废弃物实现分类收集和合理处置等；

②服务内容符合节能降耗的要求，在服务过程中少用资源和能源，对自然资源总体消耗的量较低；

③服务内容有益于人类健康。

4.2.4 绿色采购供应商选择

企业进行绿色采购时选择供应商很重要的。这就要求企业要结合自身行业特点，借鉴国内外先进经验，制定绿色供应商筛选和认定条件，并通过多种途径公开筛选和认定条件。

（1）企业优先选择的供应商。

鼓励企业优先选择具备以下条件的供应商：

①根据生态环境部、国家发展改革委、中国人民银行、银保监会印发的《企业环境信用评价办法（试行）》有关规定及地方关于企业环境信用评价管理规定，被环境保护部门评定为环保诚信企业或者环保良好企业的；

②在污染物排放符合法定要求的基础上，自愿与环境保护部门签订进一步削减污染物排放量的协议，并取得协议约定的减排效果的；

③自愿实施清洁生产审核并通过评估验收的；

④自愿申请环境管理体系、质量管理体系和能源管理体系认证并通过认证的；

⑤因环境保护工作突出，受到国家或者地方有关部门表彰的；

⑥采用的工艺被列入国家发展改革委发布的《产业结构调整指导目录》鼓励类目录的；

⑦符合工业和信息化部公布的相关行业准入条件的；

⑧及时、全面、准确地公开环境信息，积极履行社会责任，主动接受有关部门和社会公众监督的；

⑨符合有关部门和机构依法提出的采购商应当优先采购的其他条件的。

（2）企业不宜选择的供应商。

企业不宜选择具有下列任一情形的供应商：

①根据《企业环境信用评价办法（试行）》有关规定和地方关于企业环境信用评价管理规定，被环境保护部门评定为环保不良企业；

②因环境违法构成环境犯罪的；

③因环境违法行为，受到环境保护部门依法处罚、尚未整改完成的；

④一年内发生较大以上突发环境事件的；

⑤未达到国家或者地方污染物排放标准、污染物总量控制目标要求或者节能目标要求的；

⑥未依照《清洁生产促进法》规定开展强制性清洁生产审核的；

⑦当年危险废物规范化管理督查考核不达标的；

⑧未按照法律法规规定公开环境信息的；

⑨具有其他违反国家环境保护相关法律法规、标准、政策要求的。

（3）采购合同需明确约定的内容。

企业在采购合同中，可以明确约定以下内容：

①供应商应将其绿色供应链管理的相关信息，及时、准确地通报采购商；

②供应商出现本指南第二十条所列情形或者其他环境问题的，采购商可以降低采购份额、暂停采购或者终止采购合同；

③因供应商隐瞒环保违法行为，造成采购商损失的，采购商有权依法维护其权益。

④供应商通过努力，在技术进步、产品生产、流通销售等方面实现比采购合同约定

的环境要求更优的环境绩效的，采购商可以通过适当提高采购价格、增加采购数量、缩短付款期限等方式对供应商予以激励。

同时，鼓励企业建立供应商绩效监控体系，对供应商在环境保护、资源节约、企业社会责任及可持续发展方面进行监督。鼓励企业建立本企业的绿色供应商数据库，并与行业绿色采购信息平台和数据库实现对接共享。鼓励企业定期向地方有关部门和其他机构、社会公众报告或者公布绿色采购的成效，接受监督。

资料阅读

企业绿色采购指南的相关规定

（1）鼓励企业要求供应商在产品设计过程中更多采用生态设计技术，以减少环境污染和能源资源消耗，使产品和零部件能够回收循环利用。

鼓励企业围绕企业经营战略和绿色采购目标制定绿色采购标准。

鼓励企业在采购原材料、产品和服务的标准中提出与环境保护相关的要求，体现绿色环保理念，严格按照采购标准进行采购。

（2）鼓励企业建立产品可追溯体系，建立对采购的产品从原材料到交货的全程跟踪管理。

（3）鼓励企业完善采购流程，主动参与供应商的产品研发、制造过程，引导供应商通过价值分析等方法减少各种原辅和包装材料用量、用更环保的材料替代、避免或者减少环境污染等。

鼓励企业要求供应商供应产品或原材料符合绿色包装的要求，不使用含有有毒、有害物质作为包装物材料，使用可循环使用、可降解或者可以无害化处理的包装物，避免过度包装；在满足需求的前提下，尽量减少包装物的材料消耗。

（4）鼓励企业对所采购的产品或原材料在仓储和物流运输等环节，推行智能化、信息化和便捷化的节约能源和减少污染物排放的措施。

（5）鼓励企业对采购的产品和原材料建立废弃物回收处理流程，以实现循环利用或无害化处理。

（6）采购商和供应商可以通过以下方式带动全社会绿色消费：

①向消费者宣传引导低碳、节约等绿色消费理念，改善消费者的产品选择方式；

②发掘消费者绿色需求并在采购过程中予以满足；

③建立绿色品牌，提高绿色品牌知名度；

④开展"绿色商场"等创建活动，推广门店节能改造，促进环境标志产品和节能产品销售以及废弃电器电子产品回收；

⑤抵制商品过度包装，引导广大消费者积极主动参与绿色消费，减少一次性用

品及塑料购物袋的使用。

（资料来源：《企业绿色采购指南（试行）》）

4.3 政府的绿色采购

政府采购在整个采购工作中占有非常重要的地位，财政部 2022 年印发的《财政支持做好碳达峰碳中和工作的意见》（财资环〔2022〕53 号）中也明确提出要完善政府绿色采购政策，意见中指出："建立健全绿色低碳产品的政府采购需求标准体系，分类制定绿色建筑和绿色建材政府采购需求标准。大力推广应用装配式建筑和绿色建材，促进建筑品质提升。加大新能源、清洁能源公务用车和用船政府采购力度，机要通信等公务用车除特殊地理环境等因素外原则上采购新能源汽车，优先采购提供新能源汽车的租赁服务，公务用船优先采购新能源、清洁能源船舶。强化采购人主体责任，在政府采购文件中明确绿色低碳要求，加大绿色低碳产品采购力度"。

意见中也强调，要加强政府绿色采购立法工作力度，在《政府采购法》框架基础上，以政府采购节能产品、环境标志产品实施品目清单为核心，借鉴其他国家成功的绿色采购经验，结合我国绿色发展实际，制定《绿色采购法》。《绿色采购法》应当明确绿色采购的目标、主体责任、实施范围、采购程序和落实细则。[1]

4.3.1 绿色采购产品认证制度

在确定绿色采购指南或准则前，应当科学、客观、公正地确定绿色产品的认证标准、认证体系和认证范围，提高绿色采购产品认证的规范性和准确性。绿色采购产品的认证范围应当不仅限于现有的节能产品和环境标志产品，应当在节能产品和环境标志产品的基础上，逐步完善扩大到循环、再生、低碳等绿色产品。

以现有的政府采购节能产品、环境标志产品实施品目清单为模板，制定所有绿色采购产品的认证标准，明确绿色产品的最低技术指标，为绿色采购提供依据。

要严格绿色产品认证机构的监管，及时公布认证机构名单并实施动态管理，做到违法必究，确保认证的绿色产品质量有保证。

4.3.2 绿色采购全过程管理

（1）标前工作。

要在采购需求制订过程中，在市场调研和专家论证过程中，确保绿色采购政策执行

---

[1] 刘锋，敖细平.完善绿色采购机制，让绿色发展落到实处[J].中国招标,2022(6):71-72.

到位。可以采取价格折扣优惠或将供应商绿色采购管理水平作为评审因素等方式落实绿色采购政策，对于某些特殊项目，如节能建筑采购，绿色采购政策也可以作为实质性要求，以确保项目绿色采购政策执行的强制性。

（2）标中管理。

绿色采购政策能否顺利落实，和标中是否强化绿色理念息息相关。项目实施过程中的各个环节，都应当执行绿色采购政策。审核采购需求环节，将落实绿色采购政策作为受理项目的前提；采购公告发布环节，应当将绿色采购政策公开；项目评审环节，应当将强制绿色采购和优先绿色采购区分开。

（3）标后履约。

在履约环节，要健全绿色产品检测制度。可邀请第三方专业检测机构，对绿色采购产品、建筑工程等进行履约检查和专业检测，对绿色产品、绿色建材、绿色包装的技术标准和性能等不符合采购要求的，一律不通过验收。

4.3.3　绿色采购监督管理

（1）绿色采购的预算管理。

绿色产品相较于传统产品，可能在初期会出现市场价格偏高的情况，预算管理单位要灵活编制采购预算，预算审批单位不要一刀切地实施财政评审，一是要根据实际情况审定采购预算，减少采购单位实施绿色采购的"高价"顾虑。二是要建立联合监管体制。绿色采购涉及的不仅仅是财政部门，还涉及工商、环保、市场监管等部门，可由上述相关部门组成联合监督小组，负责对绿色采购进行全过程监管。三是建立强化执行机制。可强制规定采购单位年度绿色采购比例，并制定《绿色采购绩效考核指标及权重》，根据绿色采购情况对采购单位和采购人员进行绩效评价和管理，以此强化绿色采购的执行力度。

（2）绿色采购配套制度。

一是要加大对绿色环保企业的扶持力度。可参照政府采购扶持中小企业发展的模式，鼓励企业加大绿色环保技术研发的投入，激励更多企业进入绿色采购市场进行竞争。同时要加大对经济不发达地区的节能环保资金转移支付，减轻地区财政对绿色采购推进的"经济"压力。

二是建立绿色采购数据共享平台。对环保企业的环保指标进行在线公开、社会监督，对不符合环保要求或受到环保处罚的企业，禁止其一定时期内参与绿色采购，鼓励绿色经营，淘汰落后产品进入绿色采购领域。

三是要继续强化绿色采购理念。利用好政府的宣传平台，加深民众对绿色产品的认识，增强民众的绿色消费意识，为绿色采购提供良好的社会保障。同时要利用采购人培训平台，继续强化采购人的绿色采购意向，如推动采购人在采购意向阶段披露绿色产品使用偏好。

阅读资料 ▶

关于调整优化节能产品、环境标志产品政府采购执行机制的通知

为落实"放管服"改革要求，完善政府绿色采购政策，简化节能（节水）产品、环境标志产品政府采购执行机制，优化供应商参与政府采购活动的市场环境，现就节能产品、环境标志产品政府采购有关事项通知如下：

（1）对政府采购节能产品、环境标志产品实施品目清单管理。财政部、发展改革委、生态环境部等部门根据产品节能环保性能、技术水平和市场成熟程度等因素，确定实施政府优先采购和强制采购的产品类别及所依据的相关标准规范，以品目清单的形式发布并适时调整。不再发布"节能产品政府采购清单"和"环境标志产品政府采购清单"。

（2）依据品目清单和认证证书实施政府优先采购和强制采购。采购人拟采购的产品属于品目清单范围的，采购人及其委托的采购代理机构应当依据国家确定的认证机构出具的、处于有效期之内的节能产品、环境标志产品认证证书，对获得证书的产品实施政府优先采购或强制采购。

（3）逐步扩大节能产品、环境标志产品认证机构范围。根据认证机构发展状况，市场监管总局商有关部门按照试点先行、逐步放开、有序竞争的原则，逐步增加实施节能产品、环境标志产品认证的机构。加强对相关认证市场监管力度，推行"双随机、一公开"监管，建立认证机构信用监管机制，严厉打击认证违法行为。

（4）发布认证机构和获证产品信息。市场监管总局组织建立节能产品、环境标志产品认证结果信息发布平台，公布相关认证机构和获证产品信息。节能产品、环境标志产品认证机构应当建立健全数据共享机制，及时向认证结果信息发布平台提供相关信息。中国政府采购网（www.ccgp.gov.cn）建立与认证结果信息发布平台的链接，方便采购人和采购代理机构查询、了解认证机构和获证产品相关情况。

（5）加大政府绿色采购力度。对于已列入品目清单的产品类别，采购人可在采购需求中提出更高的节约资源和保护环境要求，对符合条件的获证产品给予优先待遇。对于未列入品目清单的产品类别，鼓励采购人综合考虑节能、节水、环保、循环、低碳、再生、有机等因素，参考相关国家标准、行业标准或团体标准，在采购需求中提出相关绿色采购要求，促进绿色产品推广应用。

（资料来源：财政部公告，财库〔2019〕9号，节选。）

资料阅读

欧盟：制定以全生命周期为理念的多行业绿色采购标准

2014 年，欧盟修订了公共采购指令（2014/24/EU），其中亮点之一便是引入了生命周期成本法，即鼓励公共部门和采购机构考虑采购行为的全部成本。自此，欧盟开始了以全生命周期为理念的多行业绿色公共采购标准指南的更新与修订。其中，家具、纺织品、打印设备、固定和便携式 IT 设备颇具代表性。

针对家具，欧盟发布绿色采购自愿性新标准，通过技术标准与奖励标准对新家具采购、现有旧家具翻新服务、家具报废服务三方面内容做进一步明确。在采购新家具时，欧盟提出，应采购符合相关欧洲标准的、耐用且合适的家具类产品；家具在保修范围内易于拆卸、可修复、可回收；确保产品是部分或全部由可再生材料制成的；确保木材类家具产品的主材来源具有合法性；设定家具类产品总挥发性、有机化合物排放量的最高限值，以及木质面板和装饰材料的特定甲醛排放限值等。对于现有旧家具翻新服务，在招标前公共机构应提前评估需要翻新的家具类型、数量、状态等，然后提供招标要求，同时尽可能详细地说明要进行的操作，例如，重新喷涂、金属加工、修理木材表面等。对于采购家具报废服务，投标人应在投标文件中提供家具收集的细节、重新使用的安排、回收所使用的方式以及如何实现再利用的明细；应直接从采购人规定的场地收集家具，评估其状况后，再为使用寿命终止的家具提供再利用和回收服务。

针对纺织品，欧盟发布了相应的绿色采购标准指南。该指南共分四部分：一是欧盟纺织品绿色采购标准的政策制定背景和框架；二是针对欧盟公共采购所处的不同阶段，提出纺织品绿色采购的建议；三是欧盟纺织品绿色采购中，技术标准和奖励标准所需的不同纺织品的生态标签及认证；四是欧盟纺织品绿色采购项目案例示范。在采购准备阶段，公共部门和采购机构需要对采购项目需求、以前相同或类似产品服务的采购经验、潜在的环境影响、全生命周期成本、联合采购的可能性等进行评估。在采购阶段，采购机构可参考欧盟纺织品绿色采购标准指南，为特定招标项目制定绿色采购标准；同时，在招标文件中应明确每个绿色采购标准相对应的证明要求，如纺织品生产的碳排放证明、生态标签、第三方机构环保认证等。在合同履约阶段，公共部门和采购机构可对项目进行绩效评估，特别是在纺织品服务类采购方面，涉及反复交付或分阶段交付的纺织品合同。此举的目的是，一方面，评估与初始环境目标相关的绩效；另一方面，为此类采购积累经验，帮助改善未来的采购。

针对打印设备，欧盟提出了 15 项技术标准方面的内容，包括能源效率、双面打印、单页纸多页打印、再生纸利用、可重复利用墨盒设计、降低材料消耗、可循环塑料、配件与部件、回收设计、噪音排放、禁止使用或限制使用的物质和混合物、有害物质含量、固件更新、产品保修服务以及附赠耗材等。据了解，为了提高标准的引导性和照顾不同单位对绿色产品的需求，欧盟根据环保要求的严格程度将技术标准划分为核心标准和综合标准。其中，核心标准适用于所有欧盟成员国采购机构，着重强调关键环境影响。此类标准涉及验证环节最少且成本开支最低。综合标准适用于对产品或服务环保要求更高的采购机构，包含环境影响和延伸环境影响，要求对相关标准进行验证，开支成本相对较高。采购机构可根据实际需求选择不同标准作为绿色采购技术标准依据。如，在可重复利用墨盒设计方面，绿色采购核心标准和综合标准相同。投标人必须提供声明或证明文件，承诺打印设备中提供的墨盒或其他容器是可重复利用或者可替换的，比如打印机的墨盒必须是可以重新回收充墨的。又如，在降低材料消耗方面，只有绿色采购综合标准。打印设备中由塑料或类似材料制成的工件仅限使用一种材料。投标人必须提供产品示意图，说明采用的塑料部件及其所使用的聚合物类型。再如，固件更新方面仅有绿色采购综合标准，即任何固件更新不得阻止使用可再生耗材。投标人所投产品必须满足允许将固件更新回滚到以前安装版本的功能，并附文件详细说明如何回滚固件更新。

　　针对固定式和便携式 IT 设备，欧盟提出了 28 项技术标准方面的内容，包括固定式设备和便携式 IT 设备的服务扩展协议、产品塑料部件中氯酸盐和溴酸盐物质的限制、翻新产品的保修服务以及计算机收集、消毒、再利用和回收等。固定式设备和便携式 IT 设备的绿色采购标准制定侧重于其全生命周期中对环境影响较大的四方面因素，即产品寿命、能源消耗、有害物质以及报废管理（与翻新、再制造相关的服务）。如计算机收集、消毒、再利用和回收的核心标准和综合标准均一致，即投标人必须为整个产品或组件的再利用和回收提供服务。该服务必须包括收集、秘密处理或擦除安全数据、产品的功能测试、维修和升级、产品的翻新使用以及为重新使用产品所进行的回收或部件拆卸。又如，关于产品塑料部件中氯酸盐和溴酸盐物质的限制，其核心标准和综合标准一致，即投标人产品必须满足每一个塑料部件的溴含量和氯含量低于 1000ppm。印刷电路板、电子元件、电缆、电线绝缘层以及风扇除外。

　　（资料来源：张舒慧 . 欧盟：制定以全生命周期为理念的多行业绿色采购标准 [N].中国政府采购报 ,2022-07-20.）

本章小结

　　本章首先从经济与发展辩证关系入手，提出"环境保护优先"理念，并介绍了目前人类所面临的各种环境问题及其成因；其次介绍企业发展与绿色转型，特别是在"双碳"目标下企业绿色转型的必要性、机遇和挑战以及如何转型；最后介绍了环境经营的定义、内涵和基本原则，重点论述了企业实施环境（绿色）经营的优势。

思 考 题

　　(1) 什么是绿色采购，绿色采购有哪些特点？

　　(2) 从日本的绿色采购经验中有哪些我们可以学习和借鉴的地方，请列举说明。

　　(3) 企业绿色采购的基本原则有哪些？

　　(4) 结合企业实际谈谈绿色采购方案的主要内容都包括哪些？

　　(5) 绿色产品采购和绿色服务采购应该符合哪些条件？

　　(6) 企业在实施绿色采购时应该如何选择供应商？

　　(7) 政府绿色采购全过程管理包括哪些流程？

经典案例

资料阅读

第5章

清洁生产

第5章

主要内容 ▶

经济高速发展，城市化进程加快，各种资源的开发和消耗不断增加，工业生产以及其他经济活动以及生活废弃物产生量也大幅度增加，对环境带来了极大的影响。清洁生产是绿色发展理念的集中体现，对于挖掘企业减排潜力，加快形成绿色生产方式，推动生态环境质量持续改善具有重要意义。本章的主要内容包括：清洁生产的基本内涵，清洁生产的途径，清洁生产的审核评价及保障措施。

【关键术语】 清洁生产、可持续发展、循环经济

课前阅读 ▶

北京燕京啤酒：坚持绿色酿造　发展循环经济

燕京啤酒成立于1980年，总部位于北京，是一家啤酒生产企业。燕京已经成为中国最大啤酒企业集团之一。燕京啤酒经过多道工序精选优质大麦，燕山山脉地下300米深层无污染矿泉水，纯正优质啤酒花，典型高发酵度酵母，不遗余力追求技术领先，始终以中国人口味为坚持，真诚制造中国人的啤酒。2009年啤酒产销量467万千升，进入世界啤酒产销量前八名、销售收入133.08亿元、实现利税29.98亿元、实现利润8.65亿元。

（1）绿色发展原则。

把建设资源节约型、环境友好型企业作为可持续发展的根本举措，大力发展绿色循环经济。坚持以绿色发展理念为引导，全面开展环保经济、循环经济、低碳经济，实现经济效益、社会效益与生态效益的有机统一。重视资源对发展的约束性作用，依托技术创新、管理创新，集约利用能源、水等各种资源，推动优势资源利用集约化、高效化，全面协调，统筹兼顾，实现当前工作与长远发展相统一，企业、自然人、社会环境的和谐共处。

（2）开展技术革新坚持绿色酿造。

为了实现这一目标，燕京啤酒投入巨资治理生产过程中产生的"三废"（即废水、

废气、噪声）。此外在生产过程中，燕京啤酒把环保工作与企业科技进步有机结合起来，采用先进技术变废为宝，包括：锅炉烟气治理及集中管控、水资源高效循环利用、污水处理、糖化车间热能回收系统、冷凝水回收系统、采暖站整合改造、洗瓶机保温项目、麦芽车间余热回收改造、清洁能源沼气全部回收利用、中水的开发和回收利用、污泥的回收烘干和再利用、废酵母酒精提纯和深度开发、二氧化碳的回收利用等。

（3）能源管理技术平台（EMS）。

EMS是国际上新发展起来的系统，它利用计量检测技术、生产过程控制技术、网络通信技术、优化理论和技术，建立起一套有效的自动化能源数据获取和分析系统，对能源供应、能源使用和节能情况进行监测，为实现能源自动化调控扎下坚实的数据基础，同时方便企业的能源计量和成本核算工作。该系统满足专业性强、实时性好、可进行远程资料交换、可用性强的需求，为企业能源管理工作提供了先进的高科技平台，达到高效利用能源和节约能源的目的。

（4）绿色发展成果。

燕京啤酒坚持三绿工程（绿色采购、绿色生产、绿色产品）的发展和定位；在啤酒行业首批通过ISO 14001环境体系认证，先后被北京市政府评为绿色企业，被（原）国家旅游局评为全国工业旅游定点企业，获得了由（原）国家环保总局颁发给国内环境保护事业上做出突出成绩企业的最高荣誉——"国家环境友好企业"荣誉称号。2005年"以循环、降耗、增效为重点的清洁生产管理"的管理成果获得国务院国资委颁发的国家级企业管理现代化创新成果一等奖；2009年被北京市发展和改革委员会评定为"循环经济试点单位"；2010年被工业和信息化部评定为资源节约型、环境友好型试点企业。

（资料来源：燕京啤酒官网）

5.1 清洁生产概述

5.1.1 清洁生产的产生

自工业革命到20世纪40年代，人类对自然资源与能源的合理利用缺乏认识，对工业污染控制技术缺乏了解，以粗放型生产方式生产工业产品，造成自然资源与能源的巨大浪费，由此引起的工业废气、废水和废渣主要靠自然环境的自身稀释和自净化能力消化。这种"稀释排放"方式对污染物毒性未加处理，数量也未加控制，引起了较为严重的环境污染。

进入20世纪60年代，西方工业国家开始关注环境问题，并纷纷采用"废物处理"

技术进行大规模的环境治理，即对生产中产生的各类废弃物采取一定的技术方法处理，使之达到一定的排放标准后再排入环境。这种"先污染、后治理"的"末端治理"模式虽然取得了一定的环境效果，但并没有从根本上解决经济高速发展对资源和环境造成的巨大压力，资源短缺、环境污染和生态破坏的局面日益加剧。"末端治理"的环境战略的弊端日益显现：治理代价高，企业缺乏治理污染的主动性和积极性；治理难度大，并存在污染转移的风险；不利于减少生产过程中资源的浪费。

20 世纪 70 年代中后期，西方工业国家开始探索如何在生产工艺过程中减少污染的产生，并逐步形成了废物循环回收利用、废物最小量化、源头削减、采用无废和少废工艺、污染预防等新的污染防治战略。

进入 20 世纪 80 年代后期，环境问题已由局部性、区域性发展成为全球性的生态危机，如酸雨、臭氧层破坏、温室效应（气候变暖）、生物多样性锐减、森林破坏等，已经危及人类的生存。人们回顾了过去几十年工业生产与环境管理实践，深刻认识到"稀释排放""废物处理""循环回收利用"等"先污染、后治理"的污染防治方法不但不能解决日益严重的环境问题，反而继续造成自然资源和能源资源的巨大浪费，加重了环境污染和社会负担。因此，发达国家通过治理污染的实践，逐步认识到防治工业污染不能只依靠治理排污口（末端）的污染，必须"以预防为主"，将污染物消除在生产过程之中，实行工业生产全过程控制。❶

5.1.2　清洁生产的发展

（1）清洁生产在国外的发展。

清洁生产的概念，最早可追溯到 1976 年，这一年的 11~12 月间欧洲共同体在巴黎举行了"无废工艺和无废生产的国际研讨会"，提出协调社会和自然的相互关系应主要着眼于"消除造成污染的根源"，而不仅仅是消除污染引起的后果。全面推行清洁生产的实践始于美国。1984 年，美国国会通过了《资源保护与回收法——固体及有害废物修正案》。该法案明确规定：废物最小化即"在可行的部位将有害废物尽可能地削减和消除"成为美国的一项国策。在欧洲，瑞典、荷兰、丹麦等国相继在学习借鉴美国废物最小化或污染预防实践经验的基础上，纷纷投入了推行清洁生产的行列。

1989 年联合国环境规划署工业与环境方案活动中心（UNEP IE/PAC）根据 UNEP理事会会议的决议，制定了《清洁生产计划》，在全球范围内推行清洁生产。

1990 年 9 月在英国坎特伯雷举办了"首届促进清洁生产高级研讨会"，正式推出了清洁生产的定义：清洁生产是指对工艺和产品不断运用综合性的预防战略，以减少其对人体和环境的风险。1992 年 6 月联合国巴西环境与发展大会在推行可持续发展战略

❶ 鲍建国,张莉军,周发武.清洁生产实用教程 [M].北京：中国环境出版社,2018.

的《里约环境与发展宣言》中，确认了"地球的整体性和相互依存性"，"环境保护工作应是发展进程中的一个整体组成部分"，"各国应当减少和消除不能持续的生产和消费方式"。为此，清洁生产被作为实施可持续发展战略的关键措施正式写入大会通过的实施可持续发展战略行动纲领《21世纪议程》中。此后，在联合国的大力推动下，清洁生产逐渐为各国企业和政府所认可，清洁生产进入了一个快速发展时期。

1998年，在韩国汉城第五次国际清洁生产研讨会上，代表实施清洁生产承诺与行动的《国际清洁生产宣言》出台，包括中国在内的13个国家的部长、高级代表以及9位公司领导人成为首批签署者。清洁生产正在不断获得世界各国政府和工商界的普遍响应。美国、澳大利亚等发达国家和印度、泰国等发展中国家在清洁生产立法、科学研究、示范项目和推广等领域已取得明显成就。❶

2000年10月，第六届清洁生产国际高级研讨会在加拿大蒙特利尔市召开，对清洁生产进行了全面的系统的总结，并将清洁生产形象地概括为技术革新的推动者、改善企业管理的催化剂、工业运动模式的革新者、连接工业化和可持续发展的桥梁。从这层意义上，可以认为清洁生产是可持续发展战略引导下的一场新的工业革命，是21世纪工业生产发展的主要方向。当前清洁生产的形势汹涌澎湃，但仍然处于不断发展的过程中，正如联合国环境规划署（UNEP）执行主席在2000年10月第六届清洁生产国际高级研讨会上对目前清洁生产的发展现状所概括："对于清洁生产，我们已经在很大程度上达成全球范围内的共识，但距离最终目标仍有很长的路，因此必须做出更多的承诺。"

（2）清洁生产在国内的发展。

1992年，第一次国际清洁生产研讨会在我国举办，会上我方首次推出了"中国清洁生产行动计划（草案）"。该计划推出后，我国不断加大清洁生产的推广力度。到目前为止，全国共有24个省、自治区、直辖市已经开展或正在启动清洁生产示范项目，涉及的行业包括了电力、电子、烟草、轻工、建材、医药、化学等行业，并取得了良好的效果。

1993年10月在上海召开的第二次全国工业污染防治会议上，国务院、国家经贸委及国家环保总局的领导提出清洁生产的重要意义和作用，明确了清洁生产在我国工业污染防治中的地位。

1994年3月，国务院常务会议讨论通过了《中国21世纪议程：中国21世纪人口、环境与发展白皮书》，专门设立了"开展清洁生产和生产绿色产品"这一领域。1996年8月，国务院颁布了《关于环境保护若干问题的决定》，明确规定所有大、中、小型新建、扩建、改建和技术改造项目，要提高技术起点，采用能耗物耗小、污染物排放量少的清洁生产工艺。1997年4月，国家环保总局制定并发布了《关于推行清洁生产的若

---

❶ 石磊，钱易.国际推行清洁生产的发展趋势[J].中国人口资源与环境,2002,12(1):64-67.

干意见》，要求地方环境保护主管部门将清洁生产纳入已有的环境管理政策中，以便更深入地促进清洁生产。为指导企业开展清洁生产工作，（原）国家环保总局还会同有关工业部门编制了《企业清洁生产审计手册》以及啤酒、造纸、有机化工、电镀、纺织等行业的清洁生产审计指南。

1999 年 5 月，国家经贸委发布了《关于实施清洁生产示范试点的通知》，选择北京、上海等 10 个试点城市和石化、冶金等 5 个试点行业开展清洁生产示范和试点。与此同时，陕西、辽宁、江苏、山西、沈阳等许多省市也制定和颁布了地方性的清洁生产政策和法规。

2003 年，《中华人民共和国清洁生产促进法》开始施行，为促进清洁生产、提高资源利用效率及促进经济与社会可持续发展提供了法律保障。

2004 年，国家环保总局、国家发改委制定《清洁生产审核暂行办法》，主要是为全面推行清洁生产，规范清洁生产审核行为，该项法令自 2004 年 10 月 1 日起施行。

2005 年，国家环保总局、国家发改委引发了《重点企业清洁生产审核程序的规定》，将清洁生产审核工作的重要性进一步提升。

2007 年 6 月 3 日下发的《国务院关于印发节能减排综合性工作方案》（国发〔2007〕15 号）发布了加强节能工作的决定，制定了促进节能减排的一系列政策措施，各地区、各部门相继做出了工作部署，节能减排工作稳步推进，清洁生产如火如荼地展开。

2009 年，国务院全国人大常委会于 2008 年 8 月 29 日通过了《中华人民共和国循环经济促进法》，2009 年 1 月 1 日起施行。

2002 年 6 月，中华人民共和国第九届全国人民代表大会常务委员会第二十八次会议通过《中华人民共和国清洁生产促进法》，自 2003 年 1 月 1 日起施行。2012 年 2 月第十一届全国人民代表大会常务委员会第二十五次会议《关于修改〈中华人民共和国清洁生产促进法〉的决定》修正，自 2012 年 7 月 1 日起施行，主要是促进清洁生产，提高资源利用效率，减少和避免污染物的产生，保护和改善环境，保障人体健康，促进经济与社会可持续发展。

我国必须从源头做起，在重视废弃物管理和再利用的同时，从资源的开采过程开始就按照循环经济的理念进行产业布局和产业组织优化，实施循环经济步伐，走清洁生产之路，努力实现经济发展模式的转变。实践证明，从 1992 年推行清洁生产以来，在发展中保护环境，在保护环境中发展经济，走经济与环境协调发展的路子，是可持续发展的必然选择。❶

---

❶ 王守兰，武少华，万融，等.清洁生产理论与实务 [M].北京：机械工业出版社,2002.

5.1.3 清洁生产的定义

清洁生产的概念是人们对清洁生产不断认识与理解的基础上逐渐形成的，在不同时期、不同国家有不同的定义。

（1）联合国环境署 ❶ 的定义。

清洁生产在不同的发展阶段或不同的国家有不同的名称，例如，欧洲国家称为"无废生产"，日本称为"无公害工艺"，美国则称为"废料最少化"等，但其基本内涵是一致的，即对生产过程、产品及服务采用污染预防的战略来减少污染物的产生，是环境保护战略由被动反应向主动行动的一种转变。

为此联合国环境署综合了各个国家的不同说法，采用了"清洁生产"这一术语，来表征从原料、生产工艺到产品使用全过程的广义的污染防治途径，给出了以下定义："清洁生产（Cleaner Production，CP）是一种新的创造性思想，该思想将整体预防的环境战略持续应用于生产过程、产品和服务中，以增加生态效率和减少人类及环境的风险。对生产过程，要求节约原材料和能源，淘汰有毒原材料，削减所有废物的数量和毒性。对产品，要求减少从原材料提炼到产品最终处置的全生命周期的不利影响。对服务，要求将环境因素纳入设计和所提供的服务中。"

（2）美国环保局 ❷ 的定义。

在美国，清洁生产又称为"污染预防"或"废物最小量化"。废物最小量化是美国清洁生产的初期表述，后用污染预防一词所代替。美国对污染预防的定义为："污染预防是在可能的最大限度内减少生产厂地所产生的废物量，它包括通过源削减（源削减指：在进行再生利用、处理和处置以前，减少流入或释放到环境中的任何有害物质、污染物或污染成分的数量；减少与这些有害物质、污染物或组分相关的对公共健康与环境的危害）、提高能源效率、在生产中重复使用投入的原料，以及降低水消耗量来合理利用资源。人常用的两种源削减方法是改变产品和改进工艺（包括设备与技术更新、工艺与流程更新、产品的重组与设计更新、原材料的替代以及促进生产的科学管理、维护、培训或仓储控制）。污染预防不包括废物的厂外再生利用、废物处理、废物的浓缩或稀释以及减少其体积或有害性、毒性成分从一种环境介质转移到另一种环境介质中的

---

❶ 联合国环境署：1972 年 12 月 15 日，联合国大会作出建立环境规划署的决议。1973 年 1 月，作为联合国统筹全世界环保工作的组织，联合国环境规划署 (United Nations Environment Programme，简称 UNEP) 正式成立，是一个业务性的辅助机构，它每年通过联合国经济和社会理事会向大会报告自己的活动。

❷ 美国环保局：(U.S. Environmental Protection Agency，缩写 EPA 或 USEPA) 是美国联邦政府的一个独立行政机构，1970 年 12 月 2 日成立并开始运行，主要负责维护自然环境和保护人类健康不受环境危害影响。

活动。"

(3)《中国 21 世纪议程》❶的定义.

人口剧增、资源过度消耗、环境污染、生态破坏和南北差距扩大等日益突出，成为全球性的重大问题，严重地阻碍着经济的发展和人民生活质量的提高，继而威胁着全人类的未来生存和发展。在这种严峻形势下，人类不得不重新审视自己的社会经济行为和走过的历程，认识到通过高消耗追求经济数量增长和"先污染后治理"的传统发展模式已不再适应当今和未来发展的要求，而必须努力寻求一条人口、经济、社会、环境和资源相互协调的、既能满足当代人的需求而又不对满足后代人需求的能力构成危害的可持续发展的道路。为此，《中国 21 世纪议程》专门设立了"开展清洁生产和生产绿色产品"这一领域，并对清洁生产进行了详细的定义。

所谓清洁生产，是指既可满足人们的需要又可合理使用自然资源和能源并保护环境的实用生产方法和措施，其实质是一种物料和能耗最少的人类生产活动的规划和管理，将废物减量化、资源化和无害化，或消灭于生产过程之中。同时对人体和环境无害的绿色产品的生产也将随着可持续发展进程的深入而日益成为今后产品生产的主导方向。

(4)《中华人民共和国清洁生产促进法》❷的定义。

2002 年 6 月 29 日，中华人民共和国第九届全国人民代表大会常务委员会第二十八次会议通过了《中华人民共和国清洁生产促进法》。该法中"清洁生产"的定义是："本法所称清洁生产，是指不断采取改进设计、使用清洁的能源和原料、采用先进的工艺技术与设备、改善管理、综合利用等措施，从源头削减污染，提高资源利用率，减少或者避免生产、服务和产品使用过程中污染物的产生和排放，以减轻或者消除对人类健康和环境的危害。"

通过上述各种清洁生产定义不难发现，清洁生产从本质上来说，就是对生产过程与产品采取整体预防的环境策略，减少或者消除它们对人类及环境的可能危害，同时充分满足人类需要，使社会经济效益最大化的一种生产模式。具体措施包括：不断改进设计；使用清洁的能源和原料；采用先进的工艺技术与设备；改善管理；综合利用；从源头削减污染，提高资源利用效率；减少或者避免生产、服务和产品使用过程中污染物的产生和排放。

---

❶《中国 21 世纪议程》：1992 年联合国环境与发展大会通过了《21 世纪议程》，中国政府作出了履行《21 世纪议程》等文件的庄严承诺。1994 年 3 月 25 日，《中国 21 世纪议程》经国务院第十六次常务会议审议通过。

❷《中华人民共和国清洁生产促进法》：已由中华人民共和国第九届全国人民代表大会常务委员会第二十八次会议于 2002 年 6 月 29 日通过，现予公布，自 2003 年 1 月 1 日起施行。

5.1.4　清洁生产的目标与内容

（1）清洁生产的目标。

清洁生产的基本目标就是提高资源利用效率，减少和避免污染物的产生，保护和改善环境，保障人类健康，促进经济与社会的可持续发展。具体表现为"四化"：

①自然资源和能源利用效率最大化。即对企业来说，应在生产、产品和服务中，最大限度做到：利用可再生能源；利用新能源和清洁能源；实施节能技术和措施；尽量少用、不用有毒有害的原材料；节约原材料和能源，少用昂贵和稀有的原料；利用二次资源做原料；物料再循环。

②污染物产生（排放量）最小化。企业的整个生产过程从源头阶段、过程控制到回收利用阶段，每一个阶段都会有"三废"等污染物的排放，企业开展清洁生产的目标就是使这三个阶段中每一个阶段的污排物排放量降到最低，从而使整个生产过程污染物排量达到其最小化，这是清洁生产追求的目标之二。

③经济效益最大化。即通过不断提高生产效率，降低成本，增加产品和服务的附加值，以获得较大的经济效益。故必须做到：减少原材料和能源的使用；减少中间产品；采用先进工艺和高效的生产技术；降低物料和能源损耗；提高产品质量和完善企业管理制度；安排合理的生产进度；树立良好的企业形象。

④对人类和环境危害最小化。即把生产活动和预期的产品消费活动对环境的负面影响降至最小化。为此要做到：减少生产过程中的各种危险因素；采用少废或无废的生产技术和工艺；减少有毒有害物料的使用；物料易于回收、复用和再生；使用可回收利用的包装材料，合理包装。

（2）清洁生产的内容。

清洁生产的内容可以归纳为"三清一控制"，即清洁的原料与能源、清洁的生产过程、清洁的产品以及贯穿清洁生产全过程的控制。

①清洁的原料与能源。清洁的原料与能源，是指产品生产中能被充分利用而极少产生废物和污染的原材料和能源。选择清洁的原料与能源，是清洁生产源头治理的重要内容。

关于清洁原料与能源的使用有以下两个要求：

第一，以无毒、无害或少害原料与能源替代有毒有害原料与能源。清洁原料与能源是工艺方案的出发点，它的合理选择是减少废物产生与减少对环境污染的关键因素。不少原料内含有一些有毒有害物质，或者能源在使用中、使用后会产生有毒有害气体，它们在生产过程中和产品使用中常产生毒害与污染。清洁生产则要求在生产的源头应当通过技术分析，淘汰有毒有害的原材料和能源，采用无毒无害的原料与能源。

第二，原料与能源的充分利用性要高。生产过程中，大部分原材料是其生产过程所必需的，直接转化成为产品的成分，而一部分原材料则成为"杂质"，在物质转换过程中，常作为废物而被丢弃掉，因此原材料并未被充分的利用。因此原材料的选用必须考虑到杂质成分的多少问题，也就是原材料充分利用问题，清洁的原料体现在此。能源的选用除了要考虑杂质多少问题，还应该考虑的是能源的利用率问题，具体表现在转换比率和废弃物的排放量等方面。因此关于第二个要求，我们可以总结为原料杂质少、能源转换率高、能源废弃物少、原料与能源利用率高，这样的原料与能源是清洁生产所必需的。❶

②清洁的生产过程。生产过程是一个生产性组织，特别是一个工业企业最基本的活动。对于这类组织，生产过程一般包括原料准备直至产品的最终形成，即由生产准备，基本生产过程，辅助生产过程以及生产服务等过程构成的全部活动过程。清洁的生产过程，要求选用一定的技术工艺，将废物减量化、资源化、无害化，直至将废物消灭在生产过程之中，废物的减量化就是要改善生产技术与工艺，采用先进的设备，提高原料利用率，使得原材料尽可能地转化为产品，从而使得废物量达到最小化。废物资源化主要是指将生产环节中的废物综合利用，转化为进一步生产的资源，变废为宝。废物无害化，就是减少或者消除生产过程中的毒性，使之不危害环境和人类。世界各国投入大量财力发展"绿色制造技术"，其中的清洁生产工艺过程是指尽量不用有毒有害原料、选用低污染工艺和高效设备、减少生产过程污染物排放、对物料进行循环利用的工艺技术。

③清洁的产品。清洁的产品主要体现在产品的消费、使用或使用废弃后的处理处置过程中。因此，对于产品的污染预防问题需要在一个更广泛的范围中或通过产品系统来考虑，即从其原料提取加工、生产制造、使用消费、报废处理这一产品整个生命周期系统分析评价其环境影响，寻求更有利于环境的产品，以实现生产与环境的协调相容。为此，清洁的产品正逐渐发展成为清洁生产中一个重要的独立内容。从产品的设计开始抓起，主要遵循三个原则：精简零件，容易拆卸；稍作修整可重复使用；经过改进能够实现创新。总之，产品设计时将环境因素的考虑预防性地纳入产品的设计开发阶段中，通过开展产品生命周期的环境影响评价，减小其整个生命周期过程的综合环境影响，是推动清洁生产向纵深发展的极其重要方面。

④清洁生产全过程的控制。它包括两方面内容，即生产原料或物料转化的全过程控制和生产组织的全过程控制。

生产原料或物料转化的全过程控制，也常称为产品生命周期的全过程控制。它是指从原材料的加工、提炼、产出产品、产品的使用直到报废处置各个环节所采取的必要的污染预防控制措施。

❶ 熊文强．推行清洁生产，促进资源利用 [J]．中国资源综合利用，2000(7):25–27.

生产组织的全过程控制，也就是工业生产的全过程控制。它是指从产品的开发、规划、设计、建设到运营管理，所采取的防止污染发展的必要措施。

5.1.5　清洁生产和末端治理的区别与联系

清洁生产与传统的末端治理的最大不同之处在于，末端治理是指对人类生产活动已经产生的污染物实施的物理、化学、生物方法的治理，力求把对环境的污染控制在尽可能低的水平上，这是末端治理理论的主要思想。清洁生产是指对污染物实行源头削减和全过程预防，从而使环境污染降到最低，这是清洁生产理论的主要思想。

（1）清洁生产与末端治理的联系。

清洁生产与末端治理的联系主要表现是，都以保护环境为最终目标。清洁生产通过生产全过程控制，减少甚至消除污染物的排放，但是它与末端治理二者并非互不相容。推行清洁生产还需要末端治理，末端治理在污染物防治上是不可缺少的。这是因为工业生产无法完全避免污染的产生，最先进的生产工艺也不能避免产生污染物，用过的产品也必须进行最终处理、处置。只有共同努力，实现生产全过程和治理污染过程的双控制，才能保证清洁生产最终目标的实现，才能从根本上体现经济效益、环境效益和社会效益的统一。❶

（2）清洁生产与末端治理的区别。

① "治"与"防"的区别。传统的末端治理与生产过程相脱节，即"先污染，后治理"，侧重点是"治"；末端治理的生产方式没有把污染控制与生产过程控制密切结合起来，资源与能源不能在生产过程中得到充分利用，大量资源和能源在生产末端变成污染环境的废弃物，不仅对环境产生极大的威胁，同时也造成了严重的资源和能源的浪费。为了处理产生于生产末端的污染物，还需要再消耗资源和能源去处理，这在经济上也是很不合理的。清洁生产从产品设计开始，到生产过程的各个环节。通过不断地加强管理和技术进步，提高资源利用率，减少乃至消除污染物的产生。通过改进生产工艺以及控制程序，走内涵式发展道路，注重提高资源和能源的利用率，最大限度利用资源与能源，减少资源和能源的浪费，可以大大削减生产过程污染物的产生，减轻了末端治理的负担，不但保护了环境免受污染，也因能源和资源的节约提高了企业的经济效益，主要侧重点是"防"。

② "赔"与"赚"的区别。传统的末端治理不仅投入多、治理难度大、运行成本高，而且往往只有环境效益，没有经济效益，企业没有积极性；清洁生产不仅考虑到环境状况的根本改善，而且要降低能源、原材料和生产成本，提高经济效益，增强竞争力，确保实现经济与环境的"双赢"。

---

❶ 张延青，沈国平，刘志强 . 清洁生产理论与实践［M］. 北京：化学工业出版社 ,2012.

③"点"与"线"的区别。传统的末端治理侧重于"点源治理"和"达标排放"；而清洁生产从源头抓起，实行生产全过程控制，将污染物最大限度地消除在生产过程之中，同时也考虑到产品的使用中的环境影响和最终处置的回收利用或无害化处理等。

④"个别"与"全体"的区别。末端治理把环境责任只放在环保研究、管理等个别人员身上，仅仅把注意力集中在对生产过程中已经产生的污染物的处理上。具体对企业来说只有环保部门来处理这一问题，所以总是处于一种被动的、消极的地位。而清洁生产是要引起研究开发者、生产者、消费者也就是全社会对于工业产品生产及使用全过程对环境影响的关注，使污染物产生量、流失量和治理量达到最小，资源充分利用，是一种积极、主动的态度。

除了以上四个主要方面，清洁生活与末端治理的区别还表现在思考方法、产生时代等区别上，如表 5-1 所示。

表5-1　清洁生产与末端治理比较

清洁生产与末端治理比较		
比较项目	清洁生产系统	末端治理（不含综合利用）
思考方法	污染物消除在生产过程中	污染物产生后再处理
产生时代	20 世纪 80 年代末期	20 世纪 70 ～ 80 年代
控制过程	生产全过程控制，产品生命周期全过程控制	污染物达标排放控制
控制效果	比较稳定	受产污量影响处理效果
产污量	明显减少	间接可推动减少
排污量	减少	减少
资源利用率	增加	无显著变化
资源耗用	减少	增加（治理污染消耗）
产品产量	增加	无显著变化
产品成本	降低	增加（治理污染费用）
经济效益	增加	减少（用于治理污染）
治理污染费用	减少	随排放标准严格，费用增加
污染转移	无	有可能
目标对象	全社会	企业及周围环境

5.1.6　实施清洁生产的意义

任何一种新思想的产生均有其历史背景，清洁生产也不例外。人类社会的发展改变了人类自身，但人和自然的关系永远是一对矛盾的统一体。人类利用自然的赐予加速了文明的进程。但这种发展却付出了高昂的代价，自然平衡的破坏严重制约了这种"发展"，甚至影响到人类自身的生存。工业发展是人类社会发展和进步的重要标志，同时也是破坏自然、摧毁自然的主要力量，在最大利润的驱使下，资源的过度消耗、环境状况的恶化以及生态平衡的破坏出现在全球各个角落。工业发展走到了十字路口，人们重新审视已走过的历程，认识到必须合理利用资源，建立新的生产方式和消费方式，清洁生产是工业可持续发展的必然选择。

（1）实行清洁生产是可持续发展战略的要求。

1992 年在巴西里约热内卢召开的联合国环境与发展大会是世界各国对环境和发展问题的一次联合行动。会议通过的《21 世纪议程》制定了可持续发展的重大行动计划，可持续发展已取得各国的共识。

《21 世纪议程》将清洁生产看作是实现持续发展的关键因素，号召工业开发更清洁的技术，更新、替代对环境有害的产品和原材料，实现环境和资源的保护和有效管理。

（2）实行清洁生产是控制环境污染的有效手段。

自 1972 年斯德哥尔摩联合国人类环境会议以后，虽然国际社会为保护人类生存的环境作出了很大努力，但环境污染和自然环境恶化的趋势并未能得到有效控制，与此同时，气候变化、臭氧层破坏、有毒有害废物越境转移、海洋污染、生物多样性损失和生态环境恶化等全球性环境问题的加剧，对人类的生存和发展构成了严重的威胁。

造成全球环境问题的原因是多方面的，其重要一条是几十年来以被动反应为主的环境管理体系存在严重缺陷，无论是发达国家还是发展中国家均走着"先污染后治理"这一人们为之付出沉重代价的道路。

清洁生产改变了过去被动的、滞后的污染控制手段，强调在污染产生之前就予以削减污染物对环境的不利影响。这一主动行动，经近几年国内外的许多实践证明具有效率高、可带来经济效益、容易为企业接受等特点，因而实行清洁生产将是控制环境污染的一项有效手段。

（3）实行清洁生产可大大降低末端处理的负担。

末端处理是目前国内外控制污染的最重要手段，为保护环境起着极为重要的作用，如果没有它，今天的地球可能早已面目全非，但人们也因此付出了高昂的代价。

据美国环保局统计，1990 年美国用于三废处理的费用高达 1200 亿美元，占 GNP 的 2.8%，成为国家的一个沉重负担。我国近几年用于三废处理的费用一直仅占 GNP 的 0.6%~0.7%，已使大部分城市和企业不堪重负。清洁生产可以减少甚至在某些情形下消除污染物的产生。这样，不仅可以减少末端处理设施的建设投资，而且可以减少日常运转费用。

(4) 实行清洁生产可提高企业的市场竞争力。

清洁生产可以促使企业提高管理水平，节能、降耗、减污，从而降低生产成本，提高经济效益。同时，清洁生产还可以树立企业形象，促使公众对其产品的支持。

随着全球性环境污染问题的日益加剧和能源、资源急剧耗竭对可持续发展的威胁以及公众环境意识的提高，一些发达国家和国际组织认识到进一步预防和控制污染的有效途径是加强产品及其生产过程以及服务的环境管理。欧共体于 1993 年 7 月 10 日正式公布了《欧共体环境管理与环境审计规则》(EMAS)，并定于 1995 年 4 月开始实施；英国于 1994 年颁布了 BS 7750 环境管理；荷兰、丹麦同时决定执行 BS 7750；加拿大、美国也都制定了相应的标准。国际标准化组织(ISO)于 1993 年 6 月成立了环境管理技术委员会(TC 207)，要通过制定和实施一套环境管理的国际标准(IS)规范企业和社会团体等所有组织的环境行为，以达到节省资源、解决环境污染、改善环境质量、促进经济持续、健康发展的目的。由此可见，推行清洁生产将不仅对环境保护而且对企业的生产和销售产生重大影响，直接关系到其市场竞争力。

5.2　清洁生产实施途径

清洁生产是一项系统工程，是对生产全过程以及产品的整个生命周期采取污染预防的综合措施(图 5-1)。因此，应该从企业的特点出发，在产品设计、原料选择、工艺流程、工艺参数、生产设备、操作规程等方面，全面分析减少污染物产生的可能性，寻找清洁生产的机会和潜力，推进清洁生产的实施。

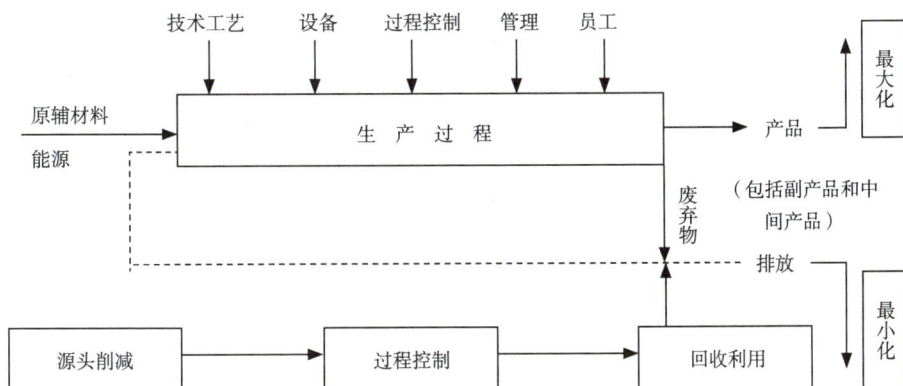

图 5-1　清洁生产系统

清洁生产全过程图可以分解为三个重要阶段，分别为源头削减阶段、过程控制阶段以及末端的回收利用阶段。因此每一个阶段采取什么样的方法措施以保证实现清洁生产目的的实现是我们的重点考虑，其中源头阶段主要包括资源的削减与资源的合理利用；过程阶段主要包括工艺技术改革、强化内部管理等；末端的治理阶段主要包括末端废弃物的回收利用等。

5.2.1 实施清洁生产的总体措施

（1）实施产品绿色设计。

企业实行清洁生产，在产品设计过程中，一要考虑环境保护，减少资源消耗，实现可持续发展战略；二要考虑商业利益，降低成本、减少潜在的责任风险，提高竞争力。具体做法是，在产品设计之初就注意未来的可修改性，容易升级以及可生产几种产品的基础设计，提供减少固体废物污染的实质性机会。产品设计要达到只需要重新设计一些零件就可更新产品的目的，从而减少固体废物。在产品设计时还应考虑在生产中使用更少的材料或更多的节能成分，优先选择无毒、低毒、少污染的原辅材料替代原有毒性较大的原辅材料，防止原料及产品对人类和环境的危害。

（2）实施生产全过程控制。

清洁的生产过程要求企业采用少废、无废的生产工艺技术和高效生产设备；尽量少用、不用有毒有害的原料；减少生产过程中的各种危险因素和有毒有害的中间产品；使用简便、可靠的操作和控制；建立良好的卫生规范（GMP）、卫生标准操作程序（SSOP）和危害分析与关键控制点（HACCP）；组织物料的再循环；建立全面质量管理系统（TQMS）；优化生产组织；进行必要的污染治理，实现清洁、高效地利用和生产。

（3）实施材料优化管理。

材料优化管理是企业实施清洁生产的重要环节。选择材料，评估化学使用，估计生命周期是能提高材料管理的重要方面。企业实施清洁生产，在选择材料时要关心再使用与可循环性，具有再使用与再循环性的材料可以通过提高环境质量和减少成本获得经济与环境收益；实行合理的材料闭环流动，主要包括原材料和产品的回收处理过程的材料流动、产品使用过程的材料流动和产品制造过程的材料流动。

原材料的加工循环是自然资源到成品材料的流动过程以及开采、加工过程中产生的废弃物的回收利用所组成的一个封闭过程。产品制造过程的材料流动，是材料在整个制造系统中的流动过程，以及在此过程中产生的废弃物的回收处理形成的循环过程。制造过程的各个环节直接或间接地影响着材料的消耗。产品使用过程的材料流动是在产品的寿命周期内，产品的使用、维修、保养以及服务等过程和在这些过程中产生的废弃物的回收利用过程。产品的回收过程的材料流动是产品使用后的处理过程，其组成主要包括：可重用的零部件、可再生的零部件、不可再生的废弃物。在材料消耗的四个环节里，都要将废弃物减量化、资源化和无害化，或消灭在生产过程之中，不仅要实现生产过程的无污染或不污染，而且生产出来的产品也没有污染。

5.2.2　实施清洁生产的具体措施

（1）源头阶段措施。

源头削减是指采取一定的手段、措施，使污染物在产生之前就被削减或者消灭于生产工程中，避免污染的产生。其在经济上和环境上要比控制和净化污染更为可行。主要包括以下几种措施：

①资源削减和资源持续利用。资源削减是在废物产生之前最大限度地减少或降低废物的产生量和毒性。资源持续利用是发展工业的基本前提，在一般的生产工艺中，原料费用约占成本的 70%，因此通过原料的综合利用可直接降低产品成本，提高经济效益，同时也减少了废物的产生和排放。

钢铁行业实施清洁生产的一个主要目标，就是实行资源能源的高效利用。钢铁企业高效利用资源能源的具体表现形式很多，除了上述提高钢材质量性能，减少使用量，延长使用寿命外，主要是对铁元素、能源、水和固体废物等物质的循环利用。

②原料改进。优先选择使产品生产和使用过程不产生或少产生污染物的物料作为生产原料，或是采用无毒、无害或者低毒、低害原料，替代毒性大、危害严重的原料。

纯化物料，替代粗制原料。可减少产品生产过程中引起的质量问题，提高合格率，减少废物的产生，同时也可减少污染物的排放。

加强物料的控制。订货、贮存、运输、发放这些程序，是每个企业都要涉及的，但尚未认识到这是污染产生的根源之一。库存控制不当，即过量的、过期的和不再使用的原料，都可能增加企业的废物污染。适当的物料控制程序将保障原料没有流失、无玷污无损失地进入生产工艺中，还可保证原料在生产过程中的有效利用，不会成为废物。

添加物料的定量控制是保证物料完全转化成产品的有效方法。传统的粗放型经营造成物料的浪费，同时还产生了大量废物。原料配比不当、添加不正确是造成物料浪费的重要原因。❶

③推广清洁能源。

第一，推广清洁能源的使用，转变能源管理方式，不仅能推动我国能源节约发展、清洁发展和安全发展，更能使企业在生产过程中减少对环境污染的负荷，因此实施清洁生产必须使用清洁的能源，保证从源头开始企业就承担起对环境所担负的责任。

---

❶ 史捍民 . 企业清洁生产实施指南［M］. 北京：化学工业出版社 ,1997.

第二，推广节能技术。节能技术可以分为广义节能技术和狭义节能技术。广义的节能技术包括对能源品种的规划，能源从开采到运输、使用整个系统的优化配置，用能系统的结构优化、能源品种的优选、能量等级的合理利用等；狭义的节能技术即采用新的用能工艺和节能设备替代旧的能耗高的工艺设备，实现某一过程的节能。

常用的节能新技术如热电冷联产联供技术、热管技术、高效工业锅炉和窑炉、电力电子调节补偿技术、高效节能照明技术、高效加热技术、高效风机、高效水泵等。

（2）过程阶段措施。

①工艺技术改进。在工业生产过程中最大限度地减少废物的产生量和毒性是清洁生产的主要目的。检测生产过程、原料及产物情况，科学地分析和研究物料流向以及损失状况，是减少废物产生量和毒性的前提和基础。调整生产计划，优化生产程序，合理安排生产进度，改进、完善、规范操作程序，采用先进技术，改进生产工艺和流程，淘汰落后的生产设备和工艺路线，合理循环利用资源、原材料、水资源，提高生产自动化的管理水平，提高原材料和能源的利用率，减少废物的产生。简化流程中的工序和设备；实现过程连续操作，减少不稳定状态；在原有工艺基础上适当改变工艺条件；实现过程的优化控制；改变原料配方；换用高效设备，改善设备布局和管线；开发利用最新科技成果的全新工艺；不同工艺的组合等。

面临知识经济时代和日益激烈的国际竞争，我国钢铁企业在技术上仍然跟在别人后边走，将始终落于强国之后，难以扭转钢铁产品国际竞争力低的状况。因此，在国情和条件适合时，应该不失时机地大胆采用最先进的前沿技术，才能占领技术的制高点。尤其是我国起主导作用、有经济实力的大型钢铁企业更应提早起步。实践证明，某些在工艺上做了重大改进的前沿技术，可以带来高质量、低消耗、低成本的显著的效果。可以说，现代的市场竞争实质上是科技的竞争、人才的竞争。只有紧紧把握住新时代科学技术的脉搏，才能立于不败之地。❶

②强化内部管理。根据全过程控制的概念，环境管理要贯穿整个工业建设过程以及落实到企业中的各个层次，分解到生产过程的各个环节，与生产管理紧密地结合起来。国外在推行清洁生产时经常把强化质量管理作为优先考虑的措施，管理措施一般花费较小，不涉及基本的工艺过程，但经验表明往往可能削减多达40%的污染物。对我国现有工业来说，改变粗放型经营，加强管理是一项投资少而成效巨大的有效措施。这些措施包括：

安装必要的检测仪表，加强监督；加强设备维护、维修，杜绝跑、冒、滴、漏等现象；建立有环境考核指标的岗位责任制和管理职责；完善可靠的统计和审核；产品的全面质量管理；有效的生产调度，合理安排批量生产日程；改进清洗方法，节约用水；原

---

❶ Suren E,Ramesh R. 工业生态学：一种新的清洁生产战略 [J]. 产业与环境,2002,24(1-2):64-67.

料合理贮存妥善保管；成品的合理贮存与运输；加强人员培训，提高职工素质；建立激励机制，公平的奖惩制度；组织安全文明生产。

③生产系统内部循环利用。这里指一个企业生产过程中的废物循环利用。一般地，物料再循环是生产过程流程中常见的原则。物料的循环再利用的基本特征是不改变主体流程，仅将主体流程中的废物，加以收集处理再利用。这方面的内容通常包括将废物、废热回收作为能量利用；将流失的原料、产品回收，返回主体流程之中使用；将回收的废物分解处理成原料或原料组分，重复用于生产流程中；组织闭路用水循环或一水多用等。

此外，在一定情况下，还可考虑将废物收集，作为企业自身或其他生产过程的原料，加工成其他产品。从清洁生产的优先序看，对于废物首先应将其尽可能消灭在自身生产过程中，使投入的资源能源充分利用，即实施上面所提出的"源削减"技术措施。

对生产过程实施清洁生产的基础是生产过程评价。它是以生产过程系统为对象，重点通过对构成生产过程的单元操作的功能、状态，包括废物流在内的物、能流现状的分析，揭示生产过程系统存在的缺陷与问题，寻求资源、能源有效利用、实施污染预防的途径和方法，从而提供清洁生产的方案。这一过程，通常可通过清洁生产审核（或称审计）程序来完成。其中，生产过程单元操作的物料平衡分析，这是评价工作中的一项重要内容和基本手段。通过物料平衡分析，可提供生产过程中能源物料消耗、资源转化，废物产生排放的信息（图 5-2）。

在生产过程评价即清洁生产审核基础上，最关键的一个环节步骤是方案的实施。只有将所产生的方案付诸实施，才能检验与衡量审核的效果，实现清洁生产的目标。由于清洁生产是一个相对的动态过程，因此，保持清洁生产的 P（计划）、D（实施）、C（检查）、A（改进）持续改进是极其重要的。

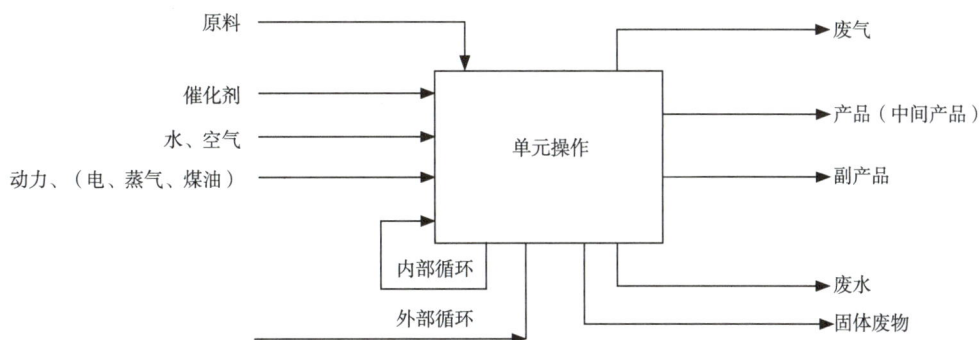

图 5-2 物料平衡分析

（3）末端治理阶段。

清洁生产的定义虽然强调把污染物消除在它产生之前，但是也不能完全将对环境的污染消除在源头和生产过程中，必要的末端治理是很重要的。末端治理是清洁生产最后的把关措施，以保证排放物能够达到国家或者地方规定的污染物排放标准和污染物排放总量控制标准。厂内末端治理，往往是作为集中处理前的预处理措施。在这种情况下，它的目标不再是达标排放，而只需要处理到集中处理设施可接纳的程度即可。❶因此对生产过程也提出了一些新的要求：

①必须浊清分流，减少处理量，有利于组织再循环；

②必须开展综合利用，从排放物中回收有用物质；

③必须进行适当的预处理和减量化处理，如脱水、浓缩、包装和焚烧等。

为实现有效的末端治理，必须努力开发一些技术先进、处理效果好、占地面积小、投资少、见效快、可回收有用物质、有利于组织物料再循环的实用环保技术。

5.3 清洁生产审核与评价

5.3.1 清洁生产审核及评价体系

（1）清洁生产审核概念。

指按照一定程序，对生产和服务过程进行调查和诊断，找出能耗高、物耗高、污染重的原因，提出减少有毒有害物料的使用、产生，降低能耗、物耗以及废物产生的方案，进而选定技术可行、经济合算及符合环境保护的清洁生产方案的过程。生产全过程要求采用无毒、低毒的原材料和无污染、少污染的工艺和设备进行工业生产；产品的整个生命周期过程，对于产品则要求从产品的原材料选用到使用后的处理和处置不构成和减少对人类健康和环境的危害。❷

组织的清洁生产审核是一种对污染来源、废物产生原因及其整体解决方案的系统化的分析和实施过程，旨在通过实行预防污染分析和评估，寻找尽可能高效率利用的资源（如原辅材料、能源、水等），减少或消除废物的产生和排放的方法，是组织实行清洁生产的重要前提，也是组织实施清洁生产的关键和核心。持续的清洁生产审核活动会不断产生各种的清洁生产方案，有利于组织在生产和服务过程中逐步实施，从而使其环境绩效实现持续改进。

通过清洁生产审核，达到：

❶ 沈晟，罗卫红.清洁能源技术的发展与前景 [J].能源工程,2002(2):18-21.
❷ 田立江，李英杰，李多松.清洁生产审核过程中应注意的几个问题 [J].环境科学与技术,2004,27(3):92-93.

①核对有关单元操作、原材料、产品、用水、能源和废物的资料。

②确定废物的来源、数量以及类型，确定废物削减的目标，制定经济有效的削减废物产生的对策。

③提高组织对由削减废弃物获得效益的认识。

④判定组织效率低的瓶颈和管理不善的地方。

⑤提高组织经济效益、产品和服务质量。

（2）清洁生产评价指标体系。

清洁生产评价指标体系具有标杆功能、衡量功能，提供了一个清洁生产绩效、状况等的比较标准，为清洁生产理念的推广和持续清洁生产的推动提供动力支持。清洁生产评价指标体系是对清洁生产技术方案进行筛选的客观依据，清洁生产技术方案等的评价，是清洁生产活动中最为关键的一个环节。

为贯彻和落实《中华人民共和国清洁生产促进法》，评价企业清洁生产水平，指导和推动企业依法实施清洁生产，根据《国务院办公厅转发发展改革委等部门关于加快推进清洁生产意见的通知》（国发办〔2003〕100 号）和《工业清洁生产评价指标体系编制通则》（GB/T 20106—2006），国家发展改革委已组织编制了 30 个重点行业的清洁生产评价指标体系，目前已颁布了 30 个，其中主要包括钢铁行业清洁生产评价指标体系（试行）、电池行业清洁生产评价指标体系（试行）、制浆造纸行业清洁生产评价指标体系（试行）和煤炭行业清洁生产评价指标体系（试行）等。

①清洁生产评价指标的类型。当前，世界各国常用的清洁生产指标既有定性指标又有定量指标，以单一定性考评为主，而且没有一个为世界各国、各行业所公认的统一参照基准，操作起来比较困难，应用范围有一定的局限性。依据其性质，大致可以分为三类，分别是：宏观性指标、微观性指标和为环境设计指标（Design for Environment）（表 5-2）。

表5-2　清洁生产指标分类——按性质分类

宏观性指标	微观性指标	为环境设计指标
相对性 每年遭受周围居民抗议的次数与所处区域有关 非具体证据 与 ISO 9000 或 ISO 14001 系统无法进行对照比较 有无减量计划	绝对性 有害废弃物年产率 能耗指标 清洗水再利用率 功能性包装材料所占比例	地域性（定量） 以各种原材料对环境的影响分析结果为依据，计算出各种原材料的环境影响指标，例如 Eco-indicator 定性指标
可以显示对环境的承诺指标下结论	须用实际的真实数据计算，结果可以用来发掘减废空间或展现环境绩效	使用者无须输入任何数据，即可直接引用 可以提供作为环境设计的参考

宏观性指标，可以表明工厂经营者和管理者对于环境的承诺，属定性指标范围。例如，是否有减废计划，是否通过 ISO 14001 环境管理系统的验证。此外，宏观性指标还可以显示企业管理水平等。

微观性指标，是通过对检测的结果进行一系列计算得到具体数值，来表示工厂的环境影响程度，属定量指标范围。这类指标的针对性比较强，要求有明确的分类和定义。例如，产品的废弃物产生率（Waste Generation Rate），首先，必须详细定义废弃物的种类，然后根据定义从工厂获取实际数据，依据相应公式计算各自的废弃物产生率，然后与基准数据进行对比。这个指标数值只与工艺、设备有关，而与工厂所处的地点无关，所以，必须经过现场调查、检测以获取真实数据。微观性指标既可以用于识别工厂的减废空间，也可以说明企业的环境绩效。

从上面所述两类清洁生产指标中，可以发现清洁生产指标与 ISO 1403 中的环境绩效指标不谋而合。其中，宏观性指标与环境绩效指标中的管理绩效指标（Management Performance Indicators，MPI）极为相似，而微观性指标则与操作绩效指标（Operation Performance Indicators，OPI）极为相似。[1]

第三类指标可以称为"为环境设计指标"，为研发人员在选择原材料、能源、工艺和污染物处理技术时提供参考依据（表 5-3）。这类指标可以为研发人员在开发新产品时提供设计指南。为环境设计指标，通常是由产品生命周期的分析结果得来，是以产品生命周期模式将产品分成制造、销售、使用和弃置四个阶段，每个阶段再依其特性设计出适用的清洁生产指标。产品研发部门在产品开发阶段，就将该产品在不同阶段的环境影响加以考虑，例如考虑避免使用禁用的原材料或使用废物回收技术，就是考虑生产后要降低对环境的负面影响。

②国内常用的清洁生产指标。我国自 1993 年开始清洁生产试点示范和相关研究以来，制定和颁布了一系列规范和推动清洁生产的法律法规和行业规范，各行各业、各个不同地区和部门进行了不断的探索和努力，取得了较大成绩；在清洁生产评价指标方面也进行了大量的探索和尝试，形成了初步规范。但是，所用指标定性评价多，定量考评少，没有形成具有普遍应用性的科学体系。

到目前为止，我国较常用的清洁生产评价指标是依据生命周期分析的原则分类的，主要有四大类：原材料指标、产品指标、资源指标和污染物产生指标。前两者是定性指标，后两者主要为定量指标。

[1] 魏宗华.工业企业清洁生产评估指标的研究 [J].环境保护,2002.

表5-3　为环境设计类指标

阶段	清洁生产指标
生产销售阶段	1. 是否考虑原辅材料的 ·耗竭情况 ·开采对环境的破坏情况
	2. 是否考虑避免使用下列化学物质 ·公告为有毒化学物质 ·美国法案 33150 中的 17 项标的物 ·瑞典优先减废清单（ 13 项） ·对工序有毒有害的废弃物 ·废弃的化学物质
	3. 是否考虑新的产品包装外形的繁易
	4. 是否考虑原材料及能源的回收再用
	5. 厂内回收技术是否纳入设计
	6. 是否考虑污染排放的种类、浓度、总量
	7. 有无废物处理技术
	8. 有无回收的可能性，若有，是否提供配套的技术
	9. 是否进行物料 / 能量平衡计算
使用阶段	10. 耗能情况，有无节能装置
	11. 资源耗损情况， 如锅炉的燃煤量
	12. 产品中耗材的更替 ·周期长短 ·耗材材料的可回收性
弃置阶段	13. 是否考虑产品的材质 ·可回收性 ·单一性 ·易拆解 ·易处理处置

原材料指标体现了原材料的获取、加工、使用等各方面对环境的综合影响，从毒性、生态影响、可再生性、能源强度和可回收利用性五个方面建立指标。产品指标应涉及销售、使用过程、报废后的处置以及寿命优化问题四个方面。这两类指标比较宏观，主要是靠专家打分，得各项指标的权重值，然后与相应的国际、国内标准进行比较，以确定相应的等级。这两类指标与欧盟的生态指标比较相似，区域性较强，不同行业、不同地区难以比较。

资源（消耗）指标是指在正常操作情况下，生产单位产品对资源的消耗程度可以部分地反映一个企业的技术工业和管理水平，即反应生产过程的状况。从清洁生产的角度看，资源指标的高低同时也反映企业的生产过程在宏观上对生态系统的影响程度，在同等条件下，资源消耗量越高，对环境的影响越大。资源指标可以由单位产品的耗水量、能耗和物耗来表示。资源指标与美国环保署的减废情况交换所的指标类似，只适用于同一工厂在工艺改进前后的比较，难以发现对生态环境的直接损耗。❶

污染物产生指标是除资源指标外另一类反映生产过程状况的指标。污染物产生指标代表着生产工艺先进性和管理水平的高低。基于对一般的污染问题的考虑，污染物产生指标分为三类，即废水、废气和固体废物。这类指标与英国 ICI 公司的环境负荷指标及美国 3 M 公司的废弃物产生率类似，无法表明真正的环境影响程度。

③钢铁行业清洁生产指标体系结构。为了贯彻落实《中华人民共和国清洁生产促进法》，指导和推动钢铁企业依法实施清洁生产，提高资源利用率，减少和避免污染物的产生，保护和改善环境，国家发改委等部门联合制定了钢铁行业清洁生产评价指标体系（试行）（以下简称"指标体系"）。

本指标体系用于评价钢铁企业的清洁生产水平，作为创建清洁生产先进企业的主要依据，并为企业推行清洁生产提供技术指导。

第一，钢铁行业清洁生产评价指标体系的适用范围。本评价指标体系适用于钢铁行业，包括由烧结、焦化、炼铁、炼钢以及轧钢等各主要工序组成的长流程生产企业和由电炉炼钢、轧钢等主要工序组成的短流程生产企业。

第二，钢铁行业清洁生产评价指标体系的结构。根据清洁生产的原则要求和指标的可度量性，本评价指标体系分为定量评价和定性要求两大部分。

定量评价指标选取了有代表性的、能反映节能、降耗、减污和增效等有关清洁生产最终目标的指标。

定性评价指标主要根据国家有关推行清洁生产的产业发展和技术进步政策、资源环境保护政策规定以及行业发展规划选取，用于定性考核企业对有关政策法规的符合性及其清洁生产工作实施情况。

定量指标和定性指标分为一级指标和二级指标。一级指标为普遍性、概括性的指标，二级指标为反映钢铁企业清洁生产各方面具有代表性的、易于评价考核的指标。

长流程生产企业、短流程生产企业定量和定性评价指标体系框架分别见图 5-3 ～图 5-6。

❶ 贾爱娟, 靳敏, 张新龙 . 国内外清洁生产评价指标综述 [J]. 陕西环境 ,2003,10(3):31-35.

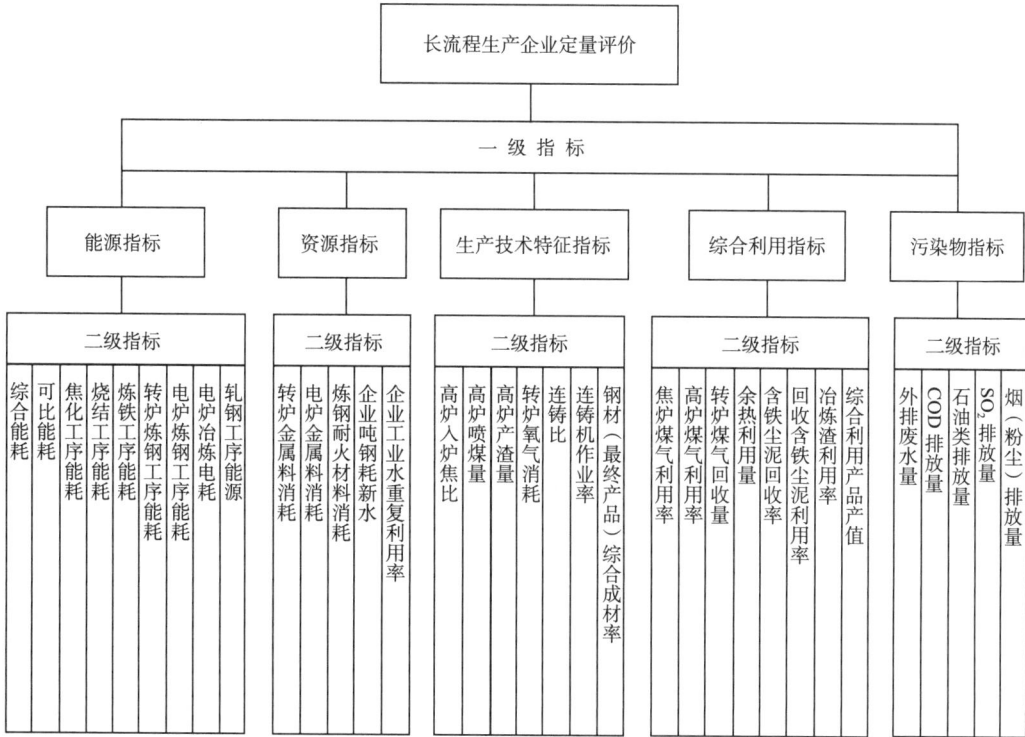

图 5-3　长流程生产企业定量评价指标体系框架

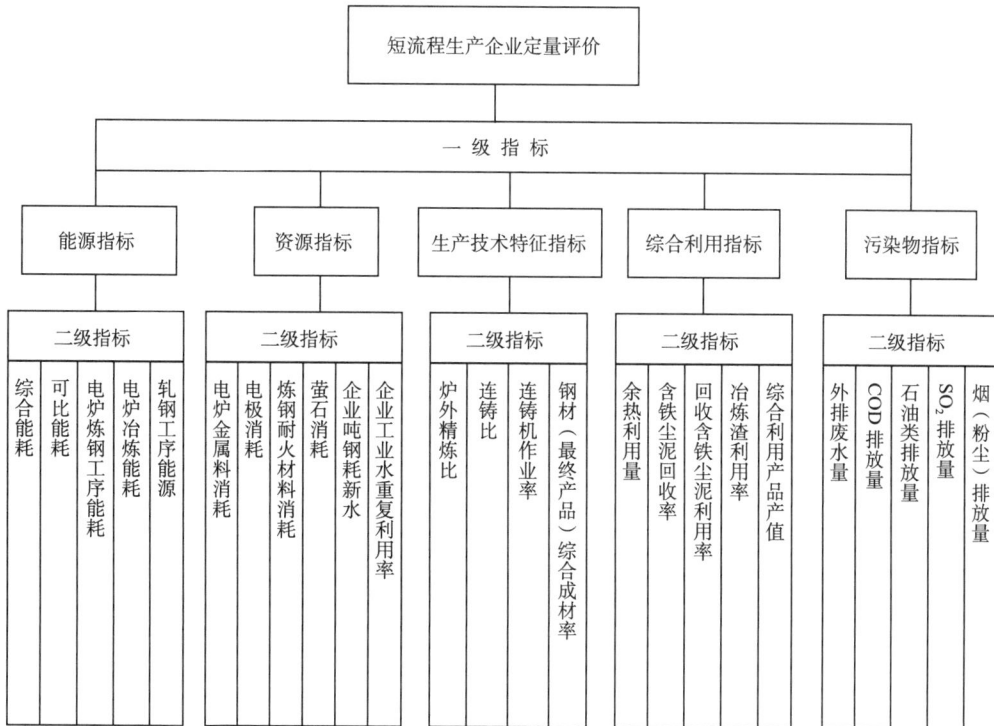

图 5-4　短流程生产企业定量评价指标体系框架

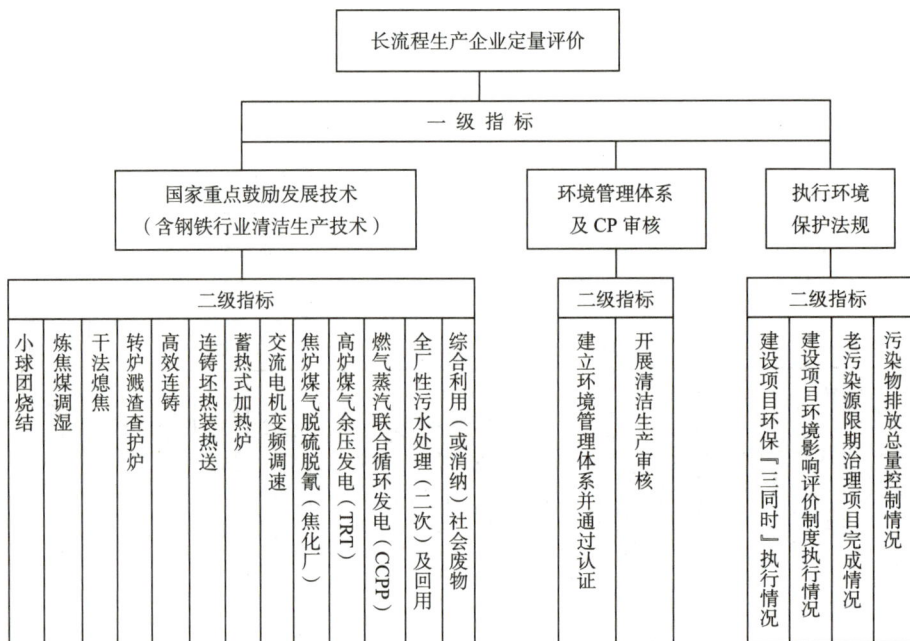

图5-5　长流程生产企业定性评价指标体系框架

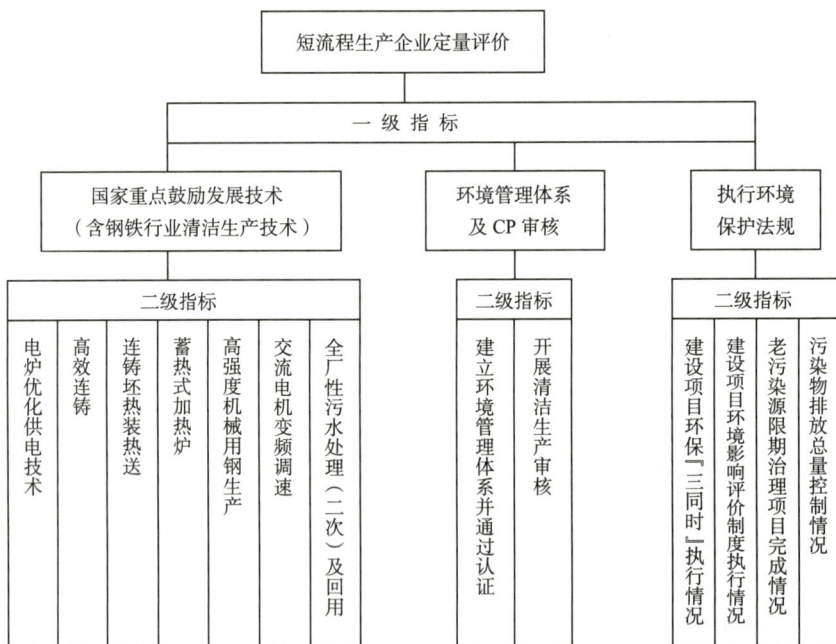

图5-6　短流程生产企业定性评价指标体系框架

5.3.2　开展清洁生产审核的思路

清洁生产审核的总体思路：判明废物的产生部位，分析废物产生的原因，提出方案减少或消除废物（图5-7）。

第一，废物在哪里产生或哪里存在问题？通过现场调查或者物料平衡找出废物的产生部位和产生量，也可以找出存在问题的地点和部位，列出相应的废物和问题清单，并加以简单描述。

第二，为什么会产生废物和问题？通过从原辅材料和能源、工艺技术、管理、过程控制、设备、职工、产品和废物八个方面，分析产生废物和问题的原因。

第三，如何削减或消除这些污染和问题？针对每个废物产生的原因，依靠专家、企业制订清洁生产方案，包括无费、低费、中费、高费方案。通过实施这些清洁生产方案，从源头消除这些废物，达到减少废物产生的目的。

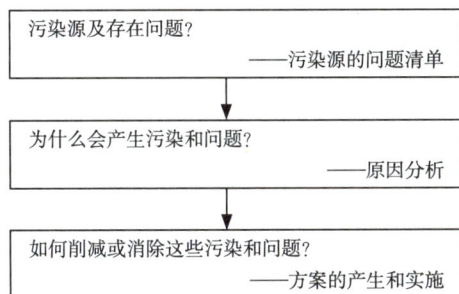

图 5-7　清洁生产审核思路

5.3.3　清洁生产审核过程

清洁生产审核程序共包括七个阶段：

（1）筹划和组织阶段。

重点是取得企业高层领导的支持和参与，组建清洁生产审核小组，制订审核工作计划和宣传清洁生产思想。

①领导支持。

宣讲效益：经济效益、环境效益、无形资产、技术进步。

阐明投入：管理人员、技术人员和操作工人必要的时间投入；监测设备和监测费用的必要投入；编制审核报告的费用，以及可能的聘用外部专家的费用。

②组建审核小组。

成立清洁生产审核领导小组：组长由公司总经理担任、副组长由分管副总经理担任、成员由技术、工艺、环保、管理、财务、生产等部门及生产车间负责人组成。主要职责是确定企业当前清洁生产审核重点；组建并检查审核工作小组的工作情况；对清洁生产实际工作做出必要的决策；对所需费用做出裁决。

成立清洁生产审核工作小组：组长由分管副总经理担任，副组长由管理部门、技术部门、生产部门负责人担任，成员由管理、技术、环保、工艺、财务、采购及生产车间的相关人员组成。主要职责是根据领导小组确定的审核重点，制订审核计划，根据计划组织相关部门进行工作。

③制订工作计划。

审核小组成立后，要及时编制审核工作计划表，包括各阶段的工作内容、完成时间、责任部门及负责人、考核部门及人员、产出等。

④开展宣传教育。

目的：使企业全体员工了解清洁生产的概念和实施清洁生产的意义与作用，澄清模糊认识，克服可能存在的各种思想障碍，自觉参与清洁生产工作。

宣传教育分三个层面：厂级、部门级、班组级宣传培训。在开展清洁生产初始应以厂级培训为主，一般通过上大课开培训班等形式进行。部门级培训一般在启动清洁生产审核后，部门根据企业总体推进计划，制订宣传计划并根据工作开展情况实施。班组级宣传培训主要集中在生产班组进行。

宣传的方式：利用企业的各种例会、广播、板报、电视录像，以及下达文件、组织学习、举办培训班、印发简报、开展群众性征文、提合理化建议等活动形式，进行针对清洁生产概念和实施清洁生产的意义与作用的宣传教育活动，澄清模糊认识。

宣传内容：清洁生产及清洁生产审核的概念；实施清洁生产的意义和作用；清洁生产审核工作的内容与要求；本企业鼓励清洁生产审核的各种措施；本企业各部门已取得的审核效果及具体做法。

操作要点：宣传要制定宣传计划；以例会、班组会形式进行宣传的，要有会议记录；对清洁生产的相关知识、清洁生产审核工作进展情况要以简报的形式发至有关领导、科室、车间等。

（2）预评估阶段。

预评估，是从生产全过程出发，对企业现状进行调研和考察，摸清污染现状和产污重点并通过定性比较或定量分析，确定审核重点。工作重点是评价企业的产污排污状况，确定审核重点，并针对审核重点设置清洁生产目标。

①组织现状调研（企业概况、环保状况、生产状况、管理状况等）。该步骤由生产、环保、管理等部门收集相关资料，进行现状调研。

②进行现场考察（生产过程、污染、能耗重点环节、部位）该步骤由生产、环保、管理等部门组织相关人员进行现场考察，发现生产中的问题。

③评价产污排污状况（产污和排污现状分析、类比评价）。该步骤由环保、技术等部门对本企业的产污原因进行初步分析并作出评价。

④确定审核重点（应用现状调查结论，分析确定审核重点）。该步骤由审核领导小组根据所获取的信息，列出企业的主要问题，从中选出若干问题或环节作为备选审核重点。

⑤设置清洁生产目标（针对审核重点，设置清洁生产目标）。

⑥提出和实施无费或低费方案（贯彻边审核边实施的原则）。

（3）评估阶段

建立审核重点，进行废物产生原因分析。本阶段的工作重点是实测输入 / 输出物流，建立物料平衡，分析废物产生原因。

①准备审核重点资料（收集资料，编制工艺、设备流程图）。该步骤由生产、环保、管理等部门收集已确定审核重点的相关资料，力求资料齐全。

②实测输入 / 输出物料（实测、汇总数据）。该步骤由生产部门按照审核工作小组提出的要求，实测输入 / 输出物料，依标准采集数据，环保计量部门配合。实测时间和周期，对周期性（间歇）生产的企业，按正常一个生产周期（即一次配料由投入产品产出为一个生产周期）进行逐个工序的实测，而且至少实测三个周期。对于连续性生产的企业，应连续（跟班）监测 72 小时。

③建立物料平衡（测算与编制物料平衡图）。该步骤由生产部门按照实测的数据编制物料平衡图（物料平衡图、水平衡图）。

④分析废物产生原因（针对审核重点分析废物产生原因）。审核工作小组组织环保、生产、技术、工艺等部门分析废弃物产生原因，提出解决办法。

一般从以下方面分析废物产生原因：原辅材料和能源（纯度、储运、投入量、超定额、有毒有害、清洁能源等）；技术工艺（转化率、设备布置、转化步骤、稳定性、需使用对环境有害的物料等）；设备（自动化水平、设备间配置、维护保养、设备功能与工艺匹配等）；过程控制（计量检测分析仪表、工艺参数、控制水平等）；产品（储运破漏风险、转化率、包装等）；废弃物（废弃物循环与再利用、物化性状与处理、单位产品废物产生量与国内外先进水平等）；管理（管理制度与执行、与满足清洁生产的需要等）；员工（素质与生产需求、激励机制等）。

⑤提出和实施无费、低费方案（针对审核重点）。由审核工作小组提出方案，生产部门具体实施。

（4）方案产生和筛选阶段。

针对废物产生原因，提出方案并筛选。本阶段的工作目的是通过方案的产生、筛选、研制，为下一阶段的可行性分析提供足够的中费、高费清洁生产方案。

①产生方案（广泛发动群众征集，全员参与，保质保量）。由审核工作小组组织全员征集，工程技术人员参与，专家组参与、指导。

征集方式：召开车间工人、管理人员和有关职能部门参加的专题会议，广开言路、集思广益；设立合理化建议箱，收集单位和个人意见。

方案基本类型：加强管理；原辅材料改变与能源替代；改进工艺技术；优化生产过程控制；废弃物回收利用和循环使用；员工激励及素质提高；设备维护与更新；产品更新与改进。

②分类汇总方案（对所有方案按八个方面列表简述与预估）。由审核工作小组按可行的方案、暂不可行的方案、完全不可行的方案进行分类汇总。

③筛选方案（初步筛选或按照权重总和计分排序筛选与汇总）。由审核工作小组组织环保、技术、工艺、生产等部门对方案进行筛选，筛选出 3 ～ 5 个中费、高费方案。

④研制方案（进行工程化分析，提供二个以上方案供研究）。由生产、技术、工艺等部门对方案进行研制，供下一阶段做可行性分析。

⑤继续实施无费、低费方案（实施经筛定的可行无费、低费方案）。

⑥核定并汇总无费、低费方案实施效果（阶段性成果汇总分析），对已实施的无费、低费方案（包括预评估、评估阶段已实施的）进行汇总。汇总的内容包括方案序号、名称、实施时间、投资、运行费、实施要求、实施后可能对生产状况的影响、经济效益和环境效果等。

⑦编写清洁生产中期审核报告（阶段性工作成果总结分析）。

（5）可行性分析阶段。

对所筛的中费、高费方案进行可研分析与推荐。本阶段的工作重点是在结合市场调查和收集一定资料的基础上，进行方案的技术、环境、经济的可行性分析和比较，从中选择和推荐最佳的可行方案。

①市场调查（涉及产品结构调整、新的产品、原料）。组织人员了解市场需求、预测市场动态，向专家咨询，工艺技术人员进行测算，确定方案。

②技术评估（工艺路线、技术设备、技术成熟度等）。由技术部门提供查新检索资料，对方案的先进性、实用性、可操作性进行技术评估。

③环境评估（资源消耗、环境影响及废物综合利用等）。由环保、节能等部门提供相关资料，对方案的废弃物数量、回收利用、可降解性、毒性、有无二次污染等情况进行环境评估。

④经济评估（现金流量分析和财务动态获利性分析）。由财务部门提供损益表、负债表，对方案的投资偿还期、净现值、净现值率、内部收益率进行经济评估。

⑤推荐可实施方案（确定最佳可行的推荐方案）。组织专家和技术人员按照技术先进实用、经济合理有利、保护环境的要求，对方案进行评审，确定清洁生产方案。

最佳的可行方案是指该项投资方案在技术上先进适用、在经济上合理有利又能保护环境的最优方案。❶

（6）方案实施阶段。

实施方案，并分析、验证方案的实施效果。本阶段工作重点是：总结前几个审核阶段已实施的清洁生产方案的成果，统筹规划推荐方案的实施。

---

❶ 赵玉明.清洁生产［M］.北京：中国环境科学出版社,2005.

①组织方案实施（统筹规划、筹措资金、实施方案）。

②汇总已实施的无费、低费方案的成果（经济效益、环境效益）。

③验证已实施的中费、高费方案的成果（经济效益、环境效益和综合评价）。

④分析总结已实施方案对组织的影响（实施成效对比宣传）。

（7）持续清洁生产阶段。

本阶段的工作重点是：建立推行和管理清洁生产工作的组织机构、建立促进实施清洁生产的管理制度、制订持续清洁生产计划以及编写清洁生产审核报告。

①建立和完善清洁生产组织（任务、归属与专人负责）。

②建立和完善清洁生产管理制度（管理、激励与资金）。

③制订持续清洁生产计划（工作、实施、研发与培训）。

④编写清洁生产审核报告（全面工作成果总结分析）。

5.3.4　清洁生产审核成效

实施清洁生产审核对于企业、国家和地方政府来说具有很强的现实意义。对于企业，可以真正降低成本，降低企业的原材料消耗和能耗，提高物料和能源的使用效率。对于国家，真正包含国家的节能减排中心任务，是减少温室气体排放的重要举措。对于地方政府，是完成国家规定的节能减排任务的重要方法和途径。

清洁生产的实施彻底改变了过去被动的、滞后的污染控制手段，强调在污染产生之前就予以削减，即在产品及其生产过程并在服务中减少污染物的产生和对环境的不利影响。清洁生产可以促使企业提高管理水平，节能、降耗、减污，从而降低生产成本，提高经济效益。同时，清洁生产还可以树立企业形象，促使公众对其产品的支持。具体成效如表 5-4 所示。

表5-4　部分企业实施清洁生产的成效

某味精厂	
审核前状况	* 生产过程产生的废水：2000m³/d，COD 产生的浓度：60000 ～ 80000mg/L * 生化处理：污水处理过程产生 H_2S，周围居民投诉严重
投资金额	约 200 万元
审核后现状	* 年回收蛋白饲料：4300t * 硫酸铵：1600t * 液体蛋白：3400t * 废水 COD 产生浓度：约 1800mg/L * 年节约金额 660 万元
某制药厂	
审核前状况	* 万元产值能耗折算标煤为 0.061t * 万元产值水耗为 6.10t

续表

投资金额	约 80 万元
审核后现状	* 万元产值能耗折算标煤为 0.054t（下降了 11.5%） * 万元产值水耗为 3.59t（下降了 41.1%） * 年节约金额 203.4 万元
某制糖厂	
审核前状况	*SO_2 总量超标 * 成品糖耗电为 63kWh/t，耗水为 2.39t/t，能耗高，利润低
投资金额	约 48 万元
审核后现状	* SO_2 总量减排 12.04%，废水减排 23.4% * 成品糖耗电为 52kWh/t，耗水为 2.28t/t * 年节约金额 50.21 万元
某电子公司	
审核前状况	* 外排废水中 $CODcr$、BOD_5、SS 浓度偶尔超标 * 万元产值电耗为 899.44kWh，水耗为 116.44t
审核后现状	* 万元产值电耗为 696.52kWh（下降 22.6%） * 万元产值水耗为 70.28t（下降 39.6%） * 废水稳定达标排放

5.4　清洁生产实施保障

5.4.1　国外推行清洁生产的政策机制

（1）国际清洁生产宣言。

1998 年由联合国环境规划署主持，在韩国汉城召开了第五届国际清洁生产高级会议，并通过了国际清洁生产宣言，国家环境保护总局代表我国政府在宣言上签字。

国际清洁生产宣言提出，实现可持续发展是共同的责任，保护地球环境必须实施并不断改进可持续生产和消费的实践；清洁生产以及其他如"生态效率""绿色生产力"及"污染预防"等预防性战略是比以末端治理为主的环境战略更佳的选择。

国际清洁生产宣言的签署者承诺在"导向""意识、教育和培训""综合性""研究与开发""交流""实施"等六个方面采取行动，包括：

①利用影响力，鼓励相关方采纳可持续生产和消费的实践；

②通过教育和培训，提高清洁生产意识，加强能力建设；

③鼓励将预防性战略贯穿于各级组织、环境管理体系及各种环境管理工具的使用；

④将环境因素纳入研究与开发中，创造全新的解决方法；

⑤共享经验；

⑥采取行动实施清洁生产。

（2）美国《污染预防法》。

美国《污染预防法》在很大程度上是象征性的，它的实际作用是产生了可以建筑未来污染预防努力的立法框架。该法的中心议题是在全国采取措施促进自愿实行污染预防，既不需要也不希望采取强制性的污染预防。该法的基本政策是，作为环境管理政策体系的最高重点是通过源削减实现污染预防。该法第四、五、六、七、八节的内容分别是环保局的活动、用于各州技术支持项目的基金、源削减技术信息交换所、源削减和再循环数据的收集、环保局的报告。该法所规定的环保局的责任包括：宣传和推动自愿的污染预防；收集与分析信息数据，以制定和明确解释综合污染预防计划。该法规定环保局必须在局内成立污染预防办公室。该法还要求环保局制定污染预防策略，包括下述措施：

①建立测量源削减的标准方法；

②审议环保局的法规，协调环保局与其他联邦机构的活动，促进源削减；

③根据联邦立法建立改进和散发数据的方法；

④成立国家信息交换站和通过拨款计划和技术援助，促进企业实行源削减；

⑤确定可计量的源削减目标；

⑥判定并向国会建议消除源削减障碍的方法；

⑦开发、检验和散发源削减审计程序；

⑧判定利用联邦采购手段，鼓励源削减的机会；

⑨制定年度奖励计划，以表彰执行优异的或革新的源削减计划的公司。

（3）澳大利亚清洁生产国家战略。

1998 年 3 月"澳大利亚及新西兰环境保护委员会"（ANZECC）发表了一份名为"澳大利亚清洁生产国家战略"的报告，其目的是为清洁生产的实施"提供诱因"及"破除障碍"，其结构为四大议题和三个实施层次。四大议题分别为信息与意识、清洁生产工具、法规及自我管制、强化市场功能；三个实施层次分别为目标、目的和策略方案。与清洁生产有关的机构有联邦、州及地方三级政府组织，以及工业界、金融机构、教育机构和环保团体等四类非政府组织。

在信息与意识方面，为确保所有工业界、社区和政府部门均能获得所需的清洁生产信息，各机构结为伙伴关系，信息彼此共享，这应是最具建设性的做法。政府的绿色采购政策则是推动绿色、生态设计的必要手段。为了扩大宣传的层次及效果，该报告建议最直接的方法莫过于教育媒体，让媒体感受到清洁生产的重要性而愿意主动"广"而"告"之。

在清洁生产工具方面，该报告建议推动环境管理体系 ISO 14001、环境会计、企业环境报告制度、环境标志、产品生命周期评价的应用和清洁生产指标的建立。

对于法规及自我管制机制，该报告强调法规必须是以绩效为本，并应确保其目的是持续的改善环境及鼓励清洁生产而非末端治理。而自我管制机制则要能培养工业界对环境影响的责任，并让工业界自发地生产和采用对环境友善的技术和产品。

对于如何强化市场功能，该报告建议取消过去消极性的鼓励资源浪费的补贴政策，积极奖励实行清洁生产的企业，改进有关税制、征收生态税，采取一定金融手段促进中小企业实行清洁生产。

（4）欧洲联盟清洁生产政策。

欧洲联盟中许多成员国都是较早推行清洁生产并取得显著成效的国家。欧盟用来影响清洁生产战略的三种主要手段是：立法、信息交流与教育培训、经济手段。

5.4.2 国内推行清洁生产的政策机制

中国要全面推行清洁生产活动，最主要的手段就是要通过立法和制定规章制度将清洁生产纳入法制化管理轨道上来，运用法律手段消除推行清洁生产的障碍，规范、引导、保障清洁生产活动的有效开展。

关于清洁生产的法制化可以追溯到 1973 年提出的《关于保护和改善环境的若干规定》，其中 32 字方针明确要求综合利用、化害为利，强调源头控制、变被动为主动、综合各项措施、提高综合效益。1983 年提出《国务院关于结合技术改造防治工业污染的几项规定》，直到 1993 年以来，推行清洁生产试点项目达 700 多个。对开展清洁生产审核的 219 家企业的统计，推行清洁生产后获得经济效益 5 亿多元，COD 排放量平均削减率达 40% 以上；废水排放量平均削减率达 40% ～ 60%；工业粉尘回收率达 95%。

清洁生产政策机制的核心是 2002 年颁布的《中华人民共和国清洁生产促进法》，辅助的政策制度主要有环境保护、水、大气、环境噪声、固体废物、放射性、节约能源等方面的法律及有关技术改造、综合利用、产业结构调整等方面的政策。起到支撑作用的政策制度主要有：《清洁生产审核暂行办法》《重点企业清洁生产审核程序的规定》《中央补助地方清洁生产专项资金使用管理办法》《关于推行清洁生产的若干意见》《关于贯彻落实〈清洁生产促进法〉的若干意见》，以及地方关于清洁生产的政策和法规。2012 年 2 月 29 日第十一届全国人民代表大会常务委员会第二十五次会议通过《关于修改〈中华人民共和国清洁生产促进法〉的决定》。

5.4.3 推行清洁生产的经济政策

推行清洁生产需要制定鼓励清洁生产的经济政策，运用经济手段来引导清洁生产的发展。在市场经济条件下，采取多种形式、内容的经济政策措施是推动企业清洁生产的有效工具。

（1）适时开征环境税。

在总税赋基本不变的情况下，调整税收结构，通过税收评判企事业单位的环境绩效，奖优罚劣。现阶段对开征环境税进行充分的前期调研，确定征税对象，税率和起征点等，充分体现污染者付费，多污染多付费的原则。对清洁生产技术、工艺、产品进行税收优惠。环境税开征后，逐渐提高环境税率，降低其他税收，通过"绿色税收改革"促进清洁生产的推广。

（2）设置规范的污染物总量交易市场。

从法律、政策和行政管理上肯定企业节余污染物排放总量交易，这是对推行清洁生产企业的激励，使实施了清洁生产的企业能够从改进工艺、减少污染中获得巨大的收益。排污权不同于一般的商品，其交易涉及法律、政策、技术、标准和监管等诸多因素，操作难度较大。可根据污染物总量交易地区的环境容量、总量控制指标、污染物排放标准、环境质量及居民的意见等，对交易双方企业进行严格审查、监督、管理。在总体环境质量不下降的前提下，为推行清洁生产企业所节余的污染物排放指标创造一个科学、严格和规范的排污权交易市场。

（3）促进企业技术进步和推行清洁生产。

财政给予必要的资金保障。对实现清洁生产的企业，在原料、能源等价格上给予优惠，或对单位产品的能耗物耗定出指标，超过该指标的部分，其价格大幅提高，以促进企业开展清洁生产。

（4）实施贷款政策。

国家对开展清洁生产需贷款进行技术改造的企业给予贷款贴息，鼓励金融机构向开展清洁生产的企业贷款，充分利用国际、国内两个市场，采取直接融资和间接融资两种方式，调动政策性银行和商业银行的积极性。

（5）折旧制度。

制定以加速企业推行清洁生产，推进技术进步为目标的新的折旧制度。刺激企业的技术改造和运用新技术、新设备。

5.4.4 推行清洁生产的产业政策

清洁生产会对一个国家的产业结构及影响国民经济发展方向、水平等各个方面产生广泛而深远的影响。从宏观上讲，调整和优化经济结构包括解决影响环境的"结构型"污染和工业布局等问题，也包括企业节能、降耗、减污、提高管理水平和自身素质、走内涵发展再生产道路的问题。由此可见，推行清洁生产与现阶段我国正在进行的调整和优化经济结构工作具有相互促进、相得益彰的作用，必将有力地促进经济运行质量和企业经济效益的提高。

（1）**将清洁生产纳入国民经济与社会发展规划。**

各级政府的发展计划在社会阶段性发展中直接影响宏观经济政策的导向，在经济和社会发展中有着举足轻重的地位。因此在编制经济和社会中长期发展规划和年度计划时，应对一些主要行业特别是原材料和能源工业推进清洁生产规定具体目标和要求。各工业部门要拟定行业清洁生产的长远规划目标，制定的本行业管理规定和技术政策要有清洁生产的具体目标和措施。在考核企业的经营表现过程中，应该推广清洁生产指标，不断把清洁生产引向深入，引导企业利用实施清洁生产的契机把环境达标与生产管理结合起来。

为了贯彻各项产业政策实现预定的经济目标和环境目标，政府需结合产业结构调整或采取必要的行政干预手段和对策。如对产品质量低劣、浪费严重、没有治理价值的企业关停一批；对产品有市场，但工艺技术落后、污染严重的企业限期治理一批；对符合产品政策，但达不到经济规模、污染超标的企业，要改造提高一批；对属于国家经济贸易委员会"淘汰落后生产能力、工艺和产品目录"之列的，限期淘汰一批；对产品不适销对路，但设备和人力强而利用率低的企业应转产一批。目前部分省市政府正是按照"五个一批"的要求，对排放未达标企业逐一对号入座，通过专项监察和行政督察，强化实施各项政策的力度。外资项目审批时，也要参照我国产业政策以及技术与设备标准严格审查把关，防止重污染技术和设备进入国内。

（2）**将清洁生产纳入技改政策。**

技术改造是企业发展壮大的必由之路，也是治理污染实现清洁生产的好机遇。资源、能源使用效率低下和浪费严重是造成企业生产污染环境的重要原因。要从根本上解决这一问题，只有通过提高企业技术水平、改进工艺过程和设备来实现，因此要把实施清洁生产作为技术改造的重要内容和基本目标，将技术改造与污染防治、环境治理和生态保护结合起来，运用高新技术和清洁生产技术改造传统工业，把清洁生产的理念、技术和方法贯穿于技术改造和技术创新全过程中。目前，我国财力不足，不可能只靠增加环保投资来治理，将清洁生产纳入技术改造中，可以解决清洁生产资金不足的困难。

本章小结

本章借鉴国内外清洁生产的经验，结合我国国情，从理论到实践介绍了清洁生产基本概述、清洁生产实施途径以及清洁生产审核、评价与实施保障，最后通过案例对清洁生产进行了全面分析。

思考题

（1）为什么说环境问题不仅包括污染问题，还包括生态问题、资源问题？

（2）你怎样理解中国的人口、资源和环境问题？

（3）简述末端治理的弊端。

（4）如何理解清洁生产？传统的生产模式与清洁生产有什么不同？

（5）实施清洁生产的目标是什么？

（6）企业如何有效实施清洁生产？

（7）简述清洁生产指标体系在钢铁产业中的应用。

（8）清洁生产指标的类型包括哪些？

（9）如何理解循环经济？清洁生产与循环经济的关系是怎样的？

（10）如何理解循环经济"3R"原则？

经典案例

资料阅读

第6章
绿色营销

主要内容 ▶

　　双碳背景下企业营销必须转型，实施绿色营销策略是企业应对"双碳"战略目标的必然选择。本章的主要内容包括：绿色营销的概念、特点、内容及步骤；企业绿色营销组合，包括绿色产品、绿色定价、绿色渠道以及绿色促销。

【关键术语】绿色营销、绿色产品、绿色价格、绿色渠道、绿色促销

课前阅读 ▶

"双碳"背景下企业营销策略的转型

　　国际上对环境可持续性和气候变化日益关注，因此，所有企业都将环境问题看作业务战略和活动的挑战。随着对全球环境问题认识的不断深入，以及对环境、社会和经济之间相互依存关系的承认，企业营销活动开始在减少环境破坏与广泛实现可持续发展方面进行创新，并带来了绿色营销革命。绿色营销旨在展示企业的目标，即最大限度地减少其产品和服务对环境的影响❶。当前，在绿色低碳减排的现实背景下，中国企业若想取得健康发展，就要使用创新、绿色的营销方式，更负责任地平衡企业增长目标和环境可持续性发展，并将行为与价值观和嵌入诚信的企业文化联系起来。对于我国企业来说，如何配合实现国家的"双碳"发展战略，实现减少碳排放的目标，是企业的责任也是义务，更是企业树立绿色形象的有效途径。

　　实施绿色营销策略，是企业发展的必然选择。

　　首先，实现"双碳"目标，完成经济低碳转型，意味着能源结构的调整、产业结构的优化及消费模式的转变。中国企业若想取得长期健康发展，就要积极面对绿色低碳减排的现实背景。因此，企业需要关注并制订绿色营销策略，这是企业在"双碳"目标下实现持续发展的必然要求。从供给侧来说，国家"双碳"目标要求企业把绿色发展贯穿

---

❶ 林跃. 论绿色营销与生态经济两者的关系 [J]. 湖北社会科学, 2010(12):76-78.

于自身生产经营的各个环节，升级发展绿色制造、绿色产品和绿色营销的全通道。推动企业绿色营销流程优化，综合考虑设计、生产、包装、物流、销售、回收等方面，是企业面向未来、获取竞争优势的重要途径。从需求侧来说，消费从需求端影响市场供需关系，倒逼企业商业模式和生产方式的变革。在生态文明时代，消费决定生产，大众的低碳消费理念和行为主导着市场价值取向，企业向绿色营销模式转变，是顺应并满足市场发展的重要趋势。

其次，绿色营销创新能够帮助企业在新的市场环境下建立优势，使企业既能够获得其目标细分市场的竞争优势，又能够在新的细分市场中提高渗透率，成为企业可持续发展战略实施的驱动力，从而实现成本节约和流程创新。同时，绿色营销还可以提高企业对环境社会问题的认识，促使其实现效益的可持续长期增长与包装等资源的环保使用，促进企业履行社会责任等[1]，从而提高企业声誉。

（资料来源：董华龙."双碳"背景下的企业营销发展策略探讨 [J]. 投资与创业，2023(1):108-109.）

6.1 绿色营销概述

企业作为自然社会经济复合系统中的一个组成部分，其生存与发展，与所处的自然生态环境息息相关。保护生态环境、促进经济与生态的协同发展，既是企业自身生存与发展的需要，又是企业不可推卸的社会责任。20 世纪 90 年代以后，在市场营销发展中出现的环境营销（Environment Marketing），使企业营销步入了集企业责任与社会责任为一体的理性化的高级阶段。环境营销又称绿色营销（Green Marketing），是人类环境保护意识与市场营销观念相结合的一种现代市场营销观念，也是实现经济持续发展的重要战略措施，它要求企业在营销活动中，要注重地球生态环境的保护，促进经济与生态的协同发展，以确保企业的永续性经营。

6.1.1 绿色营销的内涵和特征

（1）绿色营销的内涵。

肯·毕提在《绿色营销：化危机为商机的经营趋势》中提出：绿色营销是指以促进可持续发展为目标，为实现经济利益、消费者需求和环境利益的统一，市场主体根据科学性和规范性的原则，通过有目的、有计划地开发以及同其他市场主体交换产品价值来

---

[1] 张学睦，王希宁.生态标签对绿色产品购买意愿的影响：以消费者感知价值为中介 [J]. 生态经济,2019,35(1):59-64.

满足市场需求的一种管理过程。从这个定义可以看出，绿色营销的最终目标就是可持续性发展，要注重经济利益、消费者需求和环境利益的统一。

作为当今主流的营销方式，绿色营销的内涵决定其营销理念和营销方式，更关注企业可持续和均衡发展，关注营销资源的有效配置，关注营销活动与企业其他经营活动的均衡，关注企业、消费者、社会和环境的均衡与协调。绿色营销的实施对企业改变经济增长方式、创新企业发展模式、企业的重新定位、重新诠释企业、消费者、社会与自然的关系及促进企业的可持续发展都将起到举足轻重的作用。

绿色营销包含以下几个方面内容：

①绿色营销以绿色低碳为出发点。绿色营销以生态经济学、环境经济学和可持续发展理念为理论基础，研究企业的营销工作与生态系统和环境系统的关系，探索企业、社会、环境之间相互协调发展的规律，以实现经济利益、消费者需求与环境利益相统一的目标。

②绿色营销是市场营销、生态营销和社会营销的有机结合。绿色营销要求企业在其生产经营活动中要以可持续发展为目标，要使自身发展同经济、自然和社会环境相协调。绿色营销既要考虑企业作为一个经济型组织应注重的经济利益，也要考虑企业作为一个社会成员应该承担的社会责任和应注重的社会效益。

③绿色营销是全方位营销。绿色营销在实施过程中必须考虑企业整体与环境的相互关系，即企业要考虑绿色产品的开发与生产、绿色包装、生产和营销过程中的污染和废弃物的回收与利用、原料与能源的节约、企业的外部环境与供应商对环境的态度等，以此实施全方位的绿色营销管理。同时，绿色营销在实施过程中整合了关系营销、知识营销、网络营销、大市场营销的思想精髓，形成了全方位营销的理论体系。

④绿色营销强调供应链管理。绿色营销强调产品生命周期全过程无污染、少污染，为此，需要综合考虑环境影响和资源效率，这就涉及原材料供应商、制造商、分销商和零售商，从原材料的获取、加工、包装、仓储、运输、使用到报废处理及回收利用的整个过程，要实现对环境的影响最小、资源利用效率最高的目标。

⑤绿色营销要求实施绿色消费。绿色消费是各类消费主体在消费活动全过程贯彻绿色低碳理念的消费行为。近年来，我国促进绿色消费工作取得积极进展，绿色消费理念逐步普及，但绿色消费需求仍待激发和释放，一些领域依然存在浪费和不合理消费，促进绿色消费长效机制尚需完善，绿色消费对经济高质量发展的支撑作用有待进一步提升。促进绿色消费是消费领域的一场深刻变革，必须在消费各领域、全周期、全链条、全体系深度融入绿色理念，全面促进消费绿色低碳转型升级，这对贯彻新发展理念、构建新发展格局、推动高质量发展、实现碳达峰碳中和目标具有重要作用，意义十分重大。

促进绿色消费实施方案

国家发展改革委、工信部、商务部等七部门于2022年1月发布《促进绿色消费实施方案》，明确到2025年，绿色消费理念深入人心，奢侈浪费得到有效遏制，绿色低碳产品市场占有率大幅提升，重点领域消费绿色转型取得明显成效，绿色消费方式得到普遍推行，绿色低碳循环发展的消费体系初步形成。到2030年，绿色消费方式成为公众自觉选择，绿色低碳产品成为市场主流，重点领域消费绿色低碳发展模式基本形成，绿色消费制度政策体系和体制机制基本健全。

方案以习近平新时代中国特色社会主义思想为指导，全面贯彻党的十九大和十九届历次全会精神，深入贯彻习近平生态文明思想，落实立足新发展阶段、贯彻新发展理念、构建新发展格局的要求，面向碳达峰、碳中和目标，大力发展绿色消费，增强全民节约意识，反对奢侈浪费和过度消费，扩大绿色低碳产品供给和消费，完善有利于促进绿色消费的制度政策体系和体制机制，推进消费结构绿色转型升级，加快形成简约适度、绿色低碳、文明健康的生活方式和消费模式，为推动高质量发展和创造高品质生活提供重要支撑。

方案的工作原则为：第一，坚持系统推进。全面推动吃、穿、住、行、用、游等各领域消费绿色转型，统筹兼顾消费与生产、流通、回收、再利用各环节顺畅衔接，强化科技、服务、制度、政策等全方位支撑，实现系统化节约减损和节能降碳。第二，坚持重点突破。牢牢把握目标导向和问题导向，聚焦消费重点领域、重点产品和主要矛盾、突出问题，加强改革创新、攻坚克难和试点示范，鼓励有条件的地区和行业先行先试、探索经验。第三，坚持社会共治。充分发挥市场机制作用，更好发挥政府作用，着力调动社会各方面积极性、主动性、创造性，努力形成政府大力促进、企业积极自律、社会全面协同、公众广泛参与的共治格局，凝聚工作合力，形成全社会共同参与的良好风尚。第四，坚持激励约束并举。紧扣绿色低碳目标，深化完善消费领域相关法律、标准、统计等制度体系，优化创新财政、金融、价格、信用、监管等政策措施，形成有效激励约束机制。

《方案》提出，全面促进重点领域消费绿色转型。包括提升食品消费绿色化水平，推行绿色衣着消费，推广绿色居住消费，发展绿色交通消费，促进绿色用品消费，引导文化和旅游领域绿色消费，激发全社会绿色电力消费潜力，推进公共机构消费绿色转型等。

其中，在食品消费方面，《方案》提出，完善粮食、蔬菜、水果等农产品生产、储存、运输、加工标准，加强节约减损管理，提升加工转化率。大力推广绿色有机食品、农产品。加强对食品生产经营者反食品浪费情况的监督。推动各类机关、企事业单位、学校等建立健全食堂用餐管理制度，制定实施防止食品浪费措施。

在交通消费方面，《方案》提出，大力推广新能源汽车，逐步取消各地新能源车辆购买限制，推动落实免限行、路权等支持政策，加强充换电、新型储能、加氢等配套基础设施建设。

同时，根据《方案》，还将强化绿色消费科技和服务支撑。推广应用先进绿色低碳技术，推动产供销全链条衔接畅通，加快发展绿色物流配送，拓宽闲置资源共享利用和二手交易渠道，构建废旧物资循环利用体系等。

国家发展改革委负责同志表示，为推动《方案》落地，将强化示范带动，持续广泛开展创建节约型机关、绿色家庭、绿色社区、绿色出行等行动，鼓励具备条件的地区、企业先行先试，率先探索有效模式和有益经验。春节临近，鼓励电商平台和大型商场、超市等流通企业设立绿色低碳产品销售专区。

商务部消费促进司负责同志表示，下一步，将大力倡导简约适度、绿色低碳文明健康的生活方式，推动绿色商场创建，高质量发展二手商品流通，引导电商企业绿色发展，加强商务领域塑料污染治理，构建新型再生资源回收体系，全面促进消费绿色低碳转型升级。

（资料来源：《经济参考报》.2022-1-26.）

阅读思考

（1）结合《促进绿色消费实施方案》的相关论述谈谈你对推动促进绿色消费的认识。

（2）结合实施方案分别从企业和消费者视角谈谈应该如何推进绿色消费。

《促进绿色消费实施方案》指出要全面促进重点领域消费绿色转型：

第一，加快提升食品消费绿色化水平。完善粮食、蔬菜、水果等农产品生产、储存、运输、加工标准，加强节约减损管理，提升加工转化率。大力推广绿色有机食品、农产品。引导消费者树立文明健康的食品消费观念，合理、适度采购、储存、制作食品和点餐、用餐。建立健全餐饮行业相关标准和服务规范，鼓励"种植基地＋中央厨房"等新模式发展，督促餐饮企业、餐饮外卖平台落实反食品浪费的法律法规和要求，推动餐饮持续向绿色、健康、安全和规模化、标准化、规范化发展。加强对食品生产经营者反食品浪费情况的监督。推动各类机关、企事业单位、学校等建立健全食堂用餐管理制度，制定实施防止食品浪费措施。加强接待、会议、培训等活动的用餐管理，杜绝用餐浪费，机关事业单位要带头落实。深入开展"光盘"等粮食节约行动。推进厨余垃圾回收处置和资源化利用。加强食品绿色消费领域科学研究和平台支撑。把节粮减损、文明餐桌等要求融入市民公约、村规民约、行业规范等。

第二，鼓励推行绿色衣着消费。推广应用绿色纤维制备、高效节能印染、废旧纤维循环利用等装备和技术，提高循环再利用化学纤维等绿色纤维使用比例，提供更多符合绿色低碳要求的服装。推动各类机关、企事业单位、学校等更多采购具有绿色低碳相关认证标识的制服、校服。倡导消费者理性消费，按照实际需要合理、适度购买衣物。规范旧衣公益捐赠，鼓励企业和居民通过慈善组织向有需要的困难群众依法捐赠合适的旧衣物。鼓励单位、小区、服装店等合理布局旧衣回收点，强化再利用。支持开展废旧纺织品服装综合利用示范基地建设。

第三，积极推广绿色居住消费。加快发展绿色建造。推动绿色建筑、低碳建筑规模化发展，将节能环保要求纳入老旧小区改造。推进农房节能改造和绿色农房建设。因地制宜推进清洁取暖设施建设改造。全面推广绿色低碳建材，推动建筑材料循环利用，鼓励有条件的地区开展绿色低碳建材下乡活动。大力发展绿色家装。鼓励使用节能灯具、节能环保灶具、节水马桶等节能节水产品。倡导合理控制室内温度、亮度和电器设备使用。持续推进农村地区清洁取暖，提升农村用能电气化水平，加快生物质能、太阳能等可再生能源在农村生活中的应用。

第四，大力发展绿色交通消费。大力推广新能源汽车，逐步取消各地新能源车辆购买限制，推动落实免限行、路权等支持政策，加强充换电、新型储能、加氢等配套基础设施建设，积极推进车船用 LNG 发展。推动开展新能源汽车换电模式应用试点工作，有序开展燃料电池汽车示范应用。深入开展新能源汽车下乡活动，鼓励汽车企业研发推广适合农村居民出行需要、质优价廉、先进适用的新能源汽车，推动健全农村运维服务体系。合理引导消费者购买轻量化、小型化、低排放乘用车。大力推动公共领域车辆电动化，提高城市公交、出租（含网约车）、环卫、城市物流配送、邮政快递、民航机场以及党政机关公务领域等新能源汽车应用占比。深入开展公交都市建设，打造高效衔接、快捷舒适的公共交通服务体系，进一步提高城市公共汽电车、轨道交通出行占比。鼓励建设行人友好型城市，加强行人步道和自行车专用道等城市慢行系统建设。鼓励共享单车规范发展。

第五，全面促进绿色用品消费。加强绿色低碳产品质量和品牌建设。鼓励引导消费者更换或新购绿色节能家电、环保家具等家居产品。大力推广智能家电，通过优化开关时间、错峰启停，减少非必要耗能、参与电网调峰。推动电商平台和商场、超市等流通企业设立绿色低碳产品销售专区，在大型促销活动中设置绿色低碳产品专场，积极推广绿色低碳产品。鼓励有条件的地区开展节能家电、智能家电下乡行动。大力发展高质量、高技术、高附加值的绿色低碳产品贸易，积极扩大绿色低碳产品进口。推进过度包装治理，推动生产经营者遵守限制商品过度包装的强制性标准，实施减色印刷，逐步实现商品包装绿色化、减量化和循环化。建立健全一次性塑料制品使用、回收情况报告制度，督促指导商品零售场所开办单位、电子商务平台企业、快递企业和外卖企业等落实主体责任。

第六，有序引导文化和旅游领域绿色消费。制定大型活动绿色低碳展演指南，引导优先使用绿色环保型展台、展具和展装，加强绿色照明等节能技术在灯光舞美领域应用，大幅降低活动现场声光电和物品的污染、消耗。完善机场、车站、码头等游客集聚区域与重点景区景点交通转换条件，推进骑行专线、登山步道等建设，鼓励引导游客采取步行、自行车和公共交通等低碳出行方式。将绿色设计、节能管理、绿色服务等理念融入景区运营，降低对资源和环境消耗，实现景区资源高效、循环利用。促进乡村旅游消费健康发展，严格限制林区耕地湿地等占用和过度开发，保护自然碳汇。制定发布绿色旅游消费公约或指南，加强公益宣传，规范引导景区、旅行社、游客等践行绿色旅游消费。

第七，进一步激发全社会绿色电力消费潜力。落实新增可再生能源和原料用能不纳入能源消费总量控制要求，统筹推动绿色电力交易、绿证交易。引导用户签订绿色电力交易合同，并在中长期交易合同中单列。鼓励行业龙头企业、大型国有企业、跨国公司等消费绿色电力，发挥示范带动作用，推动外向型企业较多、经济承受能力较强的地区逐步提升绿色电力消费比例。加强高耗能企业使用绿色电力的刚性约束，各地可根据实际情况制定高耗能企业电力消费中绿色电力最低占比。各地应组织电网企业定期梳理、公布本地绿色电力时段分布，有序引导用户更多消费绿色电力。在电网保供能力许可的范围内，对消费绿色电力比例较高的用户在实施需求侧管理时优先保障。建立绿色电力交易与可再生能源消纳责任权重挂钩机制，市场化用户通过购买绿色电力或绿证完成可再生能源消纳责任权重。加强与碳排放权交易的衔接，结合全国碳市场相关行业核算报告技术规范的修订完善，研究在排放量核算中将绿色电力相关碳排放量予以扣减的可行性。持续推动智能光伏创新发展，大力推广建筑光伏应用，加快提升居民绿色电力消费占比。

第八，大力推进公共机构消费绿色转型。推动国家机关、事业单位、团体组织类公共机构率先采购使用新能源汽车，新建和既有停车场配备电动汽车充电设施或预留充电设施安装条件。积极推行绿色办公，提高办公设备和资产使用效率，鼓励无纸化办公和双面打印，鼓励使用再生制品。严格执行党政机关厉行节约反对浪费条例，确保各类公务活动规范开支，提高视频会议占比，严格公务用车管理。鼓励和推动文明、节俭举办活动。

（2）绿色营销的基本特征。

绿色营销是对传统营销的延伸和拓展，因此绿色营销既具有一般市场营销的共性，又具有自身的特殊性，基本特征表现在：

①绿色性。绿色性是指绿色营销所具有的生态环境友好和社会环境友好的属性，这既是绿色营销的本质特征，也是绿色营销其他特征的基础。绿色营销的所有环节，即消费者行为分析、绿色产品开发、产品策略、价格策略、渠道策略以及促销策略等环节都应该体现绿色特性：倡导文明消费，净化社会风气；提高资源利用效率、降低污染或实

现零污染；合理配置营销资源，促进企业的可持续发展，实现企业、资源、经济、人口、社会、环境协调统一发展。

②持续性。绿色营销的持续性是由其绿色性特征决定的。企业营销的绿色特性，既可以使企业的营销资源得到有效的、合理的配置，又可以使产品和企业的自然寿命得到延长，进而实现社会的可持续发展的目标。

③系统性。绿色营销的系统性是指绿色营销是由相互作用、相互影响的多因素组成的一个不断变化的商务活动组合，是营销主体内部和外部因素，是企业、消费者、环境、社会等诸要素的集成。从绿色营销的活动过程来看，每一环节绿色性特征的贯彻实施对绿色营销的绩效都有重要影响；从供应链的角度来看，供应商、制造商、分销商、消费者的行为和对绿色营销理念的贯彻落实同样会影响绿色营销的效果。

④正外部性。经济学上的外部性是指经济主体的活动给与之无关的其他经济主体带来的影响，按照影响的利弊可以划分为正外部性（外部经济性）和负外部性（外部不经济性）。传统营销的外部性既有正外部性，又有负外部性。绿色营销则克服了传统营销的负外部性，从而体现了正外部性的特征。绿色营销的正外部性特征是指企业实施绿色营销给其他经济主体带来的正面影响，主要包括：对生态环境的保护；对其他企业的导向作用；对消费者带来的福利和对健康的社会文化、伦理以及可持续发展的推动作用等。

⑤复杂性。绿色营销是一个复杂的企业行为，这种复杂性主要体现在以下四个方面：绿色营销的实施不仅取决于企业领导者的思维与素质，而且取决于企业员工的贯彻落实程度；绿色营销不仅仅是企业的自身行为，还和供应商、分销商、消费者甚至竞争者息息相关；绿色营销关系到企业产、供、销、人、财、物等所有环节，是各个环节相互协调、相互作用的过程；绿色营销实施过程中不仅要考虑企业的经济效益，还要考虑社会效益和环境效益，同时还要考虑即期利益和长远发展、现实利益和潜在利益以及有形利益和无形利益的权衡与取舍，从而表现出了动态性与层次性的特征。

6.1.2 绿色营销与传统营销的差异

绿色营销与传统营销的差异主要表现在以下几个方面：

（1）导向的差异。

与传统的营销观念相比较，绿色营销观是由产品导向转向顾客导向，再由顾客导向转向人类社会可持续发展为导向的具有根本性变革的营销理念的升华。

传统营销观念，无论是以企业为中心的营销观念，还是以消费者为中心的营销观念，都主张以企业经济效益和消费者利益为中心，所采取的营销措施都是围绕着实现企业的经济效益和消费者利益进行的。以社会长远利益为中心的社会营销观念不仅考虑了消费者需要，也考虑了消费者和整个社会的长远利益。社会营销观念认为，企业和组织

应该确定目标市场的需要、欲望和利益，然后向顾客提供超值的产品和服务，以维护和增进顾客和社会的福利。❶

绿色营销观念强调的是企业要以社会的可持续发展为目标，注重生态环境保护，促进企业、社会与生态环境的协调发展，实现企业利益、消费者利益、社会利益与生态环境利益的有机统一。绿色营销观念将可持续发展的基本要求贯穿其中，要求企业在营销实践中要减少资源浪费，提高资源利用效率，注重可再生资源的开发利用，防止环境污染。绿色营销观念要求企业以社会效益为中心，以全社会的长远利益为重点，变"以消费者为中心"为"以社会为中心"，强调企业利益、消费者利益、社会利益与生态环境利益的统一，强调生态环境利益在四者中的重要性，并将生态环境利益看作是前三者利益持久得到保证的关键和前提。

（2）经营目标的差异。

在传统营销观念的支配下，企业经营目标是取得利润，并实现企业利润最大化，企业主要考虑的是企业自身利益，往往忽视了全社会的整体利益和长远利益，特别是忽视了生态环境利益。其研究对象就是企业经营活动、消费者行为、竞争者战略及市场营销策略，重点是处理好企业、消费者、竞争者三者之间的关系。在企业营销活动中不注意资源的有限性和有价性，将生态环境置于人类需求体系之外，认为其可有可无，甚至不惜以破坏生态环境利益为代价来获得企业的利润最大化。

绿色营销的经营目标与传统营销目标不同。实施绿色营销的企业注意自身发展目标同生态发展和社会发展的目标相协调，以社会可持续发展战略目标为自己的战略目标。实施绿色营销的企业，在新产品的开发与研制、原材料的选用、生产过程的进行、包装材料和方法的选择、运输方式和仓储地点的选用、产品的定价与促销、产品的消费、废弃物的回收处理等整个企业运营活动中都会考虑生态环境要素，以实现社会可持续发展的长远目标。

（3）承担责任的差异。

传统营销以实现企业的发展目标和满足消费者需要为中心任务，绿色营销在实现企业发展目标、满足消费者需要的基础上更注重企业的社会责任和社会道德。

①注重企业的经济责任。实施绿色营销的企业通过合理安排企业资源，有效利用社会资源和能源，努力实现以低能耗、低污染、低投入取得符合社会需要的高产出、高效益，在提高企业利润的同时，提高全社会的总体效益。

②注重企业的社会责任。奉行绿色营销的企业特别强调企业要承担的社会责任。企业的社会责任（Corporate Social Responsibility，CSR），包括公共责任、道德行为、公益支持、环境保护四大类。其中环境保护责任主要包括企业应对环境挑战要具有规划

❶ 吴健安.市场营销学[M].3版.北京：高等教育出版社,2007:33.

性；主动增加对环保所承担的责任；鼓励无害环境科技的发展与推广。

③注重企业的法律责任。实施绿色营销的企业必须自觉地以国际组织和目标市场所在地制定的、包括环境保护在内的有关法律和法规为约束，规范自己的营销行为。

④遵循社会的道德规范。这就要求企业必须注重社会公德，坚决杜绝以牺牲环境利益来取得企业经济效益的一切行为，并要制定相关的法律法规约束自身行为。

（4）营销策略的差异。

传统营销的营销策略包括产品策略、价格策略、渠道策略、促销策略，并通过四者的有机组合来实现企业自身的经营目标。绿色营销强调营销组合中的"绿色"因素：注重绿色消费需求的调查与引导；注重在生产、消费及废弃物回收过程中降低公害；符合绿色标志的绿色产品的开发和经营；在定价、渠道选择、促销、服务、企业形象树立等营销全过程中都要考虑以保护生态环境为主要内容。具体区别见表6-1。

表6-1　传统营销与绿色营销在营销策略上的比较

	传统营销	绿色营销
产品策略	实用性、安全性、竞争性	实用性、安全性、竞争性、绿色性
价格策略	价格构成包括生产成本及营销费用	价格构成不仅包括生产成本和营销费用，还包括环境成本
渠道策略	使用普通的交通工具进行运输； 没有采用先进技术进行产品处理和储存，资源消耗比较大； 供应环节复杂，资源消耗大	使用绿色通道，使用无铅燃料、有控制污染装置、节省燃料的交通工具； 降低分销过程中的浪费，对产品处理及储存方面的技术进行革新，减低资源消耗； 简化供应环节，以减少资源的消耗
促销策略	传统促销手段：人员推销策略、广告策略、公共关系策略、销售促进策略	运用绿色广告、绿色公关、绿色人员推销等促销手段，通过绿色媒体传递绿色产品及绿色企业信息，引发消费者购买绿色产品的兴趣

6.1.3　绿色营销的内容与步骤

（1）搜集绿色信息，分析绿色需求。

绿色信息包括如下内容：绿色消费信息、绿色科技信息、绿色资源和产品开发信息、绿色法规信息、绿色组织信息、绿色竞争信息、绿色市场规模信息等。在此基础上，分析绿色消费需求所在，及其需求量的大小，为绿色营销战略的制定提供依据。

（2）制定绿色营销战略计划，树立良好的绿色企业形象。

企业为了适应全球可持续发展战略的要求，实现绿色营销的战略目标，求得自身的持续发展，就必须使自己向着绿色企业方向发展。为达到此目的，企业必须制定相应的战略计划。

①绿色营销战略计划。在生产经营活动之前，制定一个全盘的总计划——绿色营销战略计划，包括清洁生产计划、绿色产品开发计划、环保投资计划、绿色教育计划、绿

色营销计划等。

②绿色企业形象塑造战略。导入企业形象识别系统 CIS，制定绿色企业形象战略，对于统一绿色产品标志形象识别，加强绿色产品标志管理，提高经营绿色产品企业自身保护能力，增强企业竞争意识，拓展市场，促进销售等均十分重要。企业识别系统，包括绿色产品企业的理念识别、行为识别、视觉识别三个方面。

（3）开发绿色资源和绿色产品。

全球可持续发展战略要求实现资源的永续利用，企业要适应该战略要求，在进行绿色营销时，开发绿色资源就显得十分重要。企业应在现有的基础上，利用新科技、开发新能源、节能节源、综合利用。绿色资源开发的着眼点可放在：无公害新型能源、资源的开发，如风能、水能和太阳能以及各种新型替代资源等；节省能源和资源的途径及工艺，采用新科技、新设备，提高能源和资源的利用率；废弃物的回收和综合利用。

绿色产品的开发是企业实施绿色营销的支撑点。开发绿色产品要从设计开始，包括材料的选择，产品结构、功能、制造过程的确定，包装与运输方式，产品的使用至产品废弃物的处理等都要考虑对生态环境的影响。

（4）制定绿色价格。

在制定绿色产品的价格时，首先，要摆脱以前投资环保是白花钱的思想，树立"污染者付费""环境有偿使用"的新观念，把企业用于环保方面的支出计入成本，从而成为价格构成的一部分。其次，注意绿色产品在消费者心目中的形象，利用人们的求新、求异，崇尚自然的心理，采用消费者心目中的"觉察价值"来定价，提高效益。

（5）选择绿色渠道。

选择恰当的绿色销售渠道是拓展销售市场，提高绿色产品市场占有率，扩大绿色产品销售量，成功实施绿色营销的关键，企业可以通过创建绿色产品销售中心，建立绿色产品连锁商店，设立一批绿色产品专柜、专营店或直销中心。

（6）开展绿色产品促销活动。

运用绿色产品的广告策略宣传绿色消费。绿色消费的需求已进入中国消费品市场，运用绿色营销观念，指导企业的市场营销实践已成为必然趋势，其中重要的一环是要推行绿色广告，绿色广告是宣传绿色消费的锐利武器，是站在维护人类生存利益的基础上推销产品的广告，它的功能在于强化和提高人们的环保意识，使消费者将消费和个人生存危机及人类生存危机联系起来，使消费者认识到错误的消费影响到人类的生存并最终落实到个体身上，这样消费者就会选择有利于个人健康和人类生态平衡的包括绿色食品在内的绿色产品。运用绿色广告可以迎合现代消费者的绿色消费心理，对绿色产品的宣传容易引起消费者的共鸣，从而达到促销的目的。目前在我国，绿色广告作为一种市场营销策略还未引起广大绿色产品生产经营者的普遍重视，因此，绿色产品企业应该利用各种广告媒体推行和运用绿色广告，引导绿色消费。

进行绿色人员推销和销售推广。人员推销是工业企业主要的促销通道。要有效地实施绿色营销策略，推销人员必须了解消费者绿色消费的兴趣，回答消费者所关心的环保问题，掌握企业产品的绿色表现及企业在经营过程中的绿色表现。绿色销售推广是企业用来传递绿色信息促销的补充形式。通过免费试用样品、竞赛、赠送礼品、产品保证等形式来鼓励消费者试用新的绿色产品，提高企业知名度。

（7）实施绿色管理。

所谓绿色管理，就是融环境保护的观念于企业的经营管理之中的一种管理方式，实施绿色管理主要应该从三个方面入手：

第一，建立企业环境管理新体系；

第二，进行全员环境教育，提高企业的环境能动性；

第三，进一步健全环境保护法，实行强制性管理。

6.1.4　绿色营销观念

企业的市场营销活动是在特定指导思想或经营观念指导下进行的。所谓市场营销观念，是指企业在开展市场营销管理过程中，处理企业、消费者、社会和自然四者之间关系所持的态度、思想和观念。市场营销观念是随营销环境的变化而转变的。从市场营销发展史考察，市场营销观念经历了以企业为中心的观念（包括生产观念、产品观念、推销观念）、以消费者为中心的观念（市场营销观念）和以社会长远利益为中心的观念（社会市场营销观念）。绿色营销观念是在以社会长远利益为中心的社会市场营销观念下产生和发展起来的。

（1）绿色营销观念的产生。

①可持续发展战略的实施要求企业推行绿色营销观念。

可持续发展理论认为，人类应该跳出单纯追求经济增长，忽视生态环境保护的传统发展模式，通过产业结构调整和合理布局，发展高新技术，实行清洁生产和文明消费，协调环境和发展的关系，使社会的发展既能满足当代人的需要，又不对后人需求的满足构成危害，最后达成社会、经济、资源与环境的协调。其前提是各种资源必须在环境生态平稳容量之内有较充分的选择和机动余地，以及对环境质量的稳步改善。现代企业是市场经济运行的微观主体，同时也应该是可持续发展经济运行的微观主体。落实社会的可持续发展战略，必须有相应的企业可持续发展策略相配合，这个策略落实到企业发展上就是环境经营战略，落实到营销环节上就是绿色营销战略的实施。

②消费者绿色意识的提高及相关法律法规的制定迫使企业必须推行绿色营销观念。

面对资源短缺、能源匮乏、环境污染、生态破坏和各种自然灾害的威胁，环保已成为世界各国的迫切任务，绿色经济成为世界发展趋势，在这种背景下消费者的绿色意识开始觉醒，同时各级政府、社会团体从可持续发展的高度制定环境保护的有关法律、法规和制度，限制企业无节制掠夺和浪费环境资源的行为，迫使企业从人类生存和社会持续发展的利益出发，将开发和有效利用资源、保护生态环境与企业发展战略结合起来，把有限的自然、社会资源合理地运用于提高消费者的生活质量及人类的社会福利中去，从而合理地配置资源，提高了经济活动效益。发展绿色产业，鼓励和促进企业开展绿色营销，提倡绿色文明，是实现社会可持续发展的前提条件。国际组织和世界各国都相应制定了有关环境保护的法规，限制了企业破坏生态环境的不良营销行为，促进了企业绿色营销的发展。世界各国绿色法规的出台约束着人们的行为，限制着一切不利于环境发展的行为的发生，促使企业的营销活动必须以有利于生态环境的发展为前提，对企业的绿色营销起到规范、约束、监督作用。

消费者绿色意识的提高还表现在消费者的绿色消费上。人类的消费和生产离不开自然环境，而消费方式的变化取决于生产力发展水平，绿色消费的兴起有其客观必然性。绿色消费就是人们为了满足自身生存与发展的需要，而对符合环境保护标准的资料和劳务的消费。绿色消费代表了世界消费观念新潮流，必将引起消费领域的一场彻底革命，可以肯定，绿色消费是真正文明的消费形式，它将逐步成为二十一世纪最具发展前景的消费形式。

③新型的绿色文明的发展要求企业推行绿色营销观念。

绿色文明是一种追求环境与人类和谐生存和发展的新型文明。较之以往的文明体系，绿色文明代表着一种更高级的效率目标，也代表了一种更深远的公平理想——既保证当代人之间的环境权利公平又保证后代人生存权、发展权的公平体系。绿色文明作为一种新的生产方式、生活方式和思维方式而置身于现存工业文明体系中，并否定和改造漠视自然的、非持续发展的工业文明，因而也被视为一种新的、可持续发展的工业文明。通过绿色营销活动，协调"企业—保护环境—社会发展"的关系，使经济发展既能满足当代人需要，又不至于对后代人的生存和发展构成危害和威胁，促进社会文明的进步。

④构建绿色企业形象，赢得独特的竞争优势要求企业推行绿色营销观念。

在市场竞争日益激烈，环境保护越来越重要的今天，企业要想在众多的竞争对手之中立于不败之地，树立绿色企业形象，赢得竞争优势是至关重要的。国外的一项调查表明：社会公众对企业运作好坏的评价，除了价格、质量、服务以外，还有"环境保护""公众形象"等。顾客奉行"Investing for a better world（为世界更美好而投资）""Shopping for a better world（为世界更美好而购物）"。

（2）绿色营销观念的多角度考察。

绿色营销观念是营销观念的一次重大变革，它将又一次改变企业经营活动的方式，要求企业在不影响人与自然的关系的前提条件下从事营销活动。这要求企业重新树立需求观、资源观、环境观、效益观等新的观念，从多个侧面把握绿色营销的本质，推动生态可持续、经济可持续和社会可持续的实现。

①绿色营销的需求观。传统营销观念指导下的需求观认为，企业的经营活动是以企业为中心或是以消费者需求为中心，这种传统的需求观容易引发资源问题和环境问题，引起自然界的供给与人类需求的矛盾和冲突。

绿色营销观念的需求观包括两个方面的内容：一是树立全面的需求观；二是要发现需求、满足需求和引导需求。全面的需求观是指企业市场营销活动不仅要关注企业和消费者，更要注重和强调消费者需求的全面性，这种全面性既包括对健康、安全、无害的产品需求，也包括对美好生存环境的需求；既包括对安全、无害的生产方式的需求，也包括对健康、无污染的消费方式的需求；既包括对和谐的人与人关系的需求，也包括对和谐的人与自然的关系的需求。这对企业的营销活动提出了更高的要求。绿色营销观念提倡企业在从事营销活动时不仅要发现需求、满足需求，而且要引导需求。企业不应单纯把消费者看成是实现利润的手段和工具，把自然看作征服的对象，消极地去发现需求、满足需求，从而实现利润，而应积极主动地引导消费者进行合理消费，树立新的伦理观、价值观，避免不合理需求引发的不合理的生产和消费方式，引起自然资源的浪费和损耗、生态环境的恶化，以及人的异化，造成人与自然的对立、人与人的不和谐，以影响企业、经济、社会、生态的可持续发展。

②绿色营销的资源观。资源可分为自然资源和社会资源，这里所说的资源是指自然资源。众所周知，自然资源具有数量的有限性、潜力的无限性、整体性等特征。数量的有限性表现为人类可利用的部分非常有限，在一定时空内相对稀缺、相对人类需求和利用能力非常有限。自然资源的潜力的无限性是其种类、范围及用途会随科技进步而不断拓宽，有些资源可找到替代品、也可进行循环利用。整体性表现为地球上的自然资源彼此之间有着生态上的联系，构成一个有机整体，相互联系，相互制约。随着经济发展，自然资源的供应能力与人类对自然资源的需求的矛盾日益尖锐，这就要求处理好企业发展与自然资源合理利用的关系。

传统营销观念指导下的资源观，是在追求消费者利益最大化、企业利润最大化基础上的通过市场机制来配置资源的模式。这种资源观是把自然资源作为企业发展的既定条件，认为资源是可以无限使用的，显然这是背离社会的可持续发展的目标的。

绿色营销观念要求企业顺应可持续发展的要求，对资源进行合理开发使用，企业的生产方式、消费者的消费方式应限制在资源使用上与经济和社会协调均衡发展的范围。这种新的资源观的主导思想是资源利用不能只顾及当代人的利益，还必须关注后代人发展的需要，主要观点表现在：

第一，科学合理的开发现有资源，并通过技术创新开发新的资源，创造不可再生资源的替代资源。

第二，合理利用和节约资源，提高资源的使用效率。

第三，发展知识经济，充分利用知识资源。

知识经济（Knowledge Economy），也称智能经济，是一种可持续发展的经济，是指建立在知识和信息的生产、分配和使用基础上的经济。知识经济的特点表现在：知识经济是促进人与自然协调、持续发展的经济，其指导思想是科学、合理、综合、高效地利用现有资源，同时开发尚未利用的资源来取代已经耗尽的稀缺自然资源；知识经济是以无形资产投入为主的经济，如知识、智力等。无形资产的投入起决定作用；知识经济是世界经济一体化条件下的经济，世界大市场是知识经济持续增长的主要因素之一；知识经济是以知识决策为导向的经济，科学决策的宏观调控作用在知识经济中有日渐增强的趋势。知识经济使人类从开发有限的、可耗尽的自然资源，转向开发人类自身可持续的智力资源。这种资源的积累具有累积效应，并可为经济的发展提供持续和永久的动力和源泉。

③绿色营销的环境观。近几年来，随着对资源和能源的大规模开发和消耗，造成了大区域以至全球性的生态环境的破坏，严重地威胁着生态系统和人类自身的安全。这就要求企业在生产经营活动中必须关注环境问题。可以从以下几个方面比较传统营销观念与绿色营销观念指导下的资源观。

第一，从人类需要的角度来看，传统营销观念一般只关注人类的物质需求，追求物质产品的富足，不考虑生存环境的优劣。在环境日趋恶化的今天，环境应该成为人类的需要之一，而且应该是最高需要。在绿色营销观念的影响下，人类不应仅仅只追求物质产品的富足，而且更应重视生活质量的全面提高，即人们不仅要求在物质产品和服务的数量和质量上得到满足，同时也要求在环境质量上得到满足。这就要求作为经济活动主体、市场活动主体、环境问题主要责任者的企业，要正视环境问题，关注人类对环境质量的需求，将环境保护贯彻到企业的整个经营活动中。

第二，从供应链的角度来看，在传统营销观念指导下，企业的整个供应链的建立是在需求驱动下，在权衡成本和服务水平的基础上以追求利润最大化为准则建立的供应链系统。在绿色营销观念的指导下，企业应把环境纳入供应链决策系统之中。从原料供应、产品的开发、制造、生产、运输、分销整个物流过程均不对环境产生影响或者对环境所产生的影响控制到环境可以吸纳和自净的程度。这就要求企业所有员工树立绿色价值观，提高环保意识，并将其付诸行动之中。而且，绿色营销观念要求企业将供应链扩展至消费者，一要生产安全、健康、无害的产品，二要消费过程和消费之后对环境不产生影响。

第三，从环境问题中的产业关联性来看，由于经济部门和产业之间是相互关联的。经济结构中，一个产业的资源枯竭或环境危机造成中断，整个经济就会梗塞和停摆，这表明不同产业间的企业的经营活动是相互依存、相互关联的。这要求企业在进行环境因素的分析时，不能局限于产业内，还要考虑自身的经营活动对关联产业的影响会不会诱发关联产业的环境问题。所有企业都是经济体系的命运共同体，更是整个生态系统的命运共同体。只有把短期利益和长远利益、局部利益和全局利益统一起来，企业才会实现永续经营,长盛不衰。

第四,从环境问题中的环境机会来看,人类环境意识的觉醒必然对环保技术和环保产品形成巨大需求,推行绿色营销观念的企业定能抓住其中的市场机会,向环保产业和与之相关的领域投资,这可以给企业带来巨大的利润空间,而且对社会、对消费者、对生态都是有益的。而推行传统营销观念的企业将会越来越受到消费者和社会的排斥,逐渐失去市场机会,从而被市场所淘汰。

④绿色营销的效益观。经济效益是指在社会的生产和再生产过程中,所占用及消耗的劳动与劳动成果之比,即投入产出比,可用公式表示:

经济效益 = 劳动成果 / 劳动消耗(劳动占用),或产品 / 投入,或所得 / 所费。

在传统营销观念中,奉行生产观念、产品观念、推销观念的企业就是通过满足需求,从而取得利润最大化,就是把经济效益作为企业追求的唯一目标;奉行市场营销观念的企业在满足消费者需求的基础上追求企业利润最大化,把企业效益与消费者利益有机统一起来;社会营销观念则是把企业利益、消费者利益和社会利益统一的营销观念。

绿色营销观念指导下的效益观则要求企业在从事营销活动时,正确处理和协调经济效益、消费者效益、社会效益、生态环境效益四者之间的关系,使四者达到有机统一。其中,社会效益是指人类活动所产生的社会效果,是从特定社会角度对经济活动成果进行的评价,社会效果是从经济活动对整个社会福利所产生的影响的计量,如使社会环境优化,人们生活得到改善,健康得到保障等。环境效益是指人类活动所引起的环境质量的变化。人类的社会经济活动必然会对环境产生影响,从而使环境质量发生变化,这种变化就是环境效益。

环境效益是当前所有推行绿色营销的企业必须首先要考虑的。企业重视环境效益具有一定的复杂性,这主要是因为环境效益具有以下几个特征:

第一,滞后性。人类活动对环境的影响一般需要一段时间的累积之后,才会显示出来。环境效益的这一特征要求人们在从事社会经济活动时,要有预警措施。例如,核辐射是一种严重的环境污染,对人体健康有严重危害,但低剂量的核辐射在人体中产生的影响可能在几年之后,或者在后代中反映出来,加上核辐射看不见摸不着,因此,人们在从事核辐射有关的生产活动时要严加防范。

第二,难以计量。由于整个地球生态系统是一个整体,某一经济活动对环境所产生的影响很难确定其边界,这使得某一社会经济活动所产生的环境效益是很难计量的。

第三,内涵复杂。生态环境系统涉及的因素众多,而这些因素往往又是相互关联相互影响的,因此,环境质量的衡量非常复杂和困难,也难以用准确的控制对象来衡量经济活动的环境绩效。

经济效益、环境效益和社会效益是相互依赖,相互制约的,绿色营销的效益观要求企业在从事经济活动时,把经济效益、环境效益和社会效益统一起来。中国早在

1983 年召开的第二次全国环保会上提出"经济建设、城乡建设和环境建设同步规划、同步实施、同步发展，实现经济效益、社会效益和环境效益的统一"。由此可见，经济效益与环境效益是相互依赖、相互制约的。而强调经济效益和环境效益，目的都是为了社会效益。为了使社会各方面得到发展和改善，提高社会的整体福利，必须把三者统一起来，这就是绿色营销的效益观。

　　绿色营销的需求观、资源观、环境观和效益观是相互联系、相互影响的，它们之间的关系可以用图 6-1 表示。

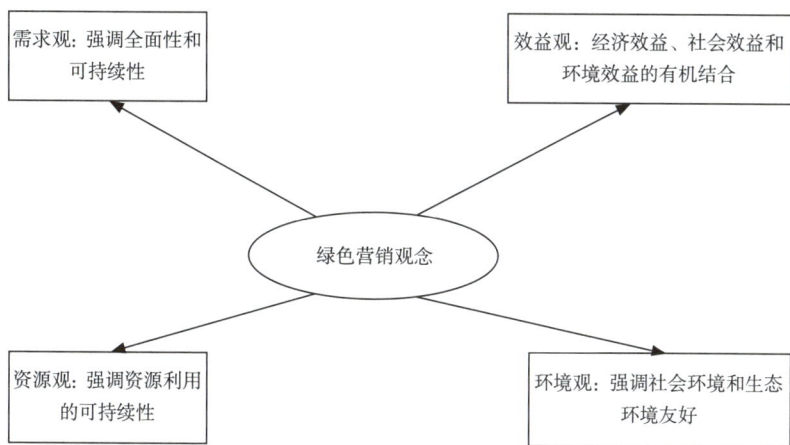

图 6-1　绿色营销的多角度考察图示

6.2　绿色营销产品策略

6.2.1　绿色整体产品策略

　　绿色整体产品策略是企业将其社会责任感和环境目标融入企业整体产品之中，并通过有效的绿色产品管理来达到企业产品营销目标的手段集合，其主要内容包括整体绿色产品管理、绿色产品组合策略、绿色产品包装策略和绿色产品商标策略等内容。

　　"绿色产品"是指在生产过程中和产品自身没有或较少对环境污染的产品，以及比传统的竞争产品更符合保护生态环境或社会环境要求的产品及服务。可分为两大类：一是"绝对绿色产品"，指具有改进环境条件的产品，如用于清除污染的设备，及净化、保健服务等；二是"相对绿色产品"，指那些可以减少对社会和环境损害的产品，如可降解的塑料制品和再生纸等。

　　关于产品整体概念，学术界曾用三个层次来表述，即核心产品、形式产品和延伸产品，以菲利普·科特勒为代表的北美学者新近提出用五个层次来表述产品整体概念，即核心产品、形式产品、期望产品、延伸产品、潜在产品。整体绿色产品就是以产品的五个层次价值整体为出发点，以诱导和满足消费者绿色消费需求为目的，在企业中树立绿色产品整体营销观念，推行整体绿色产品的设计、开发、生产和营销。

（1）绿色核心产品。

核心产品是指向顾客提供的基本效用或利益，从根本上说，每一种产品实质上都是为解决问题而提供的服务。绿色核心产品的重点是改进消费者消费的核心产品，使产品所能提供的核心利益与消费者所追求的利益相一致。其实质是在提供产品使用价值的同时，满足消费者绿色消费的心理与行为需要。

绿色核心产品的内容包括：

①开发能满足消费者绿色消费行为的产品。绿色消费，也称可持续消费，是指一种以适度节制消费，避免或减少对环境的破坏，崇尚自然和保护生态等为特征的新型消费行为和过程。绿色消费，不仅包括绿色产品，还包括绿色消费环保购物袋物资的回收利用，能源的有效使用，对生存环境、物种环境的保护等。绿色消费的重点是"绿色生活，环保选购"，具体而言，它有三层含义：一是倡导消费时选择未被污染或有助于公众健康的绿色产品；二是在消费者转变消费观念（崇尚自然、追求健康），追求生活舒适的同时，注重环保，节约资源和能源，实现可持续消费；三是在消费过程中注重对垃圾的处置，不造成环境污染。即要符合"3E"和"3R"，"3E"是指经济实惠（Economic）、生态效益（Ecological）、平等人道（Equitable），"3R"是指减少不必要的消费（Reduce）、重复使用（Reuse）和再生利用（Recycle）。

②注重产品的绿色质量。这主要包括节省能源的使用、减少资源的耗费、减少废弃物和污染、产品不危及人体健康及安全、产品生命周期的延长、产品可以重复使用的性能、产品的可再生性。

③增加产品的绿色特性。产品的绿色特性必须同时具备以下条件：产品或产品原料产地必须符合生态环境质量标准；生产过程必须符合绿色产品的生产操作规程；产品必须符合绿色产品质量和卫生标准；产品外包装必须符合国家通用标准，符合绿色产品特定的包装、装潢和标签规定。

④排除不安全或不可接受的成分或特性。即产品中不含有某些有害物质，如不含添加剂的食品、不含有害元素的装饰材料等。

⑤绿色产品的品质。绿色产品的品质包括两个方面的内容：一是产品本身能够满足消费者某种需要的优良品质；二是要具有能够改善环境和社会生活品质功能，包括资源的节约、环境的保护、环保意识的提高、生态平衡的促进等。

⑥绿色设计。绿色设计是指在产品设计阶段就考虑产品整个生命周期的价值，除包括产品所需的功能外，还包括产品的可生产性、可装配性、可测试性、可维修性、可运输性、可循环利用性和环境友好性，努力在设计阶段就将产品对环境的影响降至最低

水平。

（2）绿色形式产品。

形式产品是指产品的基本形式，或核心产品借以实现的形式，或目标市场对某一需求的特定满足的形式。绿色形式产品就是绿色核心产品借以实现的形式，它由四个特征构成：式样、特征、品牌及包装。

①绿色产品式样。绿色产品的外观式样应重点突出产品的环保与安全性，如将产品设计成可增强其环境质量印象的恰当形状，外观的安全、可靠及其与环境的协调、绿色颜色、标识在式样外观上的反映等。

②绿色产品特征。绿色产品具有三个基本特征：友好的环境特性、有效利用材料资源的特性、有效利用能源的特性。这就要求绿色产品可以设计出特定的绿色品牌名称或绿色标志，使消费者易于识别和产生绿色联想。

③绿色产品品牌。绿色品牌就是企业以建立环境与人类的和谐为核心竞争力，使企业生产经营活动绿色化，对企业发展目标、达到目标的途径和手段等进行全局性、长期性总体谋划。企业实施绿色品牌战略要抓住绿色产品这一载体，赋予绿色品牌更多的内涵，体现绿色经营管理文化，灌输绿色经营管理观念，丰富品牌承载量，扩展品牌深度，从而实现品牌价值最优化、最大化。绿色品牌战略包括：一是具有高度责任意识的绿色品牌定位，二是精细而健康的绿色品牌维护，三是科学系统的绿色品牌经营管理，四是长期不懈地进行绿色品牌修正等。

④绿色产品包装。绿色包装（Green Package），又称为无公害包装和环境友好包装（Environmental Friendly Package），指对生态环境和人类健康无害，能重复使用和再生，符合可持续发展的包装。绿色包装包括绿色产品的包装和产品包装的绿色化两大方面，前者是对具有绿色特征的产品如何包装使其便于使用与识别，而后者是泛指对一切产品应如何包装才有利于生态与环保。

（3）绿色期望产品。

期望产品是指消费者在购买产品时，期望得到的与产品密切相关的一整套属性和条件。绿色期望产品就是消费者在购买产品时期望得到的与绿色产品密切相关的一整套属性和条件。如宾馆的消费者希望得到清洁的床位、浴巾等的同时，还希望得到安全、环保、无污染的服务。

（4）绿色延伸产品。

延伸产品指消费者在购买形式产品和期望产品时附带获得的各种利益的总和，包括产品说明书、安装、维修、送货、技术培训等。绿色延伸产品主要是指企业提供延伸产品的绿色化，包括如下内容：

①向消费者提供绿色购买方式。购物方式的绿色化，如允许消费者免用产品包装，从而既节省了资源耗费，又使消费者减少了购物支出。

②向消费者提供绿色服务。向消费者提供绿色服务是绿色延伸产品的重要内容，包括绿色环保观念宣传、绿色产品介绍、绿色产品售后服务、绿色产品质检，以及为鼓励消费绿色产品而提供的附加利益。

（5）绿色潜在产品。

潜在产品是指现有产品包括附加产品在内的，可能发展成为未来最终产品的潜在状态产品，指出了现有产品的可能演变趋势和前景。绿色潜在产品就是潜在产品的绿色化，可以提高产品的使用效率，并能延长产品的生命周期。

教学案例

绿色营销：撬动未来收益

田园生态农场（化名）成立于 2010 年，投资额 3000 万元，以地产起家，后转型进入农业领域，董事长元明在了解国内外农业发展现状后认为，传统农业存在小、散、乱的弊端，不太符合现代人对于食品安全的要求。而在这方面，欧美国家已形成了绿色需求—绿色设计—绿色生产—绿色产品—绿色价格—绿色市场开发—绿色消费这种以"绿色"为主线的消费链条，以集约化、规模化、科技化为特点的成熟现代生态农业模式具有一定的借鉴意义。因此，元明将农场定位为现代有机绿色生态项目。

元明在距离都市 30 多公里的一处丘陵地带承包了 1000 多亩荒地。选择荒地是因为有机农业对土地、水源、空气、肥料、种源等都有严格的要求。元明对这块"生地"进行有机肥培育，连灌溉的水源都是地下 100 多米的深层水，以确保产品符合绿色、有机标准。

田园生态农场的产品以菠菜、土豆、茄子、彩椒、白菜、花菜、豇豆、甘蓝、胡萝卜等蔬菜以及季节性果蔬为主。为实现真正的绿色有机，农场严禁化肥、农药和生长调节剂进入园区，真正实现有机耕种。在此基础上，农场和农科院、农业大学、蔬菜研究所深度合作，以科学地提高产量和规模，同时着力于解决物流配送问题。

如何让顾客相信农场的产品是真正绿色、有机、健康的？农场采取了全开放模式。首先，通过社区广告、报纸、网络新媒体等招募体验者，尤其是有一定社会影响力的人物；其次，联合某 211 大学 EMBA、MBA 教学中心打造游学基地。这些潜在的顾客群体在体验了智能飞碟式玻璃温室蔬菜生产，并品尝了无污染环境下种植的果蔬后，都成了企业的宣传员，推荐亲朋好友前去观摩购买，带动作用逐渐显现。

元明发现，很多顾客在参观现代生态农业的种植后产生了亲自种植的想法。为此，田园生态农场决定开放一部分田地，将其分割成 30 平方米的小块，供会员认领，认领一年的费用仅为 2500 元，收获的果蔬归个人所有。为了确保此项目成功，农场还提供种源、有机肥、种植管理等一站式服务。

"开心农场"是一款曾经备受欢迎的农场游戏，以此为契机，田园生态农场将虚拟网络种菜和实地种菜相结合，实现"玩开心农场，吃有机蔬菜"的休闲农业种植新模式。从线上到线下，让广大顾客走进现实，感受翻土、种植、浇水、打理、成长、成熟并收获的耕作体验。

田园生态农场采用了全方位、全程监控摄像系统，打造透明、全景互动式农场空间。无论是普通顾客，还是后来包地自己种植或委托农场管家种植的会员，都可以坐在家中远程监控农场的产品。田园生态农场甚至还提供适合各类农场劳作的农具，顾客可以与农业科研院所专业农技顾问或专家互动咨询，接受专业辅导。这种方式得到了顾客的信赖和喜爱。

为了保证果蔬的新鲜度并提升配送效率，田园生态农场采取了直控终端模式。即产品采摘完成后，直接送到物流配送中心，不经菜市场及生鲜超市，由快递公司一站式配送到顾客家里，每周配送两次。这种直供终端的模式不仅节省了中间费用，而且有助于与顾客的互动交流，倾听顾客反馈，有效调整和优化产品结构，更好地满足消费者需求。

和其他营销模式相比，绿色营销更看重未来收益，而绿色农场实现了清洁生产和良性循环经济，自行消化各环节的废料，减少对外界环境的污染，和绿色营销模式相得益彰。尤其是田园生态农场这种可视、可验、可追溯的生态农业，随着投资的不断增加，设施的不断完善，顾客数量与效益不断提升，开始接待团单，田园生态农场的生产规模也不断扩大。

同时为更好地满足顾客消费需求，田园生态农场开始布局新的生产基地。借着快速发展的车道，企业又增加了果木种植业、养殖业、现代农业基地开发、建设、农业信息咨询服务等业务模块，有机、高端农业品牌的战略目标一步步实现。

（资料来源：崔自三.绿色营销：撬动未来收益 [J].光彩，2023(1):44-45.）

思考题

（1）案例体现了田园生态农场和董事长元明什么样的营销理念？

（2）案例中绿色营销的具体做法有哪几个方面？从中你得出了哪些经验？

6.2.2　绿色产品组合策略

产品组合策略是指企业提供给市场的全部产品线和产品项目的组合或结构，即企业的业务经营范围，包括产品组合的宽度、深度、长度和关联度。绿色产品组合策略是以引导与满足绿色需求为导向，构造既适应市场环境和环保要求，又适合企业能力与发展要求的良好绿色产品组合的手段集合。

（1）绿色产品组合分析。

①绿色产品生命周期。绿色产品生命周期是指在产品从形成到消失的各个阶段都与环境保护结合起来，从而使环境保护融入产品周期所处的各个阶段。

绿色产品生命周期是产品的自然生命周期，即从自然资源中获取产品原料，经过加工成为产品，供人类使用后又回到自然的循环过程。这与传统市场营销中的产品生命周期概念不同。传统市场营销中的产品生命周期是指产品的市场生命周期，即一种产品在市场上从开始出现到最终消失的过程，包括投入期、成长期、成熟期和衰落期四个时期。

②绿色产品生命周期框图。一个绿色产品生命周期可以用一个框图来表示（图6-2）。绿色产品生命周期框图就像是一个过程树，过程树有根和枝，这些根和枝相互联系并通过一个中心点与使用功能相连接。图中的"根"指物料的生产过程，枝是废料的处理过程，中心点是消费过程，通常称为"产品的使用"。

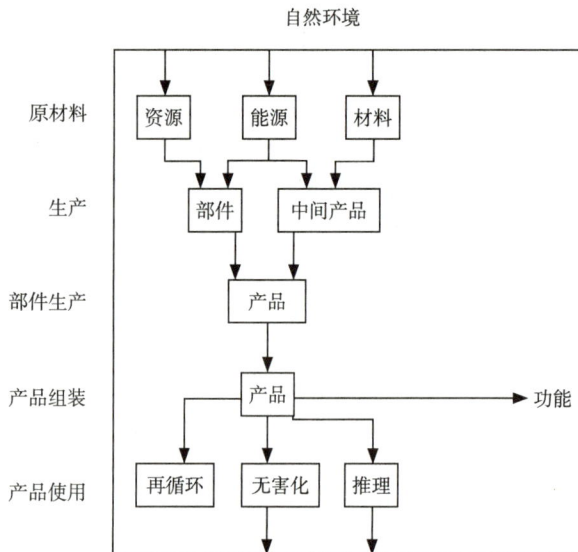

图6-2 绿色产品生命周期框图

③绿色产品生命周期分析。绿色产品生命周期可以看作是产品系统、环境系统和评估系统的有机结合。可以用图6-3表示。

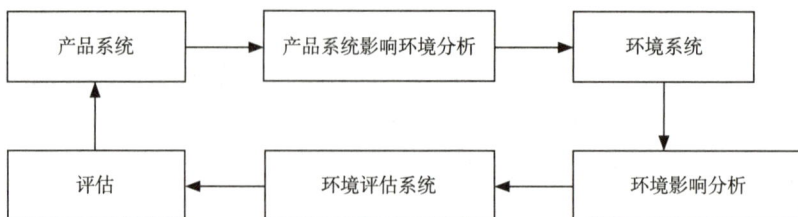

图6-3 绿色产品生命周期分析循环图

在图 6-3 中，产品系统在提供功能服务的同时，从环境中摄取资源和能源，向环境排放废料和污染物。产品系统影响环境的分析过程是产品生命周期分析的重要组成部分，是对产品系统影响环境的每一项逐一进行分析。之后进入环境系统，环境系统所要进行的分析主要是环境影响分析，这是产品生命周期分析的一个组成部分，它可以定义为：针对一些公认的环境问题将产品系统的环境干预定量化。可以采用分类的方法，如1991 年 12 月在荷兰莱顿举行的第一次国际会议上，对产品生命周期分析中应考虑的环境问题拟订一份公认的环境问题的明细表列出环境问题的三种类型：第一种是消耗型，包括与从环境中摄取与某种物质有关的所有问题；第二种是污染型，包括向环境排放污染物的所有问题；第三种是破坏型，包括所有引起环境结构变化的问题。

最后通过评估系统对产生的环境问题进行有效评估。评估是相对的，即对比不同产品对环境的影响，有时可能遇到这样的情况：甲产品的某几项效应评分比乙产品好，而另几项效应评分却逊于乙产品，如何评估两者的优劣呢？这就需要提出一种能综合反映各个效应评分的总指数，评估的目的就在于此。评估的方法主要有两类：定性评估和定量评估。定性评估通常是由专家组成的讨论会对所提供的产品生命周期的各项效应评分进行综合评估，最后对各个讨论的产品排序，确定它们对环境的影响。定量评估是通过各项效应评分加权而进行的，但至今还没有公认的加权系统表，故这一方面在实际应用中也有相当难度。

（2）绿色产品的产品线。

绿色产品的产品线通常涉及产品的宽度、长度、深度。

绿色产品线的宽度是企业正在经营的绿色产品系列数。

绿色产品线的长度是企业经营的产品线中绿色产品项目的总和。

绿色产品线的深度是产品线中每一绿色产品有多少品种。

对于经营绿色产品的企业来说，既要注重社会效益，即对环保的贡献，更要注意获取经营利润。不同绿色产品的产品线其获利能力，对环保的贡献度及未来的发展潜力均不同。在选择的过程中应该选择具有较强获利能力、较高环保贡献度及较大未来发展潜力的产品线进行生产。对绿色产品线的分析可以用绿色产品线综合获利能力、环保贡献度和成长潜力等因素来评价，以此为参考制订企业最好的绿色产品组合策略。根据以上基本要素，可以将产品线划分为以下 8 种类型，见表 6-2。

表6-2　绿色产品线分类

序号	绿色产品线类别	企业应采取的措施
1	低环保贡献度、高盈利、低增长潜力的产品线	企业应考虑能否增加该产品线的绿色化程度以提高其环保贡献度，否则，应维持或减少该产品线的现有生产，不再投资

续表

序号	绿色产品线类别	企业应该采取的措施
2	高环保贡献度、高盈利、低增长潜力的产品线	该产品线已经进入生命周期的成熟期，企业可以考虑加大科技投入以使该产品线焕发新的生命力
3	低环保贡献度、低盈利、低增长潜力的产品线	该产品线应该尽快淘汰
4	高环保贡献度、低盈利、低增长潜力的产品线	企业应对其发展前景进行预测，以确定是否发展该产品线
5	低环保贡献度、高盈利、高增长潜力的产品线	企业应评估该产品线的社会效益，加大投入改进改产品线的环保贡献度
6	高环保贡献度、高盈利、高增长潜力的产品线	这是企业的明星产品线，应重点发展
7	低环保贡献度、低盈利、高增长潜力的产品线	企业应对其发展前景进行预测，以确定是否发展该产品线
8	高环保贡献度、低盈利、高增长潜力的产品线	该产品线正处于生命周期的成长期，企业可以考虑加大投入使该产品线尽快进入成熟期

（3）绿色产品组合策略。

绿色产品组合策略是在对产品组合的分析评价基础上，为寻求企业最优的绿色产品组合而采取的基本对策，基本含义是：企业要经常根据环境变化与企业发展需要调整企业绿色产品线与产品项目的构成，促进企业推进技术进步以不断加入新的绿色产品，淘汰老产品，充分考虑企业绿色产品组合的合理性与盈利性。

对注重良好的绿色产品组合的企业来说，应在对现有绿色产品组合评价的基础上，从以下几个方面对现有产品加以分类：

第一类，未来的主要产品，即新的或改进后有良好发展前景的绿色产品。

第二类，目前的主要产品，即目前企业盈利的主导产品。

第三类，在市场环境剧烈变化中，可能成为主要盈利品或维持企业运营的产品。

第四类，过去的主要产品，即成熟后期或进入衰退期的产品。

第五类，仍可继续经营的产品，即虽不能带来较大盈利但仍能继续经营的产品。

第六类，应立即淘汰的产品。

经营绿色产品的企业针对不同的产品线可采用不同的策略：

①对生产多条产品线的绿色产品的企业而言，有四种可供选择和策略：第一，绿色产品线全面策略，指企业所经营的各条绿色产品线都在其目标市场上快速发展；第二，绿色产品线专业性策略，即企业重点发展某一条或几条所选定的绿色产品线；第三，特殊绿色产品专业性策略，即企业重点发展某些具有特殊环保用途或特定绿色特征的产品；第四，区域性策略，即在某些特定地区销售某一产品线的绿色产品，以符合该地区的生态或环保要求。

②对于所经营的绿色产品线，有两种策略可以选择：第一，产品线填完策略，指为

满足不同市场需求，或因竞争及产品发展的需要而在产品线中增加产品项目数。第二，产品线延伸策略，指以某一条产品线为轴，向上游、下游或双向延伸，以扩大该产品的市场覆盖面。

③产品线现代化策略。产品线现代化策略是指提高产品线的生产设备、生产技术、生产工艺，或者采用先进的管理方法和手段使产品的生产满足新的环保要求。

④产品线差异化策略。产品线差异化策略即指在众多竞争产品中突出本企业绿色产品的特性，使其在同行业激烈的竞争中居于有利位置，或者在产品线中的某一个或某几个产品项目上突出其绿色特性，使企业形象得到提升。

6.2.3 绿色产品包装策略

阅读材料

国务院办公厅关于进一步加强商品过度包装治理的通知

商品过度包装是指超出了商品保护、展示、储存、运输等正常功能要求的包装，主要表现为包装层数过多、包装空隙过大、包装成本过高、选材用料不当等。近年来，各地区、各部门按照《国务院办公厅关于治理商品过度包装工作的通知》（国办发〔2009〕5号）部署，认真推进商品过度包装治理，完善相关法律法规标准，取得积极进展。但治理工作仍存在不少薄弱环节和突出问题，尤其是随着消费新业态快速发展，商品过度包装现象有"卷土重来"之势。为贯彻落实党中央、国务院决策部署，进一步加强商品过度包装治理，经国务院同意，现就有关事项通知如下。

一、高度重视商品过度包装治理工作

各地区、各部门要以习近平新时代中国特色社会主义思想为指导，深入贯彻习近平生态文明思想，立足新发展阶段，完整、准确、全面贯彻新发展理念，构建新发展格局，推动高质量发展，认真贯彻落实固体废物污染环境防治法、消费者权益保护法、标准化法、价格法等法律法规和国家有关标准，充分认识进一步加强商品过度包装治理的重要性和紧迫性，在生产、销售、交付、回收等各环节明确工作要求，强化监管执法，健全标准体系，完善保障措施，坚决遏制商品过度包装现象，为促进生产生活方式绿色转型、加强生态文明建设提供有力支撑。到2025年，基本形成商品过度包装全链条治理体系，相关法律法规更加健全，标准体系更加完善，行业管理水平明显提升，线上线下一体化执法监督机制有效运行，商品过度包装治理能力显著增强。月饼、粽子、茶叶等重点商品过度包装违法行为得到有效遏制，人民群众获得感和满意度显著提升。

二、强化商品过度包装全链条治理

（一）加强包装领域技术创新。推动包装企业提供设计合理、用材节约、回收便利、经济适用的包装整体解决方案，自主研发低克重、高强度、功能化包装材料及其生产设备，创新研发商品和快递一体化包装产品。充分发挥包装企业在推广简约包装、倡导理性消费中的桥梁纽带作用，推动包装设计、商品生产等上下游各环节践行简约适度理念。（工业和信息化部和各地方人民政府按职责分工负责）

（二）防范商品生产环节过度包装。督促指导商品生产者严格按照限制商品过度包装强制性标准生产商品，细化限制商品过度包装的管理要求，建立完整的商品包装信息档案，记录商品包装的设计、制造、使用等信息。引导商品生产者使用简约包装，优化商品包装设计，减少商品包装层数、材料、成本，减少包装体积、重量，减少油墨印刷，采用单一材料或便于分离的材料。（工业和信息化部、市场监管总局等部门和各地方人民政府按职责分工负责）督促商品生产者严格遵守标准化法要求，公开其执行的包装有关强制性标准、推荐性标准、团体标准或企业标准的编号和名称。（市场监管总局和各地方人民政府按职责分工负责）引导医疗机构针对门诊、住院、慢性病等不同场景和类型提出药品包装规格需求。引导药品生产者优化药品包装规格。（国家卫生健康委、国家药监局和各地方人民政府按职责分工负责）

（三）避免销售过度包装商品。督促指导商品销售者细化采购、销售环节限制商品过度包装有关要求，明确不销售违反限制商品过度包装强制性标准的商品。加强对电商企业的督促指导，实现线上线下要求一致。鼓励商品销售者向供应方提出有关商品绿色包装和简约包装要求。（商务部、市场监管总局和各地方人民政府按职责分工负责）督促指导外卖平台企业完善平台规则，对平台内经营者提出外卖包装减量化要求。（商务部负责）督促指导餐饮经营者对外卖包装依法明码标价。（市场监管总局和各地方人民政府按职责分工负责）

（四）推进商品交付环节包装减量化。指导寄递企业制修订包装操作规范，细化限制快递过度包装要求，并通过规范作业减少前端收寄环节的过度包装。鼓励寄递企业使用低克重、高强度的纸箱、免胶纸箱，通过优化包装结构减少填充物使用量。（国家邮政局和各地方人民政府按职责分工负责）推行快递包装绿色产品认证，推广使用绿色快递包装。（国家邮政局、市场监管总局负责）督促指导电商平台企业加强对平台内经营者的引导，提出快递包装减量化要求。（商务部负责）督促指导电商企业加强上下游协同，设计并应用满足快递物流配送需求的电商商品包装，推广电商快件原装直发。（商务部、国家邮政局、工业和信息化部按职责分工负责）

（五）加强包装废弃物回收和处置。进一步完善再生资源回收体系，鼓励各地区以市场化招商等方式引进专业化回收企业，提高包装废弃物回收水平。鼓励商品销售者与供应方订立供销合同时对商品包装废弃物回收作出约定。（商务部和各地方人民政府按职责分工负责）进一步完善生活垃圾清运体系，持续推进生活垃圾分类工作，健全与生活垃圾源头分类投放相匹配的分类收集、分类运输体系，加快分类收集设施建设，配齐分类运输设备，提高垃圾清运水平。（住房城乡建设部和各地方人民政府按职责分工负责）

（资料来源：《国务院办公厅关于进一步加强商品过度包装治理的通知》）

（1）绿色包装的含义。

绿色包装（Green Package）又可以称为无公害包装和环境友好包装（Environmental Friendly Package），指对生态环境和人类健康无害，能重复使用和再生，符合可持续发展的包装。它的理念有两个方面的含义：一方面是保护环境，另一方面是节约资源。这两者相辅相成，不可分割。其中保护环境是核心，节约资源与保护环境又密切相关，因为节约资源可减少废弃物，其实也就是从源头上对环境的保护。

具体内涵：

①实行包装减量化（Reduce）。绿色包装在满足保护、方便、销售等功能的条件下，应是用量最少的适度包装。欧美等国将包装减量化列为发展无害包装的首选措施。

②包装应易于重复利用（Reuse）或易于回收再生（Recycle）。通过多次重复使用，或通过回收废弃物，生产再生制品、焚烧利用热能、堆肥化改善土壤等措施，达到再利用的目的，既不污染环境，又可充分利用资源。

③包装废弃物可以降解腐化（Degradable）。为了不形成永久的垃圾，不可回收利用的包装废弃物要能分解腐化，进而达到改善土壤的目的。世界各工业国家均重视发展利用生物或光降解的包装材料。

Reduce、Reuse、Recycle 和 Degradable 即是 21 世纪世界公认的发展绿色包装的 3R 和 1D 原则。

④包装材料对人体和生物应无毒无害。包装材料中不应含有有毒物质，或有毒物质的含量应控制在有关标准以下。

⑤在包装产品的整个生命周期中，均不应对环境产生污染或造成危害。即包装制品从原材料采集、材料加工、制造产品、产品使用、废弃物回收再生，直至最终处理的生命全过程均不应对人体及环境造成危害。

以上前四点应是绿色包装必须达到的要求，最后一点是依据生命周期评价，用系统工程的观点，对绿色包装提出的理想的、最高的要求。根据以上分析，绿色包装可定义为：绿色包装就是能够循环复用、再生利用或降解腐化，而且在产品的整个生命周期中对人体及环境不造成公害的适度包装。

《餐饮外卖绿色包装解决方案》发布

2023年5月18日，在中国包装联合会、中国商业联合会指导下，美团青山计划、餐饮外卖绿色包装应用工作组、美团新餐饮研究院历时一年共同编写的《餐饮外卖绿色包装解决方案》（第一阶段），正式在第九届中国外卖产业发展大会上发布。

第一阶段《解决方案》涵盖了以蛋糕类、冰凉甜品类、咖啡类、轻食类、饺子类、粥品类为代表的六大菜品品类绿色包装升级指引（其他品类也将陆续推出，欢迎持续关注、参与）。《解决方案》是一份给餐饮商家的绿色包装升级指引手册。

《方案》展示了"为全量商家提供外卖包装可回收、可降解或可重复使用解决方案"的阶段性成果，为以蛋糕类、冰凉甜品类、咖啡类、轻食类、饺子类、粥品类为代表的六大菜品品类绿色包装提供升级指引。

餐饮外卖绿色包装应用工作组通过线上问卷调查的方式，收集了1678位商家和524名消费者对外卖包装的反馈意见。问卷调查结果显示，"良好的包装性能"和"绿色环保"成为消费者最关注的两个维度。在外卖场景下，好的外卖包装是保障消费者用餐体验的重要基础，并且能够帮助商家提高复购率。

《方案》提出，不同品类因其菜品特性不一，对包装的关注点也不同。如粥品的最佳食用温度较高，对包装的耐热性和隔热性要求会更高；含汤水的餐品则更关注包装的密封性等。因此分品类的绿色包装指引能够帮助商家结合自己品类找到更匹配实际应用需求的解决方案。

《方案》分析，好的包装一定是适合的包装。绿色包装解决方案不是"只考虑环保"，需综合考量性能、外观、价格、环保四大维度，商家可以根据自身需求适当平衡。

《方案》认为，环保也并非遥不可及，商家只要有推动绿色环保的意愿，提升专业知识、科学使用绿色包装并不都需要大额投入。比如商家将原本使用的黑色塑料聚丙烯餐盒，替换成本色或透明的同类型餐盒，即可提升包装的易回收、易再生性。

中国包装联合会副会长兼执行秘书长韩雪山认为，餐饮外卖包装有必要重点研究两个方面，一是环保，要探索研究减量化、可降解、易回收的包装解决方案；二是性能，要在保障环保基本要求的情况下，研究能够更好地保障外卖品质的包装方案。

中国包装联合会副会长、餐饮外卖绿色包装应用工作组专家委员会副主任委员王利表示，餐饮外卖包装行业的发展需要从产业链全过程统筹考虑，根本是要实现源头减量。《方案》不断探索餐饮外卖包装行业的减碳路径，开展细分领域和应用场景研究，从全生命周期、全产业链寻找餐饮外卖包装的新型解决方案，不断推动餐饮外卖包装行业可持续发展。

（资料来源：《餐饮外卖绿色包装解决方案》发布［J］.中国包装，2023(6)）

（2）绿色包装分级。

绿色包装分为 A 级和 AA 级。A 级绿色包装是指废弃物能够循环复用、再生利用或降解腐化，含有毒物质在规定限量范围内的适度包装。AA 级绿色包装是指废弃物能够循环复用、再生利用或降解腐化，且在产品整个生命周期中对人体及环境不造成公害，含有毒物质在规定限量范围内的适度包装。

上述分级主要是考虑解决包装使用后的废弃物问题，这是世界各国保护环境过程中关注的污染问题，是一个需持续关注和解决的问题。

（3）绿色产品标识。

1975 年，世界第一个绿色包装的"绿色"标识在德国问世。世界上第一个绿色包装的"绿点"标识是由绿色箭头和白色箭头组成的圆形图案，上方文字由德文DERGRNEPONKT 组成，意为"绿点"。

绿点的双色箭头表示产品或包装是绿色的，可以回收使用，符合生态平衡、环境保护的要求。1977 年，德国政府又推出"蓝天使"绿色环保标志，授予具有绿色环保特性的产品，包括包装。"蓝天使"标志由内环和外环构成，内环是由联合国的桂冠组成的蓝色花环，中间是蓝色小天使双臂拥抱地球状图案，表示人们拥抱地球之意。外环上方为德文循环标志，外环下方则为德国产品类别的名字。

德国使用环境标志后，许多国家也先后开始实行产品包装的环境标志。如加拿大的"枫叶标志"、日本的"爱护地球"、美国的"自然友好"和证书制度，中国的"环境标志"（图 6-4）、欧共体的"欧洲之花"、新加坡的"绿色标志"、新西兰的"环境选择"、葡萄牙的"生态产品"等。

图 6-4 中国环保标志

1993 年 6 月国际标准化组织成立了"环境管理技术委员会"（TC 207），制定了类似质量管理那样的一套环境管理标准。2006 年为止，TC 207 委员会已制定了一些标准（如 ISO 14000）并颁发实施。美国的企业界、包装界纷纷实施 ISO 14000 标准，并制定了相关的"环境报告卡片"，对包装进行寿命周期评定，完善包装企业的环境管理制度。日本1994年10月成立了环境审核认证组织。欧共体1993年3月提出了《欧洲环境管理与环境审核》，并于1995年4月开始实施。中国一些企业进入21世纪以后也开始实施ISO 14000系列标准，但与国外相比还有一定差距。

（4）绿色包装策略。

绿色包装策略主要有以下内容：

①包装材料选择策略。绿色包装应该选择以下几种包装材料：重复再用和再生的包装材料；可食性包装材料、可降解材料、纸材料。

②减少包装材料的种类和数量。产品包装的种类应尽可能少。一般包装设计师为了产品的外观需要，也为了吸引越来越多的消费者，提高产品的档次，尽可能使用不同种类的材料，有些包装的零部件就有很多。真正成功的、吸引人的包装设计是包含许多其他包装设计所无法比拟的独特内涵的，如包装的人性化、简易但又不丧失其完整性及风格的独特性、功能性和环保性等。如果能够用一种部件或使用单一种类的材料就尽量使用一种，这样更有助于产品的回收利用。包装设计师有责任也有义务为所设计的包装可能带来的社会效应和生态环保效应做足够的预估。

③使用无害包装。《欧洲包装与包装废弃物指令》规定了重金属含量水平（铅、汞和铝等）、铅含量应少于100PPM。各国都应以立法的形式规定禁止使用或减少使用某些含有铅、汞或铝等有害成分的包装材料，并规定重金属含量，市面上非常流行的一次性泡沫塑料饭盒也不仅不可以回收利用，而且埋在地下长期不易腐烂，对它进行焚烧又对环境造成污染，因此必须禁止使用。

④用包装设计图案及色彩等唤起人们的环保意识。产品包装的图案和色彩听起来似乎和环境保护没有多大的关系，但是它却直接影响着消费者的视觉感受，如果包装上刻意附上一些环保标志和环保图片，就会刺激消费者的大脑，提醒消费者不要乱丢弃包装废弃物。有些包装上的图片往往采用美丽的山水风景画面，不仅可以给人视觉上的享受，还可以借以增强消费者的环保意识。

阅读材料

与绿色包装有关的法律法规

《邮件快件包装管理办法》

发布时间：2021年2月8日

文　件　号：中华人民共和国交通运输部令2021年第1号

主要内容：使用有毒物质作为填充材料，处5000元以上1万元以下的罚款；未制定包装操作规范，可以处3000元以上1万元以下的罚款；邮件快件的包装操作明显超出邮件快件内件物品包装需求的，可以处 1000 元以上 5000 元以下的罚款，未遵守国家有关禁止、限制使用不可降解塑料袋等一次性塑料制品的规定，依照《固体废弃物污染环境防治法》执行。

《关于加快推进快递包装绿色转型意见的通知》

发布时间：2020 年 11 月 30 日

文 件 号：国办函〔2020〕115 号

主要内容：到 2022 年，电商快件不再二次包装比例达 85%，可循环快递包装应用规模达 700 万个；到 2025 年，电商快件基本实现不再二次包装，可循环快递包装应用规模达 1000 万个。

《进一步加强塑料污染治理的意见》

发布时间：2020 年 1 月 16 日

文件号：发改环资〔2020〕80 号

主要内容：到 2022 年底，北京、上海、江苏、浙江、福建、广东等省市的邮政快递网点，先行禁止使用不可降解的塑料包装袋、一次性塑料编织袋等；到 2025 年底，全国范围邮政快递网点禁止使用不可降解的塑料包装袋、塑料胶带、一次性塑料编织袋等。

国家标准《电子商务物流可循环包装管理规范》（GB/T 41242—2022）

发布时间：2022 年 3 月

文件号：国家标准化管理委员会〔2022〕第 2 号

实施时间：2022 年 10 月 1 日实施。

主要内容：规定了电子商务物流可循环包装的分类、要求、仓储管理、运输管理及企业管理。适用于电子商务物流活动中货物从供应商到电子商务企业的配送中心、分拨中心、营业网点的可循环包装管理。本标准旨在引导相关企业积极承担社会责任，促进电子商务物流领域循环包装的普及与应用，实现电子商务绿色化、可持续发展。

国家标准《绿色仓储与配送要求及评估》（GB/T 41243—2022）

发布时间：2022 年 3 月

文件号：国家标准化管理委员会〔2022〕第 2 号

实施时间：2022 年 10 月 1 日实施。

主要内容：规定了仓储与配送绿色化的基本要求、仓储要求、配送要求和包装要求，并给出了评估指标。本标准旨在全社会推广绿色仓储配送的理念和技术，引导企业将绿色化作为企业发展的目标，降低企业运营成本，推动仓储配送行业的节能降耗、绿色减排，促进行业可持续发展。

6.2.4 绿色产品商标策略

（1）绿色产品商标的设计原则。

绿色产品应该根据产品的环保特点和营销需要设计其绿色商标（Green Trademark），在设计的过程中，除了遵守一般商品的设计原则外，还应该遵守以下原则：

①体现环保特性。在设计商标时体现环保特性最直接的方式就是在商标名称中提及并采用通用的绿色标识，或者在商标的名称中直接使用"绿色"一词。

②传达绿色信息。通过强调产品的特定属性有效地传达绿色信息，这主要包括：强调绿色和天然；强调含有（如绿色成分）或不含有某种成分（如某种有害物质）；强调产品的浓缩特点；强调产品的经济性；强调产品的耐用性等。

③制造方法上体现绿色。通过强调产品的制造方法传递产品的绿色信息，这主要包括：强调产品是再生或可循环使用的；强调产品生产方式的传统特点；强调产品的生物特点；强调产品的原生特点。

（2）绿色产品商标策略。

①商标有无策略。对于绿色产品，既可以采取有商标策略，也可以采取无商标策略。竞争性产品需要设计绿色商标，这不仅有利于宣传企业的绿色形象，吸引消费者购买，同时也有利于产品的法律保护。对于某些大众性的绿色产品，实行无商标策略可以达到节省包装、节约费用、降低成本和售价的作用。

②商标统分策略。商标统分策略是指企业对经营的全部绿色产品，是采取统一的商标还是按照商品类别分别使用不同的商标。具体来说主要有四种策略，见表6-3。

表6-3　传统营销与绿色营销商标策略上比较

策略名称	内涵	优点	缺点
统一商标	企业所有绿色产品都统一使用一个商标	企业能形成统一的商标形象与市场形象，宣传推广后续新产品的费用开支较低	某一种产品出现问题就会牵连其他产品并影响产品和企业信誉；容易混淆、难以区分产品质量档次
个别商标	企业对不同的绿色产品分别设计和使用不同的商标	单个产品经营的失败不会损坏其他产品的市场形象，可形成各个产品独立的市场优势	提高企业的促销费用，存在自身竞争的风险，不利于企业统一形象的宣传
分类商标	对企业的绿色产品按照产品线分类，每类产品分别使用不同的商标	可以避免不同类型产品在功能、形象等方面的相互混淆；可以明显区别不同质量水平的绿色产品	提高企业的促销费用，不利于企业统一形象的宣传

续表

策略名称	内涵	优点	缺点
企业名称 + 个别商标	企业对各种不同的绿色产品分别使用不同的商标，不同的商标前均冠以企业名称	使各种商品均能享受企业信誉又能促进企业形象的建立，不同的新产品又能凸显自己的特色和形成自己的市场地位	个别商标出现问题会牵连整个企业；提高企业的设计费用，增加成本

③商标扩展策略。企业利用已经成功的绿色产品商标推出新的或改良的绿色产品，包括推出新的绿色产品、推出新用途的绿色产品、新绿色包装的产品，或在规格、式样等方面具有新特色的绿色产品。

④商标重新定位策略。某一商标的绿色产品在市场上的最初定位要随着时间的推移进行重新调整。对绿色产品的商标进行重新定位时，主要考虑以下几个因素：一是市场环境的变化；二是新定位带来的成本费用；三是新定位能够带来的经济效益、社会效益和环境效益。

6.2.5　绿色产品开发

在对环境的末端治理不能解决问题的情况下，从技术创新、产品设计、产品生产到产品包装等各环节、全过程着手，开发能减少乃至防止污染和环境破坏的绿色产品，已成为时代的呼唤。同时，绿色产品的开发也是保证企业实施绿色营销、塑造绿色企业形象的关键性、战略性问题。

（1）绿色技术开发。

绿色产品的开发，离不开绿色技术的支撑。

绿色技术是指人们以保护生态环境为宗旨，在利用自然、改造自然的生产劳动中积累的经验和知识。技术的源泉是研究与开发。近年来，对绿色研究与开发的认识，已从产品制造过程发展到产品自然生命周期各个阶段。强调绿色产品的研究与开发应从关注产品生命周期的某一阶段转变为关注自然生命周期的全过程，最终关注各企业的产品自然生命周期间的关联。因此产品的自然生命周期在绿色技术中成为一个重要因素。

产品自然生命周期是指从自然资源中获得产品材料，经过加工成为制品，供人类使用后又回到自然的循环过程。产品自然生命周期包括采集原材料、大批量处理、工程化及特殊材料生产、制造与装配、使用与服务、退出使用、处置等。产品自然生命周期成本，则指在产品生命周期各个阶段发生的成本总和。其中使用和服务成本通常被关注较多，而其他成本，如制造装配成本、工程化及特殊材料生产成本、退出使用成本、处置成本等，往往被生产者和消费者所忽视。因此，传统的技术创新也多集中于降低使用成本和服务成本。这显然与可持续发展背道而驰。因此，现代绿色技术的概念与产品自然生命周期紧密相关，是以实现产品自然生命周期各阶段的绿色化，并使成本总量达到最小化的技术。

与之相应，绿色技术创新即是促使产品自然生命周期各阶段的绿色化、降低产品自然生命周期成本的技术创新，是绿色技术从思想形成到推向市场的全过程的创新。首先可以进行原材料创新，或努力开发运用天然材料，或对传统材料进行生态化改造，控制好产品生命周期的源头；其次，随着处理与制造的某些变化，原有的加工工艺也往往需考虑环境问题而加以改进，因此需进行处理与制造技术创新，或开发以零排放为目标的污染预防技术，或开发以减少污染物排放为目的的末端治理技术；最后，回收与复用、废弃物处置技术创新及对产品自然生命周期各个阶段的管理环节进行的创新等也是绿色技术创新的重要途径。

（2）绿色设计。

在研究与开发的基础上，需要进行合理的产品设计，形成绿色产品概念。传统设计方法以提高企业经济效益为目标，很少考虑在产品的生产及使用过程中对环境和社会所造成的危害。新兴的绿色设计方法则从产品自然生命周期各个阶段出发，采用生命周期工程设计（Life-Cycle Engineering Design，LCED），目标是使所设计的产品对社会的贡献最大，而对制造商、用户和环境的成本最小。绿色设计是运用产品生命周期评估技术，对整个生命周期的各阶段进行分析设计、成本评估，并将评估结果用于指导设计和制造方案的决策，将面向不同阶段的现代设计方法统一成为有机整体。这种设计方法在产品设计阶段就考虑产品整个生命周期内的价值，除包括产品所需的功能外，还包括产品的可生产性、可装配性、可测试性、可维修性、可运输性、可循环利用性和环境友好性，努力在设计阶段就将产品对环境的影响降至最低水平。绿色设计主要有以下几个研究领域：

①质量功能开发。

②材料选择设计。

③面向制造与装配设计。

④面向拆卸的设计。

⑤面向循环的设计。

⑥生命周期评估。

⑦绿色设计工具软件开发研制。发展绿色设计，不仅需要技术人员的努力，也需要有相应的法规作为保障。我国目前的绿色设计研究刚刚起步，在制造与装配设计方面还未进行实质性研究，相应的法律法规也不完善，应尽快开展与之相关的研究与应用工作。

除绿色技术创新和绿色设计外，在绿色技术方面需要引起高度重视的还有技术成果转化及产业化的问题。

6.3 绿色产品价格策略

价格是市场营销组合中一个最敏感也最灵活的因素，也是一个重要而复杂的决策变量。它是企业的一种竞争手段，在一定程度上影响企业的竞争地位、市场份额、收入和利润。在绿色营销中，绿色产品定价涉及的因素很多，需要企业对绿色产品需求、自然资源和生态环境价值等价格因素进行分析，并探索绿色产品的定价方法和定价策略。

阅读材料

国家发改委关于创新和完善促进绿色发展价格机制的意见

绿色发展是建设生态文明、构建高质量现代化经济体系的必然要求，是发展观的一场深刻革命，核心是节约资源和保护生态环境。为深入学习贯彻习近平生态文明思想，认真落实全国生态环境保护大会精神，助力打好污染防治攻坚战，促进生态文明和美丽中国建设，国家发改委出台了创新和完善促进绿色发展的价格机制的相关意见。

全面贯彻落实党的十九大和十九届二中、三中全会精神，以习近平新时代中国特色社会主义思想为指导，牢固树立和落实新发展理念，按照高质量发展要求，坚持节约资源和保护环境的基本国策，加快建立健全能够充分反映市场供求和资源稀缺程度、体现生态价值和环境损害成本的资源环境价格机制，完善有利于绿色发展的价格政策，将生态环境成本纳入经济运行成本，撬动更多社会资本进入生态环境保护领域，促进资源节约、生态环境保护和污染防治，推动形成绿色发展空间格局、产业结构、生产方式和生活方式，不断满足人民群众日益增长的优美生态环境需要。

基本原则是：

——坚持问题导向。重点针对损害群众健康的突出环境问题，紧扣打赢蓝天保卫战、城市黑臭水体治理、农业农村污染治理等标志性战役，着力创新和完善污水垃圾处理、节水节能、大气污染治理等重点领域的价格形成机制，理顺利益责任关系，引导市场，汇聚资源，助力打好污染防治攻坚战。

——坚持污染者付费。按照污染者使用者付费、保护者节约者受益的原则，创新资源环境价格机制，实现生态环境成本内部化，抑制不合理资源消费，鼓励增加生态产品供给，使节约资源、保护生态环境成为市场主体的内生动力。

——坚持激励约束并重。针对城乡、区域、行业、不同主体实际，在价格手段可以发挥作用的领域和环节，健全价格激励和约束机制，使节约能源资源与保护生态环境成为单位、家庭、个人的自觉行动，形成共建共享生态文明的良好局面。

——坚持因地分类施策。支持各地结合本地资源禀赋条件、污染防治形势、产业结构特点，以及社会承受能力等，研究制定符合绿色发展要求的具体价格政策；鼓励有条件的地区制定基于更严格环保标准的价格政策，更好促进生态文明建设和绿色发展。

主要目标：

到 2020 年，有利于绿色发展的价格机制、价格政策体系基本形成，促进资源节约和生态环境成本内部化的作用明显增强；到 2025 年，适应绿色发展要求的价格机制更加完善，并落实到全社会各方面各环节。

《意见》聚焦污水处理、垃圾处理、节水、节能环保等四方面：

一是完善污水处理收费政策，建立城镇污水处理费动态调整机制、企业污水排放差别化收费机制、与污水处理标准相协调的收费机制，健全城镇污水处理服务费市场化形成机制，逐步实现城镇污水处理费基本覆盖服务费用，探索建立污水处理农户付费制度。

二是健全固体废物处理收费机制，建立健全城镇生活垃圾处理收费机制，完善危险废物处置收费机制，全面建立覆盖成本并合理盈利的固体废物处理收费机制，完善城镇生活垃圾分类和减量化激励机制，加快建立有利于促进垃圾分类和减量化、资源化、无害化处理的激励约束机制，探索建立农村垃圾处理收费制度。

三是建立有利于节约用水的价格机制，深入推进农业水价综合改革，完善城镇供水价格形成机制，全面推行城镇非居民用水超定额累进加价制度，建立有利于再生水利用的价格政策，保障供水工程和设施良性运行，促进节水减排和水资源可持续利用。

四是健全促进节能环保的电价机制，完善差别化电价政策、峰谷电价形成机制以及部分环保行业用电支持政策，充分发挥电力价格的杠杆作用，推动高耗能行业节能减排、淘汰落后，引导电力资源优化配置，促进产业结构、能源结构优化升级和相关环保业发展。同时，鼓励各地积极探索生态产品价格形成机制等各类绿色价格政策。

（资料来源：国家发改委：创新和完善促进绿色发展的价格机制的意见，〔2018〕943 号，部分节选）

6.3.1　影响绿色产品定价的主要因素

影响绿色产品定价的因素包括绿色定价目标、绿色产品需求、绿色成本、绿色竞争、其他营销组合变量等。

（1）绿色定价目标。

定价目标是价格策略的灵魂，是定价方法和定价策略的依据。常见的定价目标主要有：追求盈利最大化、短期利润最大化、实现预期的投资回报率、提高市场占有率、实现销售增长率、适应价格竞争、保持营业以及稳定价格，维护企业形象等。绿色产品定价的主要目标应该包括：获取利润、提高市场占有率、树立企业良好形象。

①以获取利润为定价目标。获取利润是企业从事生产经营活动的最终目标，具体可通过产品定价来实现。生产绿色产品的企业由于增加企业成本，所以在制订定价目标时可以采取这样三种策略：以获取投资收益为定价目标，以获取合理利润为定价目标，以获取最大利润为定价目标。实行以获取投资收益为定价目标的企业，要根据投资额规定的收益率计算出单位产品的利润额，加上产品成本作为销售价格。这里的成本要把生产绿色产品产生的研发费用、清洁生产、绿色包装等绿色成本考虑进去。实行以获取合理利润为定价目标的企业，是以适中、稳定的价格获取长期利润的一种定价目标。实行这种定价目标的企业必须有充分的后备资源并打算做长期经营的企业。实行以获取最大利润为定价目标的企业，追求在一定时间内获得最高利润额。

②以提高市场占有率为定价目标。一般情况下，市场占有率比投资收益率更能说明企业的营销绩效，因为有时一个企业可能获得客观的利润，但相对于整个市场来说，市场占有率可能很小或者正在下降。所以所有企业都希望提高自身的市场占有率。实行绿色营销的企业可以通过自己的绿色形象扩大销售，取得更多消费者的支持和拥护，借以提高企业的市场占有率。

③树立良好的绿色企业形象。目前，以生态与经济协同发展的可持续发展观念已经深入人心，绿色企业形象已经成为新时代的最佳企业形象。这主要源于以下三个方面原因：一是社会公众越来越关注环保事业，二是绿色产品及其经营者越来越受到公众欢迎，三是绿色企业形象成为高素质企业形象的象征。这就使得追求绿色营销观念的企业越来越多，树立良好的绿色企业形象逐渐成为一些推行绿色营销观念的企业的定价目标。

（2）绿色产品需求。

随着消费者绿色消费意识的不断增强，也就产生了绿色需求，使消费者对价格的敏感性发生了变化。因此，在绿色产品的定价过程中，企业营销人员必须分析绿色需求对绿色产品价格的影响，并以此来指导企业定价。

①绿色产品需求的价格敏感性因素。绿色需求的价格敏感性因素包括：

第一，产品性质。对消费者健康和环境产生不利影响的产品，消费者对价格敏感性可能降低。消费者对绿色食品、绿色家电、绿色汽车、绿色建筑等绿色产品的价格敏感性一般来说较低。例如，消费者对水质的关注，而购买价格远高于自来水的纯净水。

第二，绿色企业形象。对环保生态、消费者健康比较关注的企业所生产的产品，有可能获得自己的忠诚顾客。

第三，绿色沟通。企业除了生产绿色产品外，还要把绿色信息传播给消费者，建立绿色产品认知和价值，这样会获得溢价。

第四，消费者素质和消费者收入。消费者素质不同，对环境问题的关注程度不同，必然对绿色产量的价格敏感性不同。消费者的收入是消费者的消费预算约束，显然会影响消费者对绿色产品的价格敏感性。

②绿色产品需求价格弹性。据研究，在欧美国家，半数以上的消费者在购买产品时要考虑绿色因素，并愿为之多支付 30% ～ 100% 的费用。由于消费者绿色意识的增强，越来越多的消费者趋于追求绿色产品，追求产品的安全性、无害性、健康性。20 世纪初，英国的研究人员对 2450 个样本的调查发现，90% 的人将环境问题与消费联系起来，并愿意为因产品环境标准的提高而支付额外的费用。消费者绿色意识的提高，使消费者需求发生了重大改变，对价格敏感性降低。在我国，绿色因素也成为影响消费者购买产品的一个重要决策指标。据调查，我国消费者在价格相同时，愿意购买绿色产品的比重占 50% 以上，而价格高一些也愿意购买绿色产品的占比更高。这说明，绿色产品的需求的价格弹性比非绿色产品需求的价格弹性要低，即绿色产品消费者对价格的敏感性较非绿色产品要低。而且，随着收入的提高，这种趋势越明显。另据调查，我国消费者在购买产品时，产品的绿色标志对消费者购买决策也有影响，对应于月收入 300 元以下，300 ～ 600 元，601 ～ 1000 元，1001 元以上，有影响的百分比分别为 52.5%、79%、77.5%、75.0%。

（3）绿色成本。

①绿色成本与绿色成本函数。产品的绿色化将改变产品成本和产品成本函数。产品的成本可用成本函数表示：

$$C=f_1（Q）$$

其中 C 是成本，Q 是产量。而 $Q=f_2（Z_1，Z_2，\cdots，Z_n）$ 即生产函数，表示生产技术状况给定条件下，生产要素的投入量与产品的最大产出量之间的物质数量关系的函数式。由：

$$C=f_1（Q）$$
$$Q=f_2（Z_1，Z_2，\cdots，Z_n）$$

说明：企业产品的成本函数取决于产品的生产函数和投入要素的价格。而生产函数又反映了投入与产出之间的技术关系。

②产品绿色化对绿色成本的影响。绿色产品的生产要素构成要比一般产品复杂，这势必会影响产品定价。绿色产品成本中增加的部分如下：第一，自然资源要付费；第二，替代资源的使用可能增加成本；第三，绿色营销要增加管理费用；第四，为符合新的立法而产生的成本；第五，排污费；第六，用于预防生态灾害或消除污染的保险费开支，以及对使用稀缺资源、易产生污染的加工以及废弃物处理征税，也会增加绿色产品的成本。

企业在进行绿色营销的过程中，其产品成本也可能减少，其有利因素包括：第一，由于生产中投入的原料和能源的节约而减少成本；第二，发展资源替代也可能降低成本；第三，企业通过贯彻绿色营销观念，可以减少有关管理费用，从而减少成本。

③产品绿色化将改变生产函数进而影响成本。企业以利润极大化为目标，即使销售收入与总成本之间的差额达到极大值。总收入取决于产量及其价格，而总成本涉及两个方面：生产要素的价格；使用的要素（投入）与产品（产出）之间的物质技术关系。

绿色营销要求企业，在从事经营活动时考虑自然资源和生态环境两个重要问题。这会改变企业的生产函数 Q（稀缺自然资源的要素替代，生产技术和效率的改变）从而影响成本 C。

生产函数的改变对成本的影响是双重的。从近期来看，由于要实施绿色营销可能增加投入，技术效率也可能降低，从而增加成本。但从长远看，随着绿色产品市场的扩大，绿色产品数量将增加，从而为企业带来规模效益，以及由减少废弃物和原料的使用的节约而导致要素利用效率提高，从而减少成本。

（4）绿色竞争。

在传统营销条件下，企业的目标就是通过产品、价格、分销和促销等战胜竞争对手，争取更大的市场份额和获得更多的利润，这种竞争往往以资源浪费和环境损坏为代价。传统营销下，企业在进行营销活动时一般只考察对企业、顾客和竞争产生直接影响的因素，调动一切可利用的资源，击败对手，争取顾客，把自然资源和生态环境作为竞争的"平台"，认为这一切是既定的条件和永恒不变的可利用因素。这样，企业要做的就是高效率地将自然资源转换成人类所需的各种产品，并以比竞争对手"更低的价格"或"更好的质量"提供给消费者，以获得市场份额，占领市场，结果是浪费资源和损害环境。

绿色营销要兼顾企业、顾客、竞争者和生态环境之间的相互关系，这就要求企业重塑竞争观念，要把竞争对手看作伙伴，尤其是生态环境保护的合作伙伴。

在绿色竞争中，企业不仅要关注利润和市场占有率，更要关注生态环境、资源、低碳经济等问题，从这些方面取得竞争优势。具体包括：

①产品方面。绿色营销的获胜者将不完全依靠价格竞争，而是更多地依靠生产更安全、更健康、性能更良好、更人性化、使用寿命更长的产品。

②资源利用方面。绿色营销的获胜企业资源消耗较少，日益寻找新的、廉价的稀缺资源消耗替代品，资源的利用效率更好，资源消耗增长率随着技术创新及其应用将不断降低。产品使用后，其回收利用率也较高。

③能源利用方面。绿色营销的优胜企业将不断开发利用新的可再生能源，如海洋能、地热能、风能、水能、太阳能、生物能，在生产中不断降低能耗，特别是降低不可再生的化石燃料的消耗，既减少对能源资源的耗竭，又减少环境污染和生态破坏。

④环境保护方面。绿色营销的优胜者，其产品在生产过程、分销过程、产品使用和

耗费过程以及使用过程中，对环境的损害更小。企业在生产过程中可能产生废水、废气、废渣（即所谓的工业"三废"），还可能产生电磁、噪声。从事绿色营销的企业为了获胜，必须减少污染排放总量，通过技术创新不断降低污染物排放量并进行污染治理。

（5）影响绿色产品定价的其他因素。

影响绿色产品定价的其他因素包括社会经济发展状况、消费观念、消费者收入等因素。一般来讲，社会经济越发达，文明程度越高，消费者收入越高，购买力越强，对绿色产品需求越强烈，对价格敏感性越弱。此外，国家的政策法规、关税壁垒对定价也有影响。

6.3.2　绿色产品定价方法

根据对影响绿色产品定价因素的分析，企业在定价时要考虑的主要因素是成本、竞争者、竞争手段和需求情况。因此，绿色产品的定价方法主要三种：成本导向定价方法、需求导向定价方法、竞争导向定价方法。

（1）成本导向定价方法。

所谓成本导向定价方法，就是企业在定价时，以企业成本为中心，首先考虑收回在生产经营中投入的全部成本，在此基础上获得一定利润。成本导向定价可采用的具体方法有成本加成定价法、目标收益定价法。

①成本加成定价法。在这种定价方法下，把所有为生产某种绿色产品而发生的耗费均计入成本的范围，计算单位产品的变动成本，合理分摊相应的固定成本，再按一定的目标利润率（加成）来决定价格。其计算公式为：

$$P = C(1+R)$$

其中，P 为单位产品价格。C 为单位产品总成本，R 为目标利润率。绿色产品价格的特征之一就是要将环境成本考虑进去。

②目标收益定价方法。目标收益定价法又称投资收益率定价法，是根据企业的投资总额、预期销量和投资回收期等因素来确定价格。采用目标收益定价法确定价格的基本步骤为：

第一步，确定目标收益率。

$$目标收益率 = 1 / 投资回收期 \times 100\%$$

第二步，确定单位产品目标利润额。

单位产品目标利润额 ＝ 总投资额 × 目标收益率 ÷ 预期销量

第三步，计算单位产品价格。

单位产品价格 ＝ 企业固定成本 ÷ 预期销量 ＋ 单位变动成本 ＋ 单位产品目标利润额

与成本加成定价法类似，目标收益定价法很少考虑市场竞争和需求的实际情况，只是从保证生产者的利益出发制定价格。另外，先确定产品销量，再计算产品价格的做法完全颠倒了价格与销量的因果关系，把销量看作价格的决定因素，在实际应用时受到限制。但对于那些需求比较稳定的大型制造业、供不应求且价格弹性小的商品、市场占有率高、具有垄断性的商品，以及大型公用事业、劳务工程和服务项目等，在科学预测价格、销量、成本和利润四要素的基础上，目标收益法仍不失为一种有效的定价方法。

（2）需求导向定价方法。

需求导向定价方法是从目标市场需求出发来确定价格的方向。需求导向有两种定价方法：认知价值定价法、需求差别定价法。

①认知价值定价法。所谓认知价值定价法，是指企业根据目标市场消费者对产品的认知价值来制定价格的一种方法。这种方法的立足点是企业要确定顾客对产品价值的看法和认识，而不是企业的成本。认知价值定价法要掌握两个关键：

第一，企业应通过市场营销研究，探测消费者对本企业所生产的产品在市场上同类品牌的认知价值。

第二，企业还应估计和测量本企业营销组合中的非价格变量在目标市场中将要建立起来的认知期望值，并比较产品差异和认知价值差异（与市场上同类产品其他品牌进行产品的性能、用途、质量、外观的认知比较和认知价值比较），然后给产品制定价格，这种价值要能反映消费者对产品的评价，而不是企业成本，更不是企业主观价值判断。

②需求差别定价法。这种方法是指企业在制定价格时，根据需求差异性来决定同种产品在不同销售条件下的价格差异。在实际中，确定一个基本价格，然后根据不同顾客、不同式样、不同销售地点、不同时间，浮动价格。在应用这种方法时，应避免价格歧视引起顾客反感，还要注意产品在不同细分市场之间越界流动。

③逆向定价法。这种定价方法主要不是考虑产品成本，而是重点考虑需求状况。依据消费者能够接受的最终销售价格，逆向推算出中间商的批发价和生产企业的出厂价格。逆向定价法的特点是：价格能反映市场需求情况，有利于加强与中间商的良好关系，保证中间商的正常利润，使产品迅速向市场渗透，并可根据市场供求情况及时调整，定价比较灵活。

（3）竞争导向定价方法。

竞争导向定价方法是一种企业为了应付市场竞争的需要而采取的特殊定价方法。竞争导向有三种方法：随行就市定价法、产品差别定价法、密封投标定价法。

①随行就市定价法。在垄断竞争和完全竞争的市场结构条件下，任何一家企业都无法凭借自己的实力而在市场上取得绝对的优势。为了避免竞争特别是价格竞争带来的损失，大多数企业都采用随行就市定价法，即将本企业某产品价格保持在市场平均价格水平上，利用这样的价格来获得平均报酬。

②产品差别定价法。产品差别定价法是指企业通过不同营销努力，使同种同质的产品在消费者心目中树立起不同的产品形象，进而根据自身特点，选取低于或高于竞争者

的价格作为本企业产品价格。因此，产品差别定价法是一种进攻性的定价方法。

运用产品差别定价法，首先要求企业必须具备一定的实力，在某一行业或某一区域市场占有较大的市场份额，消费者能够将企业产品与企业本身联系起来。其次，在质量大体相同的条件下实行差别定价是有限的，尤其对于定位为"质优价高"形象的企业来说，必须支付较大的广告、包装和售后服务方面的费用。因此，从长远来看，企业只有通过提高产品质量，才能真正赢得消费者的信任，才能在竞争中立于不败之地。

③密封投标定价法。在国内外，许多大宗商品、原材料、成套设备和建筑工程项目的买卖和承包，以及出售小型企业等，往往采用发包人招标、承包人投标的方式来选择承包者，确定最终承包价格。一般来说，招标方只有一个，处于相对垄断地位，而投标方有多个，处于相互竞争地位。标的物的价格由参与投标的各个企业在相互独立的条件下来确定。在买方招标的所有投标者中，报价最低的投标者通常中标，它的报价就是承包价格。这样一种竞争性的定价方法就称为密封投标定价法。

6.3.3　绿色产品定价策略

企业从事绿色营销时，应根据目标市场消费者需求情况、产品成本、竞争状况等因素及其变化趋势，采取相应定价策略，以适应企业的营销目标。

（1）新产品定价策略。

绿色产品可视为新产品。当某种绿色产品第一次投入市场，或者第一次进入一个新的市场，或者企业通过技术创新开发的绿色产品都可视为新产品。绿色产品可根据情况采取取脂定价方法、渗透定价方法。

①取脂定价策略。这种方法是指绿色产品投入市场时，采取尽可能高的价格策略，以尽快收回绿色成本，并获得相应利润。这种定价策略适用条件是：第一，产品有鲜明的"绿色特色"；第二，面对的是一个绿色消费意识浓厚的市场，对价格不是较敏感；第三，"绿色工艺"受专利保护是取脂定价策略实施的最有利条件。

②渗透定价策略。当绿色产品投入市场时，也可采用渗透定价策略，即相对较低的价格，以吸引较多的顾客，提高市场占有率。这种定价策略适用的条件是：第一，该种绿色产品的潜在顾客较多，市场较大，这种潜在需求，将随着绿色市场的培育转变为现实需求。第二，绿色企业的这种产品的生产成本和经营费用会随着生产经营经验的累积而下降，即可取得成本效应（Cost-effect）。第三，随着销量的增加，市场占有率的扩大，单位产品成本会下降，即取得规模经济效果（Scale-economy）。第四，采取渗透定价的绿色产品的市场需求一般对价格较为敏感，低价能够刺激购买，唤起绿色消费意识。从这个意义上讲，渗透定价好比长投资，只有绿色市场完全形成后，才能收回绿色投资，并获得相应利润。第五，渗透定价要有一个比较好的竞争环境，即低价不会引起竞争强化的威胁。

（2）产品组合定价策略。

传统上的产品组合定价包括两种：产品线定价和单一价格定价。产品线定价策略：在定价时，首先确定一个最低价，在产品线中充当领袖价格，吸引消费者购买产品线中的其他产品；其次，确定产品线中某种产品的最高价格，它在产品线中充当品牌质量和收回投资的角色；最后，产品线中的其他产品依据其在产品线中的角色不同而制定不同价格。单一价格定价策略是指企业销售品种较多而成本差距不大的商品时，为了方便顾客挑选和内部管理的需要，企业所销售的全部产品实行单一价格。传统产品组合定价的依据是产品系列的需求和成本的内在关联性，没有考虑生态环境问题。

绿色产品组合定价策略不同于传统上的产品组合定价策略。绿色产品组合定价策略，是根据绿色产品的需求、绿色产品生产成本和绿色产品生产资源利用三方面的内在关联性实施定价的一种策略。一般来讲，有强烈需求的绿色产品，如健康、安全、无毒、无害的产品，制定比较高的价格，而对为提高资源利用率的副产品，或为减少环境压力，在生产满足需求的产品过程中所产生废物回收利用形成的产品则实施低价，甚至低于成本的价格策略。可见，绿色产品组合定价策略，实际上是发挥价格的调节作用，建立合理的消费结构，从而减少资源消耗，保护环境，贯彻绿色营销观念，协调企业、消费者和生态环境的关系，达到企业持续经营的目的。

（3）差别定价策略。

这种定价策略又称价格歧视，是指根据消费者需求强度和对某种绿色产品的了解程度采用不同价格，而这种产品的成本相同，也就是说，绿色产品的利润因不同消费群体而有差异。

企业在进行国际市场营销时，可采用绿色产品差别定价策略。由于不同国家社会经济发达程度差异较大，人们受教育程度和水平差异较大，收入差别较大，企业因针对不同国际市场的子市场采取不同价格，这样既可以扩大销售，又可以保证一定利润。例如，绿色产品在英国、法国、美国等发达国家可以制定高价，而在一些发展中国家则可采取低价等策略。

对绿色产品实施差别定价需注意：过高的价格可能影响竞争力，过低价格可能引起低价竞销和违法，要对目标市场的营销环境进行分析、评价。

（4）竞争定价策略。

竞争定价，是根据竞争对手的产品来确定自己产品的价格，尤其是在供应者相对稀少的情况下采用这种定价方法。竞争定价法，虽然也考虑产品的成本、需求等，但主要依据乃是竞争产品价格。

绿色产品也可采用竞争定价策略，即根据市场上相同或相似的绿色产品价格水平来定价的策略。但是，绿色产品竞争定价策略的应用有其特殊意义。

第一，竞争者之间通过维持相同或相似的价格可以发展壮大某些绿色产业，特别是投资比较大、利润比较低、见效比较慢、发展比较脆弱的绿色产业，如生态农业等。

第二，对于整个社会福利有重大作用，而经济效益差的某些产业，比如环保产业，竞争者之间可采取战略联盟，并采取相同的价格策略，以避免价格战，损坏整个产业。

第三，对于某些生产资源比较稀缺的产业，竞争者之间应签订价格协议，以限制需求，控制供应，维持产业的长期发展。

（5）认知价值定价策略。

认知价值定价法，是根据营销组合中的非价格变量在目标消费者心目中建立起来的认知价值来确定价格的方法。

绿色产品的认知价值定价策略，就是把价格变量与其他营销组合变量协调起来，从而达到增加销售的目的。通过绿色产品的定位、质量、促销活动，以及企业绿色形象的塑造，在消费者心目中建立独特的认知价值，在根据消费者认知价值确定相应价格。认知价值定价的关键是协调营销组合的价格要素和非价格要素，保持二者高度的一致性。一方面，要使顾客期望值与产品体验价值一致，即在绿色促销中，所传达的好处要与产品体验价值保持一致，这样才会让顾客满意；另一方面，产品定价与顾客认知价值一致，这样才会让顾客觉得物有所值。

绿色产品定价策略要与其他营销组合策略同时并用，其具体步骤如下：第一，确定目标市场。第二，市场定位。第三，确定营销组合。根据目标市场需求情况和市场定位开发生产适当的产品，并拟订初步价格，通过合适的分销渠道将产品送达目标市场，通过促销向消费者传达合适的信息，建立产品价值期望。第四，按初步价格试销。按现行价格将产品投入市场，进行推广。第五，认知价值确认。通过市场营销研究，了解市场对推出的绿色产品的认识程度，即对该绿色产品的性能、用途、质量、外观等的认知程度和评价，特别是对该产品的绿色特色的了解程度及其认可程度。第六，产品价值综合评估。有两种方法：第一种方法：直接价格评定法。直接价格评定法是绿色产品目标市场消费者对本企业产品和其他品牌进行直接价值评定，如绿色产品为 4.8 元，另一非绿色品牌 3.9 元。第二种方法：诊断评议。诊断评议是把本企业绿色产品的一组属性与另一品牌进行逐一比较，然后累算出产品价值。把对两种产品的属性评分与属性权重相乘累加，得出本企业绿色产品认知价值为 50，而另一品牌为 30，如另一品牌的实际价格为 4 元，则本企业产品价格大约为 7 元。

阅读材料

如何让"绿色价格机制"有效落地

国家发展改革委近日对外发布《关于创新和完善促进绿色发展价格机制的意见》，明确了我国在这些领域的价格改革方向，重点聚焦完善污水处理收费政策、健全固体废物处理收费机制、建立有利于节约用水的价格机制、健全促进节能环保的电价机制四个方面。计划到 2025 年建立比较完善的绿色发展价格机制。

"生态文明建设是关系中华民族永续发展的根本大计。"中国人民大学国家发展与战略研究院于 2018 年 4 月发布的《绿色之路——中国经济绿色发展报告 2018》指出，我国绿色发展不平衡突出，经济发展与可持续性不协调，约 20% 的城市和省区经济发展和可持续性严重失衡，面临环境质量退化、可持续性下降的挑战。生态文明建设处于压力叠加、负重前行的关键期、攻坚期、窗口期。

在这样的历史条件下和生态基础上，确保到 2035 年，生态环境质量实现根本好转，美丽中国目标基本实现。到 21 世纪中叶，物质文明、政治文明、精神文明、社会文明、生态文明全面提升，绿色发展方式和生活方式全面形成，人与自然和谐共生，生态环境领域国家治理体系和治理能力现代化全面实现，建成美丽中国，任务艰巨，挑战巨大。

推进绿色发展，必须政府宏观把控，更多地用市场的、财税的手段，鼓励和引导社会各方面力量推动绿色发展，而利用价格机制无疑是十分可行的手段。通过出台价格优惠或惩罚措施，能够实现绿色价值和导向引领。

因为价格不但反映供求情况，同时也是一种激励约束机制，在价格驱使下，人们会去发现、利用和发展绿色产业、产品，规避高污染行业和产品。价格还是一种信息发现机制，在价格的驱使下，人们的潜力被激发出来，会去创造、创新出原来没有被发现的绿色产业、产品需求，这项政策的用意是十分值得期待的。

事实上，在大的发展战略和政策导向下，各地都不同程度地采取了地方版的绿色发展价格机制。《关于创新和完善促进绿色发展价格机制的意见》是国家层面，也是首次比较系统地出台绿色价格政策，明确提出促进形成绿色发展方式、绿色生活方式、培育绿色发展新动能等众多综合努力方向，足见国家在引领绿色发展方面的决心和毅力。

不过，过去各级政府和各部门"绿色价格政策"推进中仍然存在一些问题，主要是政策在给予、实施过程中存在不透明。比如绿色电价政策，哪类企业应该实施惩罚性的电价、哪类企业实施优惠性的电价，在对企业的甄别和实施中缺乏透明度；也因具体操作人员的理解偏差而导致不公平，甚至形成暗箱操作，埋下腐败的隐患，既损害政策的效率，也破坏政策的公平。

另一个问题是责任追究不力。由于政策实施不透明，难以进行同级监督，更不要说社会监督，结果，不但政策的执行不到位、不精准，而且出现了失职失责的行为。比如政策掌握者慷国家之慨，肥一己之利，鲜有听闻受到严肃处理的。这反过来也在消耗政策的成效，无法让政策发挥最大功效，还滋生了负面效应。

可见，仅有好的政策、好的价格激励手段还远远不够，要想收到预期效果，还有很长的路要走。从政策出台到具体实施，到最后的成果显现，中间有很多环节，任何一个环节脱钩，任何一个环节变形走样，任何一个人动了歪心思，都不会达到预期的结果。

透明的政策实施、严厉的责任追究、社会的广泛监督，可以最大限度地防止各种弊病，这是无数的经验教训所证实的。

创新和完善促进绿色发展价格机制的意见很好，有效落地才是真好。建立透明的绿色价费政策实施范围、具体施与对象公示的有效平台，接受社会有效监督，严肃追责和评价机制，给政策的实施和监督者佩上责任的利剑，诸如此类的举措才是治本之策。

（资料来源：廖保平.如何让"绿色价格机制"有效落地[J].小康,2018(22):87.）

6.4　绿色产品分销策略

分销渠道策略是所有市场营销策略中最困难、最富有挑战性的策略之一，因为分销渠道策略是众多营销策略组合中最需要其他组织和部门配合才能有效实施和完成的策略。分销渠道一旦确定，要改变它将十分困难。所以，许多企业都非常重视分销渠道策略。绿色产品的特殊性质决定其分销渠道与一般产品的分销渠道是不同的。

6.4.1　绿色产品分销渠道的类型与特点

（1）绿色产品分销渠道的含义。

分销渠道是指某种商品和服务从生产者向消费者转移的过程中，取得这种商品和服务所有权或帮助转移所有权的所有企业和个人。绿色产品分销渠道，是指绿色产品从生产者手中转移到消费者手中所经过的由众多执行不同职能、具有不同名称的各中间商连接起来形成的通道。从另一个角度讲，正是通过这些中间机构的经营活动，绿色产品的生产企业才能完成其营销过程，才得以实现在适当的时间、按适当的价格与数量，将产品送达适当地点的目标消费者手中。而这一系列中间机构（商）就形成了一条不同类型的分销渠道。

（2）绿色产品分销渠道的类型。

①绿色产品正向分销渠道。绿色产品正向分销渠道就是企业作为生产者，经过代理商、批发商、零售商等中间机构向消费者销售产品的过程。这与一般消费者市场的分销渠道类似，因为绿色产品主要是用于满足人们生活消费需要的对社会具有无污染、无害性物质的优质产品，其分销渠道具有一般消费者市场分销渠道的基本层次。具体见图6-5。

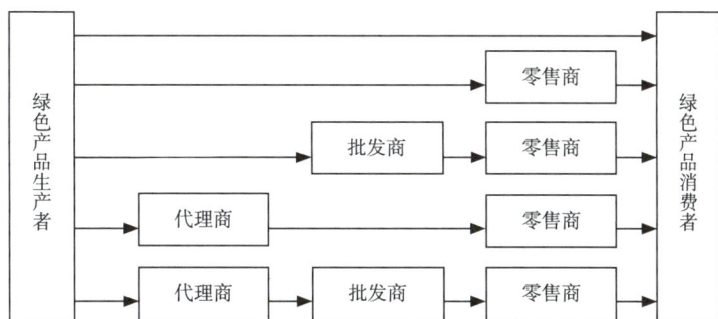

图 6-5 绿色产品分销渠道基本类型

在图 6-4 中，绿色产品的分销渠道主要包括：

零阶渠道，即通常所说的直接渠道，是指绿色产品生产者直接将产品销售给最终消费者，包括绿色产品生产企业通过自设的门市部、专卖店等销售其产品，中间没有任何中间销售环节。

一阶渠道，即中间只包含一层销售中间机构——零售商，如连锁店、超级市场等。

二阶渠道，即包含两层中间机构，如批发商和零售商或代理商和零售商等。

三阶渠道，即包含三层中间机构，如代理商—批发商—零售商。

在企业考虑环境要素时，往往采用短渠道的方式，以达到节约资源、保护环境、降低成本的目标。

②绿色产品反向分销渠道。绿色产品反向分销渠道就是使绿色消费者改变角色成为一个生产者，例如回收利用固体废弃物，就是通过分销渠道使物流发生反向的流动来实现的。目前已有一些企业和中间商在反向分销渠道中扮演着重要的角色，如有些企业建立的制造商废弃物回收中心、专业废品收购企业等。这些部门收到固体废弃物后，将固体废弃物简单处理或者不经过任何处理再返还给生产企业，生产企业经过技术处理和消毒处理后进行二次使用，这对固体废弃物的有效处理和资源的有效利用都起到了重要作用。绿色产品反向分销渠道可以用图示加以说明，见图 6-6。

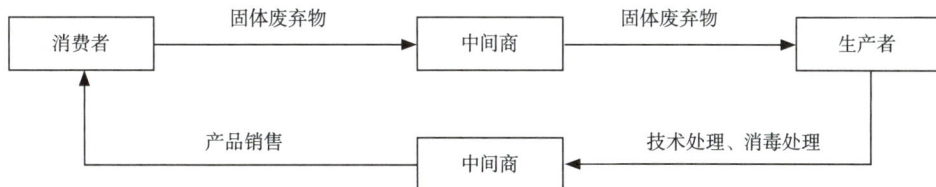

图 6-6 绿色产品反向分销渠道

（3）绿色产品分销渠道的特点。

①一体化。考虑到绿色产品生产与消费的特殊性，其分销渠道首先具有产销一体化

的特点，即考虑到绿色产品生产和流通全过程的特殊要求，要使生产与销售有机结合，尤其要做到售前、售中、售后的有机结合；其次是具有国内外一体化的特点，即在分析绿色产品分销渠道的过程中要考虑绿色产品的国际化要求，特别是国际标准化组织所推行的 ISO 14000 环境管理标准及其体系的要求，要全面实行绿色产品生产、分销系统的国内外一体化。

②专门化。与一般产品相比，绿色产品在包装、储运、销售、定价、消费使用等方面都有其独特的要求。

③大众化。绿色产品是用来满足人们日常生活的消费品，分销过程需要达到便民、利民的要求，因此，绿色产品的分销渠道具有大众化的特点。

④层次化。由于目前绿色产品的生产规模、水平与投入等方面的原因，绿色产品的生产、销售成本相对比较高，因此绿色产品的市场定位是高层次的，其分销渠道就具有层次性的特征。

6.4.2　绿色产品分销渠道的选择策略

（1）绿色产品分销渠道选择的影响因素。

企业在绿色产品分销渠道选择时会受到绿色产品本身特点、消费需求特性、宏微观环境等因素的影响和制约，具体表现如下：

①产品特性。绿色产品的形状、大小、类型、性质等对分销渠道的选择具有重要影响，如体积大、分量重的绿色产品适于选择尽可能短的分销渠道，容易腐烂的绿色产品适于选择零阶渠道等。

②消费者需求特性。影响绿色产品分销渠道选择的另一个重要因素就是消费者需求特性，如消费者的分散与集中程度、购买频繁与否、购买数量、是否要求就近购买等。对于那些消费者比较分散、购买频率比较高、要求就近购买的绿色商品，应该选择二阶渠道或三阶渠道，相反，则应该选择零阶渠道或者一阶渠道。

③市场环境特性。影响绿色产品分销渠道选择的市场环境特性包括宏观环境和微观环境，其中宏观环境包括人口、经济、自然、技术、政治、法律、文化等因素；微观环境包括供应商、中间商、顾客、竞争者、公众等。

④企业状况。如果企业的声誉高、财力雄厚，具有良好的营销管理技能和经验，在选择分销渠道方面就有更大的主动权，甚至在必要时有可能建立自己的分销渠道，而这种渠道相应就会"短而窄"。相反，如果企业知名度低，资金紧张，又缺乏营销管理技能和经验，在选择分销渠道上就会处于被动的境地。这时企业对分销渠道的控制要求就会降低，从而选择间接的渠道。

（2）绿色产品分销渠道的选择策略。

绿色产品分销渠道选择主要考虑三方面的内容，即确定分销渠道（中间商）类型、所需中间商数目，以及渠道成员的权利和责任。

①确定分销渠道类型。确定分销渠道类型就是要确定分销渠道模式或渠道长度。无须中间商时，采用自己的渠道；使用中间商时，根据"高效地将产品送至不同市场"的原则，列出可供选择的中间商类型，并确定中间商的数量。

②确定中间商数目。绿色产品生产企业必须决定在每一渠道层次利用中间商的数目，即决定渠道宽度，采用密集分销、独家分销。

③规定分销渠道成员的条件与责任。一是绿色价格，即制订中间商认为公平合理的价格目录和折扣表；二是绿色销售条件，包括付款条件和生产者的承诺；三是经销商的区域权利，是否给经销商以特权，经销商应该达到的销售业绩；四是服务项目，即相互应该提供的服务项目和应该承担的责任。

阅读材料 ▷

戴尔公司的零库存，助力直销模式的实现

零库存是一种特殊的库存管理模式，它并不意味着没有库存。从物流运作的角度来看，在零库存的管理模式中，生产资料在采购、生产、销售等经营环节中，不以仓库储存的形式存在，而是一直处于周转的状态。在该模式下，企业通过实施特定的库存控制策略，使库存数量趋于最小化。

戴尔公司零库存管理模式。戴尔公司作为全球企业首选的 IT 整体解决方案及服务供应商，是实施零库存管理模式的典型成功实例。"坚持直销，摒弃库存，与客户结盟"便是戴尔公司有名的"黄金三原则"。戴尔公司的装配车间没有设置仓储空间，原配件由供应商直接运送至装配线，生产出的产品也直接配送给指定客户，原配件和产成品均采用零库存制。订单由客户传至戴尔公司的控制中心，控制中心负责将任务分解，并通过企业间信息网分派给第三方物流企业，通知其将一级供应商生产完工的配件送至戴尔公司；与此同时，控制中心还会迅速地将订单分配到各个生产线上。生产线上装配好的整机包装好后，被运送到特定的区域进行分区配送。从整个生产流程来看，从零部件被送进戴尔公司到产成品的运出，通常只需要四至六个小时的时间。

零库存管理实施条件。从零库存在戴尔公司的成功实施，不难看出采用零库存管理模式是需要具备一定条件的。

一是完备的管理信息系统。在上游供应商方面，戴尔公司依靠先进的网络信息技术，与供应商保持经常性沟通，实时共享重要的生产信息。戴尔公司与有些厂商甚至每隔几小时就联络一次，以便让对方知道公司的存货状况与补货需求。在下游客户端，戴尔公司与客户直接联系，以获取第一手信息，而不是通过经销商。戴尔

公司在厦门总部建有一套电脑电话集成系统，可以对客户打入的电话进行整理，并检查客户的等候时间。戴尔公司还建立了强大的订货处理系统和客户服务系统，将不能按时交货导致信用受损的风险降到最低。戴尔公司每年与客户进行近 20 亿次网络互动，全球有超过 350 万的用户通过媒体或在线服务商与戴尔公司进行联络。

二是与供应商的协同合作。在零库存管理模式下，减少原材料、半成品库存的关键在于供应商的反应速度和企业的生产速度。因此，与供应商协调关系、加强合作是实现零库存、保证企业高效运转的重要条件。戴尔公司一直致力于与供应商强强联手，并遵循"单纯而紧密"的相处原则，与较少的供应商建立较紧密的关系，提高与供应商的一致性。与此同时，企业还需加强对供应商供货质量方面的监控与管理，避免因零部件质量问题而导致存货增加或后续生产延误。

三是强大的物流运作系统。零库存管理模式的成功实施，离不开强大的物流运作系统做支撑。目前许多企业采用第三方物流的运作方式，将物料放在第三方物流企业管理的仓库中。戴尔公司在确认客户的订单后，将其传至第三方物流企业，企业在规定时间内迅速将零部件运送到戴尔公司。专业的第三方物流提供者效率高、功能齐全、分布广泛，极大地降低了戴尔公司的库存成本，促进了零库存的实现。

（资料来源：张睿涵.零库存管理模式探究——以戴尔公司为例 [J]. 中外企业家,2020(21):78.）

6.4.3　绿色产品分销渠道管理

绿色产品生产企业在选定了分销渠道模式后，要加强分销渠道的管理。这一工作包括如下几方面内容。

（1）绿色产品分销渠道的分类管理。

绿色产品生产企业针对不同的中间商所采取的管理方式是不同的。

首先，需要对各种渠道类型进行评估，以此确定企业可以选择的中间商类型。对绿色产品生产企业而言，每一种渠道模式都可以从经济性、可控性和适应性三个方面加以考察。

从经济性标准看，每一种渠道模式都有其特定的成本和销售额。首要的问题是评判利用企业自己的销售队伍或利用销售代理商，谁带来的销售额更高？随后是评估每一种渠道模式下不同销售额的成本。一般来讲，可以运用两者间的损益平衡成本图进行选择。

从可控性标准看，使用销售代理商容易产生控制问题。因为销售代理商是一个独立的机构，以追求自己的利润最大化为目标，它主要关注消费者最想购买的产品，而非企业生产的产品。而且有些销售代理商更注重生产企业所提供收益的多少，将其原有的承诺置之脑后。销售代理商很可能对企业产品的技术细节缺乏兴趣，也不会有效地利用生产者提供的促销资料。

从适应性标准看，主要考察企业选择的每一种渠道所承担的义务与经营灵活性之间的关系。在市场环境发生变化时，渠道成员的承诺将降低绿色产品生产企业的适应能力。对涉及长期承担义务的渠道选定，应在经济或可控性方面有非常优越的背景时才能予以考虑。

如何为绿色产品分销选择渠道成员？对绿色产品生产企业来说，选择渠道成员的难度差异很大。有些企业毫不费力就物色到合格的中间商，而有的企业却要费尽周折。这取决于绿色产品生产企业本身的声誉及其产品的畅销程度。但无论如何，绿色产品生产企业都必须明确合格中间商的选择标准或特征。

其次，对绿色产品分销渠道进行分类管理。由于绿色产品所具有的某些特性，其分销渠道有多种类型，其管理方式也具有多样化的特点。

一般来讲，绿色产品的分销渠道包括直接渠道与间接渠道两大类。

直接渠道是由生产企业直接销售给消费者，包括上门推销、邮购、直复营销和制造商自有商店等。其中上门推销、邮购和新兴的直复营销对于越来越追求节省时间和便利性的消费者来说，应该是非常重要的分销形式。但在销售代理人员素质较低和整个经济生活信用程度很差的情况下，管理难度显著加大，因此其利用率正受到质疑。为此，必须在国家法令的约束下，逐步提升销售代理商的信用水平，降低销售代理风险。相对而言，制造商自有商店（门市部）较受国人的欢迎，对绿色产品的销售来讲，可借用这种销售形式，采用连锁店模式，实施规范经营，逐步提高经营水平。

间接渠道是指通过一个或一个以上的中间商销售产品。它包括一层、二层、三层甚至更多层渠道。对于不同类型的中间商，其管理难度是不一样的。对于绿色产品的销售，中间商的层次相对较少，比较普遍的是一层、二层分销渠道。因此对绿色产品批发商的管理与控制主要集中在通过专业化的销售与促销、仓储与运输等方面，通过分工，协助生产企业完成其产品向市场的推进。而对绿色产品零售商的管理，则主要表现在为选定的零售机构进行绿色产品技术培训、广告协助、价格目标制订和销售规划等。

（2）绿色产品分销渠道成员的评价与激励。

①对中间商的评估。评估标准包括：销售配额完成情况、平均存货水平、送货时间、损坏和遗失货物的处理情况、在促销与培训计划方面的合作情况、货款回收状况以及对顾客提供服务的情况等。其中销售配额完成情况是最重要的评估指标。采用的评估方法是将各中间商的销售业绩分期列表排名，以此了解中间商的销售实绩，并作为奖优罚劣的依据。同时辅以另外两种比较：一是将中间商的销售业绩与前期比较；二是根据每一中间商所处的市场环境和它的销售实力分别确定其可能实现的销售定额，再将其销售额实绩与定额进行比较。这样就比较科学且令人信服了。

同时绿色产品的制造商与中间商也存在许多矛盾，如制造商发现自己支付给中间商的报酬比中间商实际所做的要多；制造商给中间商以补贴，鼓励中间商将自己的产品摆放在货柜最显眼的地方，但后来却发现中间商将自己的产品摆放在角落，而将竞争者的产品摆放在最显眼的地方。因此，绿色产品的制造商应该建立类似的制度：完成协议的任务，支付一定的报酬；如果中间商完不成任务，就需要予以建议、重新培训或重新激励，如果还不行的话，也许最好的办法就是终止关系。

②对中间商的激励。激励渠道成员产生最佳业绩的基础是要了解中间商的需求与愿望，并据此采取有效的激励手段。一般来讲，绿色产品制造商在处理其与分销商的关系时，通常有三种激励方法：合作、合伙与分销规划。

（3）绿色产品分销渠道的调整。

设计和建立一个好的渠道，对绿色产品制造商而言，只是完成了整个渠道系统工作的一部分，为了适应市场环境的变化，还必须定期对分销渠道进行调整和修改。当消费者购买模式发生改变、市场扩大或缩小、产品市场生命周期的更替、新竞争者加入和新的分销渠道出现时，修改和调整渠道就非常必要。如对于汽车公司来讲，过去都是通过物资系统的渠道经销的，但现在已面临一些新的低成本渠道的挑战。

6.4.4　建立与绿色产品分销相配套的绿色通道

（1）绿色通道的含义。

绿色通道，是指从满足绿色产品生产、销售和消费的需要出发，通过开辟公路、铁路、航空及水上常年性绿色产品运输通道，并按照经济合理的原则将其联结起来，发挥各类运输工具的优势，消除不必要、不合理的关卡和收费，在全国范围内甚至在国际上构建高效率、无污染、低成本的绿色产品运输网络和联运系统。

（2）建立绿色通道的意义。

建立和开辟绿色通道的重要意义主要表现在：第一，加快我国绿色产品的产销；第二，促进绿色市场的形成和发展；第三，提高生态环境质量和改善社会生活质量。

（3）建立绿色通道的工作重点。

建立绿色通道的主要工作包括：第一，制定绿色通道管理办法，形成公路、铁路、航空到水运全方位联运系统和网络；第二，制定绿色产品的运输标准，防止出现"二次污染"；第三，研究制定有关的扶持政策，按照国家有关规定消除不必要的关卡和收费，支持绿色通道的发展；第四，制定和发放统一的"环境标志"或"绿色标志"。

6.5　绿色产品促销策略

绿色产品促销策略是生产绿色产品的企业通过人员和非人员的方式，沟通绿色企业与消费者之间的信息，引发、刺激消费者的购买欲望，使其产生购买行为的活动，是绿色营销活动的重要组成部分。绿色产品促销策略主要包括绿色广告策略、公共宣传策略、人员推销策略和促销组合策略。

6.5.1 绿色产品的广告策略

绿色产品的广告是强调绿色产品"环境保护"特性的广告，即在产品广告中要重点宣传产品的可降解、可循环、低污染及节约能源等特性。绿色产品广告具有一般广告的内涵及其特征，但是绿色产品的广告目标、诉求对象和媒体选择都有其独特的特征。

（1）绿色产品广告的目标。

这是绿色产品广告规划的第一步。广告目标必须服从公司已制定的有关绿色产品目标市场及市场组合和营销组合等决策。

①考虑因素。制定绿色产品广告目标需要考虑的因素包括：消费者的绿色消费意识；绿色产品的特性；绿色产品所处的产品生命周期阶段；绿色产品的市场竞争状况等。

②绿色产品广告目标制定。绿色产品的广告目标包括引导、告知、说服和提醒四个阶段的目标。具体见表6-4。

表6-4 绿色产品不同阶段的广告目标

阶段	绿色产品广告目标	
引导阶段	①增强环境保护观念； ②培养消费者绿色消费意识； ③树立高品质的绿色生活方式； ④培育绿色消费需求；	⑤激发对自然的渴望； ⑥培植绿色消费文化； ⑦形成绿色消费习惯
告知阶段	①向消费者传递绿色产品信息； ②提出绿色产品带来的利益； ③宣传绿色产品的绿色成分和特性； ④宣传绿色企业的绿色行为；	⑤树立绿色企业形象； ⑥纠正绿色消费的错误印象和消费习惯； ⑦减少绿色消费者的怀疑
说服阶段	①建立绿色产品品牌偏好； ②鼓励消费者进行绿色消费；	③改变消费者的消费习惯； ④说服消费者购买绿色产品
提醒阶段	①提醒消费者需要绿色产品； ②提醒消费者何处购买绿色产品；	③提高绿色产品的品牌知名度； ④培养消费者对绿色品牌的忠诚度

（2）绿色产品广告的重点。

绿色产品在引导、告知、说服和提醒四个阶段的工作重点见表6-5。

表6-5 绿色产品广告的重点

阶段	阶段特点	工作重点
引导阶段	绿色需求尚不旺盛，绿色产品市场尚未大规模的形成	绿色产品的广告目标主要是引导消费者对生活环境和生活品质的重视，增强大众的环保意识，从而促进绿色消费行为的产生，培育绿色产品市场

续表

阶段	阶段特点	工作重点
告知阶段	市场开拓阶段	目的是向市场介绍绿色产品的特性，如产品成分的纯天然性，产品在使用过程中和使用后不会对环境造成危害及污染
说服阶段	市场竞争比较激烈的阶段	公司的目的在于建立对绿色产品品牌的选择性需求，吸引新顾客，促进绿色产品消费者购买本公司的绿色产品
提醒阶段	各个阶段	通过不断地向消费者灌输本公司的绿色产品信息，使消费者在重复性地接受过程中，铭记本公司绿色产品的品牌。其目的是保持消费者对该绿色品牌的忠诚，让现有的消费者相信他们购买该品牌的绿色产品的决定是正确的

（3）绿色产品的广告诉求。

①诉求类型。绿色产品广告诉求一般包括三类：第一，理性诉求。理性诉求是观众自身利益的要求，它们显示产品能产生所需要的功能利益。它向观众展示产品质量、经济、价值或性能的信息。第二，感情诉求。感情诉求是试图激发起某种否定或肯定的感情以促使其购买。信息传播者传播带有害怕、内疚和羞愧等感情和情绪的信息，以使人们去做该做的事或停止做不该做的事。第三，道义诉求。道义诉求用来指导观众分辨什么是正确的和什么是适宜的。它常常被用来规劝人们支持社会事业。

②诉求对象。一般来说，绿色产品的广告诉求对象主要包括三个方面：第一，绿色产品。绿色产品是广告诉求的主体。绿色产品广告通常表现绿色产品最重要的具有绿色特性的信息，例如，有利于身体健康、节能、对环境不会造成危害或污染较小等。第二，绿色文化。在绿色消费意识淡薄、绿色需求不旺时，企业应该把绿色文化作为主要的诉求对象。绿色文化的核心是绿色价值观，它包括了人热爱自然、与自然和谐相处的思想观念，追求安全、健康、高品质绿色生活方式等。第三，企业形象。通过广告，树立良好的企业形象。绿色产品广告向绿色消费者传播有关企业在环境保护、维护生态平衡等绿色行为的信息，赢得公众的好感，从而树立良好的企业形象。

③诉求主题。根据绿色广告的诉求对象，绿色产品的广告诉求主题主要包括以下几个方面：第一，安全、健康、无污染。这主要是表现产品的绿色特性。第二，舒适、和谐、高品质的生活方式。主要引导公众改变旧有的生活和消费习惯，增强环保意识，注重生活环境和生活品质，增强绿色消费观念。第三，责任。通过宣传现在人类所面临的资源枯竭，生态环境破坏等，增强公众保护生态环境的责任感，从而转变消费行为。

（4）绿色产品广告媒体选择。

广告媒体的选择随着社会的发展日趋多样化、现代化，从传统的大众传媒（宣传单、报纸、杂志、电视、广播）到现代传媒（网络）。各种不同的传播媒介有其特定的针对性和特点，因而在选择媒体时，要充分考虑各种媒体的特点，结合产品的性质、广告信息接收者的偏好及广告预算水平，选择最适宜的媒介。

在选择绿色产品广告媒体时，除了必须了解各类主要媒体在触及面、频率和影响等方面所具备的能力及优缺点，还必须考虑以下几个重要方面。

①绿色消费者的媒体习惯。绿色消费者一般都具有较好的经济生活水平，受过良好的教育，注重生活环境和生活品质，追求休闲、健康、安全的生活方式，因此网络、专业性休闲杂志对其有较大的吸引力。

②绿色产品所表达的主题。如果所表达的主题是树立一种健康、自然、和谐的高品质生活，那么用电视广告则能达到较好的效果。

③绿色产品的类型及特点。如果绿色产品是属于工业用品，具有节能、低污染和安全的技术特性，则适宜采用专业性杂志。

④媒体本身的绿色特性。所选择的媒体本身应有利于环保或至少不污染环境，不破坏自然和谐，能够高效地使用资源，或者媒体所表达的内容具有宣传环境保护、维护生态平衡的特性。因此散发宣传单或在风景名胜处竖立一巨大的广告牌这类方式就不宜采用。

⑤广告费用"绿色"原则。应选择目标顾客覆盖率高、成本低廉的媒体来传递绿色信息，尽量节约广告费开支，减少资源浪费。

阅读材料

"漂绿"现象的背后市场

随着全球"碳中和"目标的确定，越来越多的产品开始贴上"碳中和"的标签，国际社会对"漂绿"现象也越来越关注。

何为漂绿？

"漂绿"的概念由来已久。这一概念最早出现在20世纪80年代，由美国环保主义者杰伊·韦斯特维尔德提出。

杰伊·韦斯特维尔德在当时揭露酒店业者提出的毛巾循环利用倡议，其实并非真正为减少环境负面影响，而是为了降低酒店业的毛巾清洗成本。提出倡议的企业既获得了更多的消费者订单，又降低了运营成本，但实质上却有可能对消费者的健康安全增加潜在风险，长期来看是一项具有欺骗性质的不正当商业竞争行为。从而首次引发了公众对于商业漂绿行为的关注。

环境营销公司 Terra Choice 将"漂绿"界定为关于公司的环境绩效或产品、服务的环境效益误导消费者的行为。其本质上是一种"假环保"和"虚假宣传"，也就是说得多做得少，甚至是"假绿"。为此，又延伸出"漂绿广告"等概念。

汇业律师事务所环境资源与能源专委会执行主任张秀秀认为，"漂绿"在国内没有统一的概念，但在国内多个银行社会责任报告、证券交易所及最高人民法院发布的相关文件中已经有所提及。"综合国内外相关概念界定，我个人将企业的'漂绿'行为界定为：一种企业失实的绿色宣传或承诺。"主观上，企业通过虚假的绿色营销行为，欲取得绿色标签的好处；客观上，并未实际作出或者达到其宣传或承诺的绿色服务水平或者产品水准，是一种负面的行为评价。在严重情况下，该类行为可能构成违法行为。

通俗来讲，漂绿就是企业"说"的比"做"的多。企业宣称环保，却言行不一。不同于单纯的环境污染事件，漂绿实质上是一种虚假的绿色营销。具体而言，漂绿就是企业在没有实施解决环境问题的实际性行动情况下，表面上在环境管理中扮演了积极的角色，但并未真正实施相关策略。

无论是过去还是现在，总有一些企业被指控在他们的广告中有虚假的环境声明。

识别"漂绿"陷阱。

当前，ESG、可持续发展已是全球企业关注的关键词，成为负责任的企业公民已不是高要求，而是底线。在"碳中和"等绿色议题引领下，企业更热衷于宣传自己的绿色属性，期望获得消费者的好感。绿色概念产品遍布各行各业，存在专业壁垒，更可能出现"漂绿"风险。

"漂绿"的关注度在不断增加，巨量算数指数显示，相比2021年，2022年关于"漂绿"的综合指数同比增长100%，搜索指数同比增长54.55%。

那么，如何鉴别一个企业只是穿着"绿色"马甲的伪装者？有媒体总结过企业"漂绿"的十大行为：公然欺骗、故意隐瞒、双重标准、空头支票、前紧后松、政策干扰、本末倒置、声东击西、模糊视线、适得其反。其中，公然欺骗、故意隐瞒、双重标准和本末倒置最为常见。

"漂绿"行为是比较隐蔽的，比如企业对投资人报喜不报忧，在环境信息披露方面只讲自己的贡献，对自己环境管理之不足避而不谈，甚至存在选择性披露，对于一些行政监管记录没有依法进行披露。对于这种企业未对外披露的隐藏式问题，市场需要借助第三方专业环保组织的监督和揭发。

再如，"零碳""可回收"等标签，实际企业能做到的程度，外部的消费者很难检验。从有效识别"漂绿"行为的角度，除了依赖政府监管、第三方环保组织的监督外，个体可以从企业的ESG报告、可持续发展报告去查看相应环保承诺及绿色减排宣传有没有具体的实施路径和对应措施，如果只是泛泛而谈，很有可能是一张绿色的"空头支票"。

企业"漂绿"的治理需要不同利益主体的广泛参与。

一是提升公众、投资者、媒体对"漂绿"行为的认知、识别能力和防范意识。企业绿色营销行为直接受众是消费者，消费者作为亲历者，如能广泛参与到识别和打击"漂绿"行为中，将"漂绿"行为曝光，媒体予以举一反三地揭露。这种联合公众参与的打击方式，更能维护、激励和提振真正绿色企业的发展，从而实现优币驱逐劣币。

二是强化行业自律，各行业协会积极参与到禁止"漂绿"行为的宣传及倡议中。例如，对于涉"漂绿"典型事件的企业加以警示和风险提示。

三是加强绿色债券、绿色投资的标准化设定，从投资的源头强化"漂绿"行为的监管。

四是强化 ESG 报告编制单位、咨询单位的监管和社会责任教育，提升 ESG 报告中绿色宣传、绿色承诺的可操作性。

对于严重的虚假宣传，直接涉及违反国内《广告法》的，应由市场监督管理行政部门依法介入行政干预。

（资料来源：陈碗 ."漂绿"现象的背后市场 [J].环境经济 .2023(24)：62–65.有删减）

6.5.2　绿色产品的公共宣传策略

公共宣传是很多企业广泛采用的促销方式。由于绿色产品的促销和宣传应遵循"绿色"原则，应充分节约各种费用和资源，所以公共宣传这种低成本的宣传工具已经成为绿色企业广泛采用的宣传方式。

（1）公共宣传的任务。

现在许多绿色企业都会通过公共宣传来推销产品，以树立企业绿色形象。公共宣传的主要任务体现在：

①推销或宣传绿色产品、渠道或人物。绿色企业以不付费的方式得到印刷或广播媒体的编辑位置，用以推销或宣传绿色产品、渠道或人物。

②辅助推出绿色产品。通过组织绿色新产品的技术鉴定会，向目标市场推出公司即将推出的新产品。

③辅助成熟产品重新定位。通过挖掘和宣传成熟产品在环保方面的特性，将其定位为绿色产品。

④培养对绿色产品的消费意识。通过公共宣传，增强人们对环境的保护意识及责任，从而改变消费习惯。

⑤增强绿色消费者对本公司绿色产品的信任度和忠诚度。通过编辑报道来传播绿色信息以建立信任。

⑥树立绿色企业形象。通过参与环保活动及支持环保慈善事业，获得公众（特别是绿色消费者）好感，从而在市场上树立企业的绿色形象。

⑦激励销售队伍和中间商。通过绿色公共宣传，企业可以和当地政府或社区建立良好的关系，从而有利于开拓市场，吸引中间商。

⑧降低营销费用。通过建立同各出版社、编辑媒体及各种环保组织良好的关系，这些组织能够免费为公司做宣传，从而降低营销费用。

（2）公共宣传的主要工具。

公共宣传采用的主要工具有：

①出版物。公司在很大程度上依赖沟通材料来接触和影响目标市场。这些出版物包括绿色小册子、文章、视听材料、公司的业务通讯及杂志。在通知目标顾客时，绿色小册子扮演着重要的角色，它告诉绿色消费者产品所具有的绿色特性以及这种产品是如何生产或通过哪种绿色渠道到达目标市场。

②事件。绿色企业可以利用特殊事件来吸引公众对本公司绿色新产品及公司其他事务的注意。这包括新闻发布会、技术鉴定会、展览会及对环保组织或环境工程提供资助等可接触到目标公众的方式。

③新闻。公共专家的一个重要职责是发现或创造有关公司、产品及人物的新闻。公共人员不能只有制造新闻故事的技巧，让媒体接受新闻稿件或参加新闻发布会都需要营销技巧和人际关系技巧。

④公众服务活动。公司通过慈善事业，特别是有关保护环境的事业能提高公众对公司的好感。

（3）企业绿色行为宣传。

①企业绿色行为的含义和表现。企业绿色行为是指企业在生产经营过程中做出的有利于保护生态环境、减少污染、充分节约资源以及有利于健康的一系列活动。

企业绿色行为的主要表现有：向市场提供使用时不会或较少污染环境的绿色产品设备；使用不会对环境造成危害的或可回收的包装；采用绿色技术参与社区的环境保护及建设；支持绿色团体等。

②企业绿色行为宣传。企业把其绿色行为通过公共宣传的促销方式告知广大消费者，争取绿色消费者的认同及好感，从而树立良好的绿色企业形象。因此，绿色企业行为宣传的主要目的是树立企业的绿色形象。

绿色企业不仅应承担更多的社会责任，在环保方面做出更多贡献，而且应该把其所做的绿色贡献及为社会创造或增加的绿色价值告诉消费者，使消费者认同，接受绿色产品中所包含的绿色价值。企业在进行绿色行为宣传时应遵循客观、实在的原则，因为绿色消费者大多数是成熟的、谨慎的、要求严格的消费者，所以在进行绿色行为宣传时要谨慎，不能有虚假和夸大行为，否则不但不能树立良好的绿色企业形象，反而会声名狼藉。

企业进行绿色行为宣传时，应强调这些行为对消费者直接切实可见的利益。尽管绿色消费者关心产品对环境的益处，但他们更关心产品对自己的主要利益。所以善于把绿色行为的利益表述成最直接可见的利益形式，同时也让顾客意识到这些行为不仅能提供直接的物质利益而且有利于环保，更能增强公众的认同和信任。

6.5.3 绿色产品的促销组合策略

（1）绿色产品的促销组合。

促销的基本方式有人员推销、广告、营业推广和公共关系四种类型。企业在制订促销策略时，可单独采用一种方式，也可以将两种或两种以上的促销方式有计划、有目的地综合搭配、协调使用，这就是促销组合。

（2）绿色产品促销组合的选择。

绿色产品的促销方式及促销组合受很多因素的影响和制约，不同因素采取的促销组合方式是不同的：

①促销目标。在不同的市场环境下，在不同的时期，企业所实施的特定促销活动都有其特定的促销目标。促销目标不同，促销组合也随之变化。

②市场特点。绿色消费者大多具有良好的经济条件和文化水平，一般都集中于大中城市，所以绿色企业在选择促销方式、决定促销组合时宜采用区域性电视广告、公共宣传、营业推广三种方式。

③产品性质。产品性质不同，消费者的购买习惯和购买行为及目标群体存在着很大的差距。如果该绿色产品属于纯天然没有受污染等特性的消费品，则其目标顾客是广大绿色消费者，这时宜采用广告这一大众媒介；若该绿色产品属于节能的工业用品，不会或很少污染和破坏环境，其目标顾客分散且数量较少，这时宜采用人员推销这一促销形式。绿色产品按环保特性可划分为三类，采取的营销策略组合也是不同的。

第一，没有受污染的、纯天然的日常消费品。这类产品采取的营销策略组合主要应该为广告促销、销售促进。

第二，节能的、不会对环境造成污染或危害的耐用消费品。这类产品采取的营销策略组合主要应该为广告策略、人员推销。

第三，节能的、不会对环境造成污染或危害的工业用品。这类产品采取的营销策略组合主要应该为人员推销，辅之以销售促进、公共关系策略。

④产品生命周期。在绿色产品生命周期的不同阶段，企业促销的目的不同，采取的促销组合策略也是不同的。具体见表6-6。

表6-6 绿色产品促销组合策略

生命周期阶段	促销目的	促销组合策略
绿色产品导入期	将新产品所具有的绿色特性告知顾客，激发绿色需求	引导性和告知性广告或人员推销
绿色产品成长期	激发顾客的选择性需求，建立品牌偏好，取得竞争优势	说服性广告

续表

生命周期阶段	促销目的	促销组合策略
绿色产品成熟期	保持原有的顾客,提高顾客的忠诚度,树立企业的绿色形象	侧重于采用提示性的企业形象广告,配合使用公共宣传媒介
绿色产品衰退期	逐步削减促销预算,减少库存	一般把营业推广作为重点,配合少量的提示性广告

⑤产品价格。对于价格低廉的、日用消费的绿色产品,利润较低,需要大批量销售,采用广告效果好。对于价格较高的工业用绿色产品,则宜采用人员推销方式。

⑥分销渠道。如果绿色产品是工业用品,企业采用直接销售的方式,如人员上门访问推销;日常消费的绿色产品,销售渠道较长,则通常采用广告促销方式。

⑦促销预算。由于绿色产品促销预算必须遵循绿色原则,尽量节省和充分利用资源,所以不宜采用大量的电视广告形式,应多采用公共宣传的促销方式。

（3）绿色产品的促销组合策略。

企业的促销策略包括两种:

①推式促销组合策略。推式促销组合策略是指利用生产绿色产品的推销员把绿色产品推销给处于分销渠道的中间商,中间商再把绿色产品推销给消费者,如图6-7所示。

②拉式促销组合策略。拉式策略是指生产绿色产品的企业针对最终消费者,花费大量资金从事广告促销活动,以增加产品的需求,消费者向零售商提出要求希望购买产品,从而促进中间商向企业购买产品的策略,如图6-8所示。

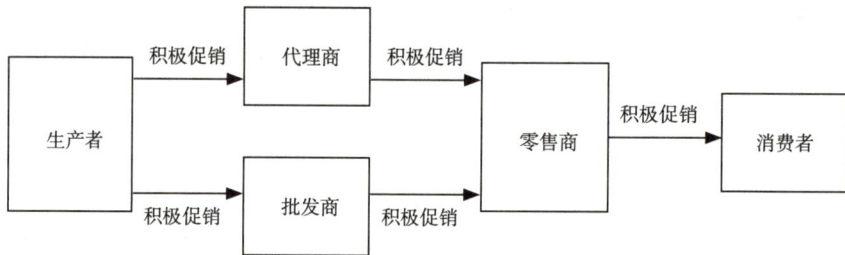

图6-7　推式促销组合策略

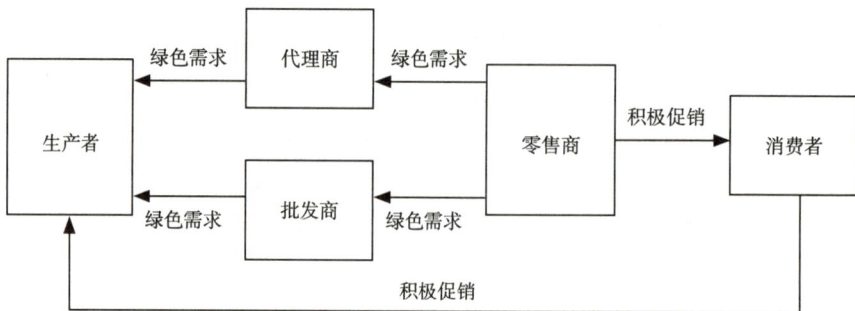

图6-8　拉式促销组合策略

　　企业选择推式策略还是拉式策略销售，要看产品类型、市场特点、促销目标、产品生命周期等因素。

本章小结

　　绿色营销是指以促进可持续发展为目标，为实现经济利益、消费者需求和环境利益的统一，市场主体根据科学性和规范性的原则，通过有目的、有计划地开发以及同其他市场主体交换产品价值来满足市场需求的管理过程。绿色营销与传统营销的差异主要表现在：营销观念的升华、经营目标的差异、经营手段的差异。绿色策略主要包括绿色产品策略、绿色价格策略、绿色渠道策略和绿色促销策略。

思考题

　　（1）比较传统营销与绿色营销的差异。

　　（2）如何正确认识绿色营销观念？

　　（3）整体绿色产品包括哪些内容？

　　（4）绿色包装策略包括哪些内容？

　　（5）影响绿色产品定价的因素有哪些？

　　（6）绿色产品定价策略有哪些？绿色产品定价与传统的定价方法的区别主要有哪些？

　　（7）以某种绿色产品为例，说明绿色产品分销渠道的特点。

　　（8）请你设计一个理想的绿色通道。

　　（9）绿色产品的广告策略与传统的广告策略有何区别？

　　（10）如何利用公共媒体宣传企业的绿色行为？

经典案例

资料阅读

第7章
绿色物流

第7章

主要内容 ▶

物流污染是环境污染的重要来源之一，实现绿色物流可以促进可持续发展。本章主要内容包括绿色物流管理的产生与发展、绿色物流管理的系统要素、物流管理要素的绿色化、绿色物流相关理论与实施举措等知识点。

【关键术语】绿色物流、逆向物流、绿色供应链、可持续发展

课前阅读 ▶

李宁华东智慧物流中心启用，智能高效绿色物流推动高质量发展

2023年9月19日，以"宁心聚力，智运未来"为主题的"李宁电商运营中心暨华东智慧物流中心开园仪式"在上海市嘉定区举行。本次投入使用的华东智慧物流中心是李宁打造的首个智慧物流仓，旨在通过最大程度贴合李宁业务发展特点及需求，借助自动化、数字化和智能化手段实现智慧物流升级，提升李宁物流职能的质量和效率，发挥并提升物流生产及终端枢纽作用，推动产业链协同提效，助力集团业务发展。

当前，推动现代物流体系建设已经成为国家级重点发展战略，在《"十四五"现代物流发展规划》的指引下，李宁集团结合自身业务和市场需求，统筹推进高效、智慧、安全、绿色的现代物流体系建设，支持集团可持续、高质量发展。作为一家负责任的企业，李宁集团追求"员工、企业、社会、自然和谐发展"。李宁公司将节能减排理念贯穿在嘉定李宁智慧物流园的设计和规划中，践行可持续发展理念，打造绿色创新物流体系。华东智慧物流中心通过智能机器人及自动化设备投入，实现全仓储自动化，以"黑灯仓库"的方式，不开灯即可高效运转，实现节能环保。此外，华东智慧物流中心还将启动雨水回收、光伏发电等节能项目，推动绿色运营在物流园区各个环节展开。

阅读思考

（1）结合以上内容谈谈你对绿色物流的认识。

（2）李宁公司的绿色物流举措对你有何启发？

7.1　绿色物流管理概述

7.1.1　绿色物流管理的产生

（1）现代物流。

我国国家标准《物流术语》（GB/T 18354—2021）指出，物流是根据实际需要，将运输、储存、装卸、搬运、包装、流通加工、配送、信息处理等基本功能实施有机结合，使物品从供应地向接收地进行实体流动的过程。

实施物流管理的目的就是要在尽可能最低的总成本条件下实现既定的客户服务水平，即寻求服务优势和成本优势的一种动态平衡，并由此创造企业在竞争中的战略优势。根据这个目标，物流管理要解决的基本问题，简单地说，就是把合适的产品以合适的数量和合适的价格在合适的时间和合适的地点提供给客户。

（2）绿色物流与绿色物流管理。

①绿色物流。绿色物流的概念最早可以追溯到 20 世纪 70 年代末期，当时环保运动在全球范围内逐渐兴起，人们开始意识到环境污染和资源浪费问题。物流作为一个能耗大、排放量高的行业，开始受到人们的关注，绿色物流概念也逐渐形成。80 年代中期，绿色物流被认为是一种使用先进技术和设备来最大限度减少运营期间的环境破坏的物流系统和方法。Haw-Jan Wu 和 Steven C. Dunn 在其 1995 年发表的 *Environmentally Responsible Logistics Systems* 论文中认为，绿色物流就是对环境负责的物流系统，包括从原材料的获取、产品生产、包装、运输、仓储直至送达最终用户手中的正向物流过程的绿色化，还包括废弃物回收与处理的逆向物流。这篇文章被广泛认为是绿色物流研究领域最早的论文之一。

我国国家标准《绿色物流指标构成与核算方法》（GB/T 37099—2018）中指出，绿色物流（Green Logistics）是通过充分利用物流资源、采用先进的物流技术，合理规划和实施运输、储存、装卸、搬运、包装、流通加工、配送、信息处理等物流活动，降低物流活动对环境影响的过程。

②绿色物流管理。绿色物流管理就是将环境保护的观念融入企业物流经营管理之中，它要求在企业供应链中时时处处考虑环保、体现绿色。可概括为 5R 原则：

研究（Research），就是将环保纳入企业的决策要素中，重视研究企业的绿色对策。

削减（Reduce），即采用新技术、新工艺，减少或消除有害废弃物的排放。

再开发（Reuse），变传统产品为环保产品，积极采取"绿色标志"。

循环（Recycle），对废旧产品进行回收处理，循环利用。

保护（Rescue），积极参与社区内的环境保护活动，对员工和公众进行绿色宣传，树立企业形象。

企业实施绿色物流管理，应达到如下主要目标：

第一，物质资源利用的最大化。通过集约型的科学管理，使企业所需要的各种物质资源最有效、最充分地得到利用，使单位资源的产出达到最大最优。

第二，废弃物排放的最小化。通过实行以预防为主的措施和全过程控制的环境管理，使生产经营过程中的各种废弃物最大限度地减少。

第三，适应市场需要的产品绿色化。根据市场需求，开发对环境、对消费者环保的产品。

第四，推动绿色供应链管理。从原材料采购到产品制造及销售，着眼于整个供应链上下游，减少不必要的资源浪费，降低环境污染。

（3）绿色物流管理的理论基础。

①可持续发展理论。可持续发展理论指既满足当代人的需要，又不对后代人满足其需要的能力构成危害。可持续发展的基本内容包括五点：发展是重点；发展经济与环保，使之构成一个有机整体；应建立一个合理有效的经济和政治运行机制；人们的自身发展需要与资源、环境的发展相适应，人们应放弃传统的生产方式与生活方式；树立全新的现代文化观念。由于物流过程中不可避免地会消耗能源和资源，产生环境污染，因此，为了实现长期、持续发展，就必须采取各种措施来维护自然环境。现代绿色物流管理正是依据可持续发展理论，形成了物流与环境之间的相辅相成的推动和制约关系，进而促进了现代物流的发展，达到绿色与物流的共生。

②生态经济学理论。生态经济学是指研究再生产过程中，经济系统与生态系统之间的物流循环、能量转化和价值增值规律及其应用的科学。物流是社会再生产过程中的重要一环，物流过程中不仅有物质循环利用、能源转化，而且有价值的转移和价值的实现。因此，物流涉及了经济与生态环境两大系统，理所当然地架起了经济效益与生态环境效益之间彼此联系的桥梁。经济效益涉及目前和局部的更密切相关的利益，而环境效益则关系到更宏观和长远的利益。经济效益与环境效益是对立统一的。后者是前者的自然基础和物质源泉，而前者是后者的经济表现形式。然而，传统的物流管理没有处理好二者的关系，过多强调了经济效益，而忽视了环境效益，导致社会整体效益的下降。现代绿色物流管理的出现较好地解决了这一问题。绿色物流以经济学的一般原理为指导，以生态学为基础，对物流中的经济行为、经济关系和规律与生态系统之间的相互关系进

行研究，以谋求在生态平衡、经济合理、技术先进条件下的生态与经济的最佳结合以及协调发展。

③生态伦理学理论。人类所面临的生态危机，迫使人们不得不反思自己的行为，不得不忍受人类对于生态环境的道德责任。这就促使了生态伦理学的产生和发展。生态伦理学是从道德角度研究人与自然关系的交叉学科，它根据生态学提示的自然与人相互作用的规律性，以道德为手段，从整体上协调人与自然环境的关系。生态伦理迫使人们对物流中的环境问题进行深刻反思，从而产生了一种强烈的责任心和义务感。为了子孙后代的切身利益，为了人类健康和安全的生存与发展，人类应当维护生态平衡。这是不可推卸的责任，是人类之于自然所应尽的义务。现代绿色物流管理正是从生态伦理学取得了道义上的支持。

7.1.2 绿色物流管理的意义

（1）绿色物流管理是可持续发展的必然要求。

绿色物流是可持续发展的一个重要环节，它与绿色制造、绿色消费共同构成了一个节约资源、保护环境的绿色经济循环系统。绿色制造（也称清洁制造）是制造领域的研究热点，是指以节约资源和减少污染的方式制造绿色产品，是一种生产行为；绿色消费是以消费者为主体的消费行为。绿色物流与绿色制造和绿色消费之间是相互渗透、相互作用的。绿色制造是实现绿色物流和绿色消费的前提，绿色物流可以通过流通对生产的反作用来促进绿色制造，通过绿色物流管理来满足和促进绿色消费。

（2）绿色物流管理是降低经营成本的重要路径。

绿色物流的成本因企业所在行业、规模、地区和绿色物流策略等因素而异。短期内，实施绿色物流可能会导致一定程度的成本增加。主要是因为绿色物流需要使用更环保、更节能的运输方式和设备，以及进行环境保护措施所需的费用。例如，采用电动车或混合动力车替代传统燃油车可以减少碳排放量，但这些车辆价格较高；使用可降解材料制作包装箱可能比普通纸板箱贵等。然而，在长期来看，绿色物流实际上可以带来经济效益。通过减少能源消耗和废弃物处理成本等方面节约了资源和费用。新能源的使用成本也正展现出价格优势。一项在厦门市的应用显示，新能源面包车行驶 100 公里到 150 公里时，明显比普通燃油车节省成本。在该项新能源车应用中，综合购车成本、维修保养和保险费用，燃油车每月成本为 8675 元，电动新能源车每月花费 5873 元。每辆新能源车每月可节省 2802 元，成本下降 32.3%。另外，世界多国政府为了鼓励企业采用绿色发展陆续出台了一系列财政支持政策，如税收优惠、贷款支持、行驶许可等，降低了企业的绿色物流实施成本。而且，绿色物流的碳减排量可以通过碳交易机制使企业获益。再者，消费者对于绿色物流的要求不断上升，由此带来的企业收益也会抵消部分绿色物流成本。

（3）绿色物流管理的建立更有利于全面满足人们不断提高的物质文化需要。

物流作为生产和消费的中介，是满足人们日益增长的物质文化需要的基本环节。而绿色物流则是伴随着人们生活需要的进一步提高，尤其是伴随着绿色消费概念的提出应运而生的。绿色生产过程、绿色产品，如果没有绿色物流的支撑，就难以实现其最终价值，绿色消费也就难以进行。同时，不断提高的物质文化生活，意味着生活的电子化、网络化和连锁化，电子商务、网上购物、连锁经营无不依赖于绿色物流的发展，可以说没有绿色物流，就没有人类休闲自在的生活空间。

（4）绿色物流管理是企业取得新的竞争优势的有效途径之一。

日益严峻的环境问题和日益严厉的环保法规，使企业为了持续发展，必须积极解决经济活动中的环境问题，改变危及企业生存和发展的生产方式，建立并完善绿色物流体系，通过绿色物流来追求高于竞争对手的相对竞争优势。哈佛大学 Nazli Choucri 教授深刻阐述了对这一问题的认识："如果一个企业想要在竞争激烈的全球市场中有效发展，它就不能忽视日益明显的绿色信号，继续像过去那样经营……对各个企业来说，接受这一责任并不意味着经济上的损失，因为符合并超过政府和绿色组织对某一工业的要求，能使企业减少物料和操作成本，从而增强其竞争力。实际上，良好的绿色行为恰似企业发展的马达而不是障碍。"当企业使用可持续供应链和绿色物流时，它们不仅对客户更具吸引力，而且对企业合作伙伴也更具吸引力。《哈佛商业评论》最近的一项研究发现，全球最大的跨国公司正在使用联合国全球契约（United Nations Global Compact）或碳披露项目（the Carbon Disclosure Project）的供应链计划来评估其供应商的可持续性和环境影响水平。反过来，供应商也渴望与最大的品牌合作，并正在进行投资，以减少他们的碳足迹。

（5）绿色物流管理是适应国家法律法规的必然要求。

随着社会进步和经济发展，世界上的资源日益紧缺，同时，由于生产所造成的环境污染进一步加剧，为了实现人口、资源与绿色相协调的可持续发展，许多国际组织和国家相继制定并出台了一系列与环境保护相关的协议或法规法律体系。例如《蒙特利尔议定书》（1987 年）、《里约环境与发展宣言》（1992 年）、《工业企业自愿参加环境管理和环境审核联合体系的规则》（1993 年）、《关于贸易与环境的决定》（1994 年）、《京都议定书》（1997 年）、《哥本哈根协议》（2009 年）等。这些都要求产品的生产商必须对自己所生产的产品造成的污染负相应的责任，并且采取相应的措施。

7.1.3　绿色物流管理在国内外的发展

（1）绿色物流管理在国外的发展。

美国是世界上最早发展物流业的国家之一。美国政府在物流高度发达的经济社会环境下，不断通过政府宏观政策的引导，确立以现代物流发展带动社会经济发展的战略目标。美国在其到 2025 年的《国家运输科技发展战略》中，规定交通产业结构或交通科技进步的总目标是：建立安全、高效、充足和可靠的运输系统，其范围是国际性的，形式是综合性的，特点是智能性的，性质是绿色友善的。众多企业在实际物流活动中，对物流的运输、配送、包装等物流活动的绿色化提供了强有力的技术支持和保障。

欧洲是引进物流概念较早的地区之一，而且也是较早将现代技术用于物流管理，提高物流绿色化的先锋。在 20 世纪 80 年代，欧洲就开始探索一种新的联盟型或合作式的物流新体系，即综合物流供应链管理。它的目的是实现最终消费者和最初供应商之间的物流与信息流的整合，即在商品流通过程加强企业间的合作，改变原先各企业分散的物流管理方式，通过合作形式实现原来不可能达到的物流效率，从而减少无序物流对环境的影响。欧洲最近又提出一项整体运输安全计划，目的是监控船舶运行状态。通过测量船舶的运动、船体的变形情况和海水状况，就可以提供足够的信息，避免发生事故，或者是在事故发生之后，能够及时采用应急措施。这一计划的目的就是尽量避免或者减少海洋运输对环境的污染。欧洲的运输与物流业组织——欧洲货代组织（FFE）也很重视绿色物流的推进和发展，对运输、装卸、管理过程制定相应的绿色标准，加强政府和企业协会对绿色物流的引导和规划作用，同时鼓励企业运用绿色物流的全新理念（重点在于规划和兴建物流设施时，应该与环境保护结合起来；要限制危害人类生态环境的公路运输的发展，大力推进铁路电气化运输）来经营物流活动，加大对绿色物流新技术的研究和应用，如对运输规划进行研究，积极开发和试验绿色包装材料等。

日本自 1956 年从美国全面引进现代物流管理理念后，大力进行本国物流现代化建设，将物流运输业改革作为国民经济中最重要的核心课题予以研究和发展。把物流行业作为本国经济发展生命线的日本，从一开始就没有忽视物流绿色化的重要意义，除了在传统的防止交通事故、削减道路沿线的噪声和振动等问题方面加大政府部门的监管和控制作用外，还特别出台了一些实施绿色物流的具体目标值，如货物的托盘使用率，货物在停留场所的滞留时间等，来减低物流对环境造成的负荷。1989 年日本提出了十年内三项绿色物流推进目标，即含氮化合物排放标准降低三成到六成，颗粒物排放降低六成以上，汽油中的硫含量降低 1/10；1992 年日本政府公布了有关汽车二氧化氮限制法，并规定允许企业使用的五种货车车型；1993 年除了部分货车外，要求企业承担更新旧车辆、使用新式符合绿色标准的货车的义务。另外，日本政府与物流业界着重控制污染排放，在干线运输方面积极推动模式转换（由汽车转向强化对环境负荷较小的铁路和海上运输）和干线共同运行系统的建构，在都市内的运送方面推动共同配送系统的建设等。1995 年日本颁布了《促进容器与包装分类回收法》，鼓励建立大量的回收站；1997 年颁布了《综合物流施策大纲》，减少大气污染排放，加强环境保护，建立符合环保要求的绿色物流体系；在 2001 年出台的《新综合物流施策大纲》，其重点之一就是要减少大气污染排放，加强地球环境保护，对可利用的资源进行再生利用，实现资源、生态和社会经济良性循环，建立适应环保要求的新型物流体系；2005 年颁布了《物流综合效率法》，提高企业综合物流效率以降低物流成本和减轻环境负担；2006 年修订后实施的《节约能源法》，规范能源消费量的计算和合理使用。同年，为了支持物流效率化，还新设置了绿色物流合作普及事业补助金。2010 年颁布了《全球气候变暖对策基本法案》，对所有化石燃料（如煤炭、汽油、柴油、航空燃料、天然气等）征税，以应对 CO_2 排放量及能源消耗量负担；2013 年颁布了第五次新制定的《综合物流施策大纲》，引进有利于自然和社会环境的运输车辆等措施，提出要解决"浪费、非效率、非均等化等问题，以提高整个物流和社会环境的质量"；2017 年颁布了《综合物流施策推进计划（2017～2020）》，提高日本整个产业物流劳动生产率的平均水平，至 2020 年度实现日本物流产业劳动生产率达到 20% 的增幅。

（2）绿色物流管理在国内的发展。

我国现代物流业起步较晚，绿色物流的发展也是如此。国家标准《物流术语》（GB/T 18354—2001）对绿色物流进行了定义，指出绿色物流是在物流过程中抑制物流对环境造成危害的同时实现对物流环境的净化，使物流资源得到充分利用。近年来，物流污染已经上升到我国国家治理层面。习近平同志多次指出"绿水青山就是金山银山""像保护眼睛一样保护生态环境""保护自然环境就是保护人类，建设生态文明就是造福人类"。我国连续颁文深化绿色物流建设。2016 年印发《物流业降本增效专项行动方案》，强调修订绿色物流标准；2017 年印发《商贸物流发展"十三五"规划》，要求创新绿色物流模式；2018 年印发《关于推进电子商务与快递物流协同发展的意见》，强调发展绿色生态链。2019 年印发《关于推动物流高质量发展促进形成强大国内市场的意见》，强调要加快绿色物流发展；2020 年印发《关于加强快递绿色包装标准化工作的指导意见》，强化绿色物流包、装、发；进入"十四五"时期，碳达峰、碳中和一直成为各行各业的关注点，以双碳为目标引领发展也是贯彻落实五大发展理念之一——"绿色"发展理念。目前，我国交通运输领域碳排放总量已占全国碳排放总量的 10%，尤其是道路运输在交通运输全行业碳排放中的占比约为 80%，因此交通运输行业的绿色化转型势在必行。自 2021 年开始，国家层面又相继颁布了多项政策涉及交通运输行业的绿色发展。2021 年习近平主席出席第二届联合国全球可持续交通大会开幕式时强调，要大力发展智慧交通、智慧物流，推动大数据、互联网、人工智能、区块链等新技术与交通行业深度融合，使人享其行，物畅其流。2021 年印发《关于完整准确全面贯彻新发展理念做好碳达峰碳中和工作的意见》，强调加快发展绿色物流，整合运输资源，提高利用效率。2021 年印发《2030 年前碳达峰行动方案》，涵盖物流领域的碳达峰碳中和行动。2022 年的中国共产党第二十次全国代表大会报告中涵盖了交通强国，强调加快发展方式绿色转型，推动交通运输结构等调整优化，实施全面节约战略，推进各类资源节约集约利用，加快构建废弃物循环利用体系，倡导绿色消费，推动形成绿色低碳的生产方式和生活方式。2022 年印发《加强碳达峰碳中和高等教育人才培养体系建设工作方案》，强化高校对绿色低碳急需紧缺人才的培养。2022 年碳达峰碳中和国家标准专项计划中包含了《物流行业能源管理体系实施指南》《物流企业能源计量器具和管理要求》等。

　　在全社会落实"双碳"战略目标的背景下，绿色物流发展急需完善标准工作，特别是物流行业在碳达峰碳中和方面的标准制修订以及与国际标准的对接工作。2021年10月中共中央、国务院印发了《国家标准化发展纲要》提出"要完善绿色发展标准化保障，建立健全碳达峰碳中和标准；强化绿色消费标准引领，完善绿色产品标准，建立绿色产品分类和评价标准"。2022年2月，国家标准化管理委员会《关于印发2022年全国标准化工作要点的通知》特别指出，加快多式联运、绿色物流、冷链物流、跨境电子商务快递服务等现代物流领域标准制修订。国家标准《绿色物流指标构成与核算方法》（GB/T 37099—2018）对绿色物流进行了新的定义。2022年碳达峰碳中和国家标准专项计划下达了《物流行业能源管理体系实施指南》《物流企业能源计量器具和管理要求》《绿色产品评价物流周转箱》等国家标准编制项目。

　　目前国内绿色物流人才的培养模式还不够成熟，绿色物流人才的培养数量和质量均有待提升。各类院校虽然设有物流专业，但是开设绿色物流类课程或者专题的专业教育非常缺乏。金玉然等人编著的《绿色物流：理论与实验》是理论与实践高度融合的复合型教材，王长琼和李顺才编著的《绿色物流》、章竟和汝宜红编著的《绿色物流》等是为数不多的绿色物流理论教材，《绿色物流虚拟仿真实验》是国内绿色物流领域3D虚拟仿真教学系统。

7.2　绿色物流管理系统的要素

（1）绿色交通运输。

　　绿色交通运输是为了降低物流活动中的交通拥挤、污染等带来的损失，促进社会公平、节省建设维护费用，从而发展低污染、有利于环境的多元化交通工具，来完成物流活动的和谐交通运输系统，以及最大限度地降低交通污染程度而采取的对交通源、交通量、交通流的规制体系。绿色交通运输理念是三方面的结合，即通达有序、安全舒适、低能耗与低污染。绿色交通运输更深层次的含义是一种协和的交通。

（2）绿色仓储与保管。

　　仓储与保管是物流活动的重要构成要素，在物流活动中起着重要的作用。绿色仓储与保管是在储存环节为减少储存货物对周围环境的污染及人员的辐射侵蚀，同时，避免储存物品在存储过程中的损耗而采取的科学合理的仓储保管策略体系。

　　在整个物流仓储与保管过程中要运用最先进的保质保鲜技术，保障存货的数量和质量，在无货损的同时消除污染。尤其要注意对有毒化学品，放射性易燃、易爆品的泄露和污染防治。一般在储存环节，应加强科学养护，采取现代化的储存保养技术，加强日常的检查与保护措施，使仓库设备和人员尽可能少受侵蚀。

（3）绿色装卸搬运。

绿色装卸搬运是为尽可能减少装卸搬运环节产生的粉尘烟雾等污染物而采取的现代化的装卸搬运手段及措施。在货物集散场地，尽量减少泄露和损坏，杜绝粉尘、烟雾污染；清洗货车的废水要处理后再排出。在货物集散地要采用防尘装置，制定最高容许容度标准；废水应集中收集、处理和排放，加强现场的管理和监督。

（4）绿色包装。

绿色包装是绿色物流体系的一个重要的组成部分。绿色包装是指能够循环复用、再生利用或降解腐化，且在产品的整个生命周期中对人体及环境不造成公害的适度包装。包装产品从原材料选择、产品制造、使用、回收的整个过程均应符合生态环境保护的要求。它包括了节省资源和能源，减量，避免废弃物产生，回收复用，再循环利用，可焚烧或降解等生态环境保护要求的内容。从绿色包装的缘由分析，可看出绿色包装最重要的含义是保护环境，同时兼具资源再生的意义。

（5）绿色流通加工。

流通加工是指在流通过程中继续对流通中的商品进行生产性加工，以使其成为更加适合消费者需求的最终产品。流通加工具有较强的生产性，也是流通部门对环境保护可以大有作为的领域。绿色流通加工是出于环保考虑的无污染的流通加工方式及相关政策措施的总和。绿色流通加工的途径主要分两个方面：一方面变消费者分散加工为专业集中加工，以规模作业方式提高资源利用效率，以减少环境污染，如餐饮服务业对食品的集中加工，减少家庭分散烹调所造成的能源浪费和空气污染；另一方面是集中处理消费品加工中产生的边角废料，以减少消费者分散加工所造成的废弃物污染，如流通部门对蔬菜的集中加工减少了居民分散垃圾丢放及相应的环境治理问题。

（6）绿色信息搜集和管理。

物流不仅是商品空间的转移，也包括相关信息的搜集、整理、储存和利用。绿色信息的搜集和管理是企业实施绿色物流战略的依据。面对大量的绿色商机，企业应从市场需求出发，搜集相关的绿色信息，并结合自身的情况，采取相应的措施，深入研究信息的真实性和可靠性。绿色信息的搜集包括：绿色消费信息、绿色科技信息、绿色资源和产品开发信息、绿色法规信息、绿色组织信息、绿色竞争信息、绿色市场规模信息等。绿色物流要求搜集、整理、储存的都是各种绿色信息，并及时运用到物流中，促进物流的进一步绿色化。

（7）废弃物物流管理。

废弃物物流（Waste Logistics）指将经济活动或人民生活中失去原有使用价值的物品，根据实际需要进行收集、分类、加工、包装、搬运、储存等，并分送到专门处理场所的物流活动。废弃物物流的作用是，无视对象物的价值，仅从环境保护出发，将其焚化处理或运到特定地点堆放、掩埋。降低废弃物物流，需要实现资源的再使用（回收处理后再使用）、再利用（处理后转化为新的原材料使用），为此应建立一个包括生产、流通、消费的废弃物回收利用系统。要达到上述目标，企业就不能只考虑自身的物流效率化，而是需要从整个产供销供应链的视野来组织物流。而且随着这种供应链管理的进一步发展还必须考虑废弃物的循环物流，即管理型物流追求与交易对手共同实现效益化。供应链型物流追求从生产到消费流通全体的效益化；循环型物流应追求从生产到废弃全过程效率化，这是 21 世纪绿色物流管理亟待解决的重大课题。

7.3　物流管理要素的绿色化

7.3.1　包装绿色化

包装是物流活动对环境造成污染的重要环节之一。由于包装耗费了大量的自然资源，且包装废弃物造成了大量的城市垃圾，因此在物流过程中，发展绿色物流包装不仅是必要的，也是迫切的。

（1）物流包装及绿色包装。

物流包装是将物流需要、加工制造、市场营销、产品设计以及绿色包装结合在一起考虑的文化体现形式。它的主要目的是在物流运输阶段保护物流商品，包括防震保护技术、防破损保护技术、防锈包装技术、防霉腐包装技术、防虫包装技术，危险品包装技术、特种包装技术等。

绿色包装是指完全以天然植物或有关矿物为原料制成的，能循环和再生利用、易于降解、可促进持续发展的，且在产品的整个生命周期中对生态环境、人体和牲畜的健康无害的一种环保型包装。概括来讲，绿色包装包括两层含义：一是整个包装过程对生态环境、人体和牲畜的健康不会造成污染与损害；二是使用的包装材料必须是可再生利用的可持续发展物资，也就是说包装材料须是取之于自然又能回归于自然。

（2）绿色包装材料与包装方式。

①绿色物流包装材料。绿色包装材料是指能够循环复用、再生利用或降解腐化，不造成资源浪费并在材料存在的整个生命周期中对人体及环境不造成公害的包装材料。目前，在物流包装过程中，常见的绿色包装材料有以下几种。

第一，竹材。根据竹材纤维条理结构相互垂直，按经纬编织成席后经干燥、涂胶、组坯、热压合而制成的竹编胶合板具有强度高、价格低、重量轻、废弃物易回收、不污染环境等特点，是一种优良的绿色包装材料。竹编胶合板在我国很多地方已逐步采用，制成各类大、中、小型包装箱，用于机械设备和出口机电产品的包装。竹编胶合板节省资金，成本比木材包装降低一半左右，可逐渐代替木材。

竹材除了制成竹编胶合板外，还可编织成竹筐，包装一般的小型机电产品；还可以作为菱镁砼包装材料中的筋材，用于制作各种机电产品的包装箱等。

第二，纸质包装材料。产品在物流过程中，为了减缓内装物受到碰撞和冲击，必须利用缓冲包装材料对产品进行缓冲包装设计，从而对产品起到缓冲隔振的作用，进而保护产品。目前，常用的缓冲包装材料有瓦楞纸板、蜂窝纸板、纸浆模塑等。

a. 瓦楞纸板。在包装上，瓦楞纸板是一种应用最广的、以纸代木的板材。瓦楞纸板的强度高、缓冲性能好，可以避免产品在运输过程中受到碰撞和冲击，特别适合机械、机电等产品的运输包装。按照瓦楞的形状分为 U、V、UV 形瓦楞；按照瓦楞层数的多少还可分为一层、双层、三层、五层、七层纸板（即多重瓦楞纸板）；按照瓦楞层截面的结构分为 A、B、C、D、E 共 5 种瓦楞纸板。但是近几年来，随着对瓦楞楞型微型化研究的深入，一种用于代替厚纸板的微型瓦楞纸板材料备受青睐。由于微型瓦楞纸板楞数多，楞高低，纸板的平面压力和平行压力的承压强度高，缓冲性能好等特点，微型瓦楞纸板已经成为一些小型家电产品包装的新宠。比如在美国，数码和小家电产品对微型瓦楞包装的用量正以每年 2% 的速度增长；在欧洲，2004 年微型瓦楞包装用量占到包装总量的 12%。在楞型上，正朝着 G 楞、N 楞发展。明基、海尔、联想、飞利浦、索尼等企业的数码小家电产品都在使用微型瓦楞包装。

b. 蜂窝纸板。蜂窝纸板是根据自然界蜂巢结构原理制作的，纸芯是由无数个空心立体六角形组成，其材料是以牛皮纸、再生纸等为原料，通过专用设备制成类似蜂窝状的网芯，并在其两面黏合面纸而成的一种新型纸质板材。蜂窝纸板具有结构新颖、强度高、承重大、弹性好、重量轻、成本低、节省资源、保护生态环境等一系列特点，同时经过特殊处理后能够阻燃、防潮、防水、防霉、防静电等，是物流包装领域替代木箱、木质托盘、泡沫衬垫的理想产品，符合国际包装工业材料应用发展趋势。例如蜂窝纸板在电子产品中的应用。

c. 纸浆模塑。纸浆模塑是一种立体造纸技术，它是以废纸浆或植物纤维浆为原料，在模塑机上用带滤网的模具在压力、时间等条件下，通过纸浆脱水、纤维成型而生产出所需产品的一种加工方法。纸浆模塑制品除具有质轻、价廉、防震等优点外，还具有透气性好、有利于生鲜物品的保鲜等特点，在物流包装过程中，被广泛用于蛋奶、水果、玻璃制品等易碎、易破、怕挤压物品的周转包装上，是目前流行于国内外市场的泡沫塑料包装材料的换代产品。

纸浆模塑制品的种类及应用：

禽蛋托盘：纸浆模塑制品适用于鸡蛋、鸭蛋及鹅蛋的大批量包装运输。

工业托盘：取代可发性聚苯塑料泡沫包装，主要作为家用电器、空调机、电风扇、缝纫机、收音机、计算机、传真机、电话机、仪表仪器、瓷器、玻璃瓶、半导体器件、医疗器械、饮具、工艺品等产品的包装。

农用托盘：主要用于秧田、农作物的营养钵、花卉苗木护罩、粮食、蔬菜、鲜肉类的包装。农用托盘在农副产品的保鲜、提高农作物的成活等方面具有独特的优点。

军工产品：子弹、手雷、火药类武器。因为能克服塑料泡沫包装的静电现象，安全性高。

食品包装：快餐盒、啤酒、罐头、一次性碗碟等产品。

电子产品：在电子产品工业中，手机、电话、传真机、打印机、电子琴等体积小、重量轻的电子产品，逐渐采用了纸浆模塑缓冲包装材料，替代了 EPS 发泡塑料。当前人们普遍使用的名牌手机的内衬包装基本上都采用了纸浆模塑制品。

以农作物废弃物、草本植物和废纸为主要原料的植物纤维，经粉碎、脱色、着色、发泡、成型等工艺，可以制成一种可完全降解的绿色缓冲包装材料。目前在我国主要用以制作取代发泡餐具。植物纤维发泡制品还被用来作为工业包装的内衬、瓷器、洁具、玻璃器具等产品的缓冲包装材料。

第三，降解塑料。随着材料技术的发展，已研制出新的可降解塑料，改善了塑料包装材料的回收再循环利用。目前出现的种类有生物降解塑料、水解降解塑料、氧化降解塑料以及光降解塑料。它们是分别在微生物、水解、氧化以及自然光的条件下，化学结构发生明显变化而引起某些性质损失的一类塑料。已发明的产品有共聚型光降解聚苯乙烯薄膜 / 泡沫塑料、共聚型光降解低 / 高密度聚乙烯、烃基丁酸聚酯（用沼气和细菌生产的可生物降解塑料）、水解聚乙烯—聚乙二醇薄膜等。它们的用途涉及食品包装内衬、医用材料和个人卫生用品等领域，市场潜力极大。

第四，轻量化玻璃包装材料。一些玻璃容器的包装厂家，为了追求产品的气质和造型，常常制造出厚重敦实的瓶子，造成了过度包装。对此，应该进行轻量化设计，通过对玻璃成分的改性、合理的结构设计、正确的工艺安排以及有效的表面处理等强化措施达到瓶壁薄、强度高的目标。目前，无铅玻璃、微晶玻璃、无机抗菌玻璃等绿色包装材料也纷纷投入使用。

第五，铝箔及喷铝包装材料。铝不仅密度小、阻隔性好、延展性和韧性好、卫生性能好、印刷适性好、回收再利用率高，而且环保性能好。因此铝罐、纯铝箔、喷铝膜都是对环境无污染、可再生的轻量金属包装材料。它成为食品、饮料、医药、烟草等行业不可缺少的包装原材料，其市场前景十分可观。比如铝箔复合加工纸、铝塑复合罐材、铝塑复合软管、铝塑复合泡罩包装材料等产品，应用十分广泛。

第六，纳米包装材料。纳米技术是 21 世纪三大科学技术之一。采用纳米技术对传统包装材料进行改性后，材料具有高强度、高硬度、高韧性、高阻隔性，高降解性以及高抗菌能力的特点，这使其有利于在实现包装功能的同时实现绿色包装材料的绿色性能、资源性能、减量化性能以及回收处理性能等。对塑料进行纳米改性后，便于实现包装的减量化、便于增强材料的可降解性能。对木材进行纳米化改性，可以使低档的木材达到高档木材的性能，从而实现节约资源的目的。纳米复合包装材料、纳米抗菌包装材料、纳米基板包装材料、纳米阻隔性包装材料都为包装材料的绿色化提供了良好的应用前景。

当然，还有一些如绿色包装胶黏剂、绿色包装印刷油墨等绿色包装辅助材料对绿色包装的影响也颇大。若不使用环保材料，就会直接影响人们的健康，也会对环境造成危害。总之，绿色包装材料是发展绿色物流包装的关键，对减少包装废弃物污染、节约包装资源、发展包装循环经济具有重要意义。

②绿色物流包装方式。常用的绿色物流包装方式有以下几种。

第一，可重用的物流包装。可重用的物流包装容器在其储存和运输上一定要方便，成本低，并具有一定的承载力。一般在容器的适当地方采用活动的连接方式使其可折叠、可拆卸。现在出现的这类容器有三种：一是有盖（从中间分别向两边打开）或无盖的四个侧面设计成具有一定楔角形式的塑料制可套放的物流包装容器，它们套放在一起，就可降低其运输成本和储存成本。二是铰链连接。四个侧面可拆卸，并与底部、顶部分离的木质散货包装容器，经过拆卸后，就可将其折叠成平板状，方便储运。三是一些用于散货、小件杂货等物流包装的金属制网箱，也都采用这种可拆卸的结构形式。

第二，集合包装。集合包装是将一定数量的包装件或产品装入具有一定规格、强度和能长期周转使用的更大包装容器内，形成一个合适的搬运单元的包装技术。它能节约包装材料，降低包装成本，还能促使物流包装标准化和规格化。集合包装的方式较多，如集装箱、集装袋、托盘集装、无托盘集装、框架集装等。其中，用塑料托盘代替木质托盘已成为欧美等国的一种首选绿色包装方式，因为塑料托盘不仅可以全部回收利用，减少了因此而产生的垃圾，还防止了每年成千上万亩森林的损失。

在工业包装中，通常将个别商品和零部件用箱、包、盒和桶来成组化以提高操作管理的效率。这些容器使零散商品集中在一起，组成一个 MCS（Master Cartons），当 MCS 成组为更大的单元时，就称作集装化或成组化。成组化的基本方法包括刚性容器形成单位载荷的成组化方法和承载工具的成组化方法。集装化包括了从将两个 MCS 捆在一起的成组化到使用专门的运输设备成组化的所有形式，所有类型的集装化都有一个基本目的，那就是提高材料搬运的效率，并能节省包装能源，防止产品泄露和污染环境，从而达到绿色包装的目的。

第三，采用窄胶带。窄胶带使用方便，适用范围广，不仅适用于纸箱包装，也适用于包装袋、木箱等各种包装材料。窄胶带相比较宽胶带更加轻便，可以减少运输成本和能源消耗。窄胶带在包装时的黏合面积相对较小，因此可避免过度包装和浪费，同时也更易于拆封和回收。由于窄胶带宽度较小，可以在包装物品表面标记更多的信息，如产品名称、规格、生产日期等，提高了物流管理的效率。

第四，减少油墨使用。包装中减少油墨使用的方法包括但不限于：采用可重复使用的包装材料，如回收利用纸箱、木箱等。使用已经印刷好的包装材料，减少在包装环节单独印刷标签等。采用环保型印刷油墨，如水性油墨、UV 油墨等。缩短产品包装周期，减少储存时间和运输次数，从而减少不必要的重新包装和标识过程。设计简洁、清晰的包装图案和文字，以减少油墨用量，同时增加包装的美观性和可识别度。引入生物降解材料制作包装袋、填充材料等，减少对传统塑料材料和油墨的使用。

第五，推广原箱发货。推广原箱发货有以下几个优点：减少包装材料的使用，降低成本，并且可减少对环境的负面影响。原箱发货可以保持货物原本的外观和形态，避免商品损坏或变形的可能性，在运输过程中更加安全可靠。原箱发货可以使储存、查找和处理货物变得更加方便快捷，减少了分类、整理和拆封等环节的时间和精力。原箱发货还可以降低物流供应链的复杂度和风险，简化管理过程，提高物流效率。

③物流包装的绿色化策略。推行绿色包装的目标，就是要保存最大限度的自然资源，形成最小数量的废弃物和最低限度的环境污染。

第一，强化绿色包装意识。目前不少企业在对产品进行包装时仍然较多地把注意力集中于对商品使用价值的保护上，而对环保问题很少考虑。在"绿色浪潮"席卷全球的今天，企业应树立绿色营销观念，进一步认清绿色包装在国际流通领域中的地位和作用，应该清醒地认识到发展绿色包装不但可以降低能耗和成本，减少污染，而且可以提高企业形象，增加消费者对企业的认同感和信任感，从而提高产品的国际竞争力。当然也有不少企业已经意识到这一点，众多中国家电生产企业的产品包装已向减量化、轻量化和绿色环保方向发展，对新型、节能、环保包装材料的需求持续增高，如一些出口的整机仪器、家用电器的包装已经以瓦楞纸板、蜂窝纸板、竹胶板等环保材料取代木质托盘、包装箱和 EPS 发泡塑料缓冲衬垫。

第二，落实绿色包装的 3R1D 原则和无毒无害原则。Reduce、Reuse、Recycle 和 Degradable 即当今世界公认的发展绿色包装的 3R1D 原则。一是实行包装减量化（Reduce）。包装在满足保护、方便、销售等功能的条件下，应是用量最少。二是包装应易于重复利用（Reuse），或易于回收再生（Recycle）。通过生产再生制品、焚烧利用热能、堆肥化改善土壤等措施，达到再利用的目的。三是包装废弃物可以降解腐化（Degradable），不形成永久垃圾，进而达到改善土壤的目的。

此外，绿色包装还要实现以下两方面的无毒无害原则。一是包装材料对人体和生物应无毒无害。包装材料中不应含有毒性的元素、重金属，或含有量应控制在有关标准以下。二是包装制品从原材料采集、材料加工、产品制造、产品使用、废弃物回收再生，直到最终处理的生命全过程均不应对人体及环境造成公害。

第三，积极利用和开发绿色物流包装材料。绿色包装材料是发展绿色物流包装的关键，研究开发无公害的绿色包装材料是当前世界各国关注的热点。对物流包装来说一个重要的问题就是如何开发高强度、绿色性能好、无公害、易回收再利用、轻量化的绿色物流包装材料，它已成为决定绿色物流包装能否顺利发展的技术关键，应引起高度重视。

第四，充分利用可回收容器。我国人口众多，包装废弃物总量高，给生态环境造成严重污染。另外我国还是发展中国家，人均资源不足，然而废弃物利用率却很低。与此同时，我国每年却用大笔外汇进口数十万吨纸浆，资源浪费的同时导致外汇流出。为解决这一问题，在物流包装中应广泛采用可回收容器。可回收包装的使用越来越普遍，它们有一个共同点：有一个完整的标记系统以控制容器的流通。在可回收包装系统中，各方必须明确地使用这种标记以达到容器的最大化使用。否则，容器会丢失、误放或被遗忘。

第五，包装模数化。确定包装基础尺寸的标准，即包装模数化。包装模数标准确定以后，各种进入流通领域的产品便需要按模数规定的尺寸包装。模数化包装有利于小包装的集合，利用集装箱及托盘装箱、装盘。包装模数如能和仓库设施、运输设施尺寸模数统一化，也有利于运输和保管，从而实现物流系统的合理化。

第六，包装的大型化和集装化。有利于物流系统在装卸、搬迁、保管、运输等过程的机械化，加快这些环节的作业速度，有利于减少单位包装，节约包装材料和包装费用，有利于保护货体。如采用集装箱、集装袋、托盘等集装方式。

第七，包装多次、反复使用和废弃包装的处理。采用通用包装，不用专门安排回返使用；采用周转包装，可多次反复使用，如饮料、啤酒瓶等；梯级利用，一次使用后的包装物，用毕转化作它用或简单处理后转作它用；对废弃包装物经再生处理，转化为其他用途或制作新材料。

7.3.2　运输绿色化

（1）绿色运输的概念和途径。

所谓绿色运输，指的是以节约能源、减少废气排放为特征的运输，绿色运输是绿色物流的一项重要内容。根据运输环节对环境影响的特点，运输绿色化的关键原则就是降低运输工具的行驶总里程。

围绕这一原则的绿色运输途径有以下几种。

第一，绿色运输方式，即结合其他几种运输方式，降低公路运输的比例。

第二，环保型运输工具和清洁燃料，主要是针对货运汽车，采用节能型的或以清洁燃料为动力的汽车，减少运输燃油污染。

第三，绿色物流网络，即通过合理的网点及配送中心布局构建路程最短的、最合理的物流运输网络，避免货物迂回运输，减少货运总里程和车辆空驶率；设计合理的存货策略，而适当加大商品运输批量，以便减少无效运输，进而提高运输效率。

第四，绿色货运组织模式，指的是城市货运体系中，通过组织模式的创新，降低货车出动次数、行驶里程、周转量等。

（2）不同运输模式的可持续性比较。

为实现基于可持续发展的绿色物流的运输，对不同运输方式的可持续性进行比较，是有着相当的必要性与现实意义的。由于现阶段涉及的运输方式基本是以铁路、公路、水运、航空、管道等五种运输方式为主，因此，在具体的比较研究中，将在这五种方式中展开。

①各种运输方式的资源利用对比。考虑到此类问题涉及面的广泛性与复杂性，再加之相关数据及资料来源的限制，具体讨论时，只着重从与交通运输有着密切关系的能源与土地这两种资源入手。在能源消耗方面，五种方式相比较，一般都以铁路、水运和管道运输为较低，而汽车与航空则相对较高。在土地占用方面，五种运输方式相比较，为完成同样的运输任务，铁路与公路占用的土地最多，其他三种方式占用的土地数量则相对较小。表7-1是我国不同运输方式的能耗参考数据。

表7-1　中国不同运输模式能源消耗强度

单位：千克标准煤/万吨公里

运输类型	铁路综合[①]	铁路主营综合[①]	规模公路货运[②]	远洋和沿海货运企业[②]	民用航空货运[③]
2011年	47.6	39.0	220	37.80	4193.49
2012年	47.2	38.9	170	33.50	4311.20
2013年	46.6	38.8	190	31.90	4370.06
2014年	45.1	38.2	199	27.50	4355.34
2015年	46.8	40.5	185	28.40	4325.92
2016年	47.1	41.5	178	27.00	4311.20
2017年	43.3	39.6	184	23.80	4311.20
2018年	41.1	39.0	204	22.18	4222.92
2019年	39.4	38.4	174	25.97	4193.49
2020年	43.9	43.2	174d	25.97[④]	4649.62

注：①国家铁路局《铁道统计公报》。
②交通运输部《交通运输行业发展统计公报》。
③中国民用航空局《民航行业发展统计公报》。
④2020年不同运输模式能源消耗强度无法获取，暂使用2019年数据。

（来源：金玉然，等.绿色物流：理论与实验[M].北京：清华大学出版社，2023.）

②各种运输方式对环境的影响。应该说各种运输方式的运营特点不同，它对环境影响的方式与影响的程度也不尽相同。

大气绿色方面：综合而言，由于内燃机的广泛使用，运输产生了对外部环境污染的负效应。实际上，内燃机的排放物不仅对空气质量有影响，也影响全球气候。五种方式相比较，铁路运输中的内燃机就只会产生少量的污染；航空运输中，当飞机在低空飞行时，其排出的废气会破坏大气中的臭氧层；海洋及内河运输中，船舶航行时也会因燃油燃烧而排出废气。相比较而言，公路运输中产生的废气应是最多的，而利用管道运输方式时则基本上不产生废气污染。2021 年，全国机动车污染物中，柴油车氮氧化物排放量超过汽车排放总量的 80%，颗粒物超过 90%。

水体污染方面：修建铁路时会对沿线的水体及河流产生污染；修建公路时既会改变水系，也会污染地表水和地下水；港口建设与开凿运河、疏浚河道等也会改变水系和污染水域。相比较而言，水运方式与港口建设对水域的污染和破坏要更为明显与严重一些。

固体废弃物和油料泄漏方面：五种运输方式并无明显差别。因为它们都表现在废弃的设备、设施以及各种客货运所产生的废弃物的污染上。汽车废旧壳体的大量堆积是环境污染的潜在隐患；废弃的油料经常渗入土壤和水体，也不可避免地造成水质污染；物流空中运输，特别是货物的装载和卸载、航空器的运行、设备维修、燃料加注、解冻和清洗等，都会造成环境污染；塑料品和船上垃圾对海洋环境造成污染，鸟和海洋生物等易受这种污染的影响，一项研究显示，估计每年有 100 万只鸟死于这个原因，严重影响了生态环境。

噪声污染方面：如公路运输网络的发达所产生的噪声污染几乎影响到社会的每个角落；铁路及水运线作为一种移动点污染源，随着运输工具往来频率的增加，已经逐步转化为线状噪声源；飞机起降时的噪声对机场附近的居民更是影响至深。

事故影响方面：相比较而言，公路运输发生的交通事故最为频繁；铁路与航空运输虽较为安全，但一旦发生事故，后果也是相当严重的；管道运输的事故主要是由燃料和危险品所引起的泄漏。

在上述各种影响中，有许多因素是难以量化和无法量化的，因此在分析中，一般将易于量化的空气污染和温室气体的排放量作为运输方式中影响绿色的两个主要特征值；同时，考虑到不同运输方式所完成的运输量的不同，采取单位周转量产生的污染物来进行具体衡量。

为方便组织机构、企业和个人准确、便捷、统一地计算碳足迹，建立公开、透明、动态更新且覆盖较全面的中国产品全生命周期温室气体排放数据集，生态环境部环境规划院碳达峰碳中和研究中心联合北京师范大学生态环境治理研究中心、中山大学环境科学与工程学院，在中国城市温室气体工作组（CCG）统筹下，组织 24 家研究机构的 54 名专业研究人员，建设了中国产品全生命周期温室气体排放系数集。《中国产品全生命周期温室气体排放系数集（2022）》主要基于 ISO 14067:2018 的基本原则和方法，确定产品全生命周期温室气体排放，包括原材料获取、生产、使用和废弃的整个生命周期。为了方便使用，将单位产品全生命周期排放分为上游排放、下游排放和废弃物处理排放。该系数集建设是基于公开文献的收集、整理、分析、评估和再计算，共有六大专题，其中的交通服务专题数据显示出了如表 7-2 所示信息。

表7-2　中国产品全生命周期温室气体排放系数集（2022）——交通排放

下游排放单位：千克二氧化碳当量/（人·千米）

1级分类	2级分类	3级分类	下游排放
交通排放	道路交通（客运）	道路交通（客运）平均	0.028
交通排放	道路交通（客运）	柴油公交车	0.015
交通排放	道路交通（客运）	电动公交车	0.009
交通排放	道路交通（客运）	天然气公交车	0.005
交通排放	道路交通（客运）	柴油出租车	0.045
交通排放	道路交通（客运）	汽油出租车	0.041
交通排放	道路交通（客运）	电动出租车	0.017
交通排放	道路交通（客运）	天然气出租车	0.016
交通排放	道路交通（客运）	柴油小客车	0.045
交通排放	道路交通（客运）	汽油小客车	0.041
交通排放	道路交通（客运）	摩托车	0.062
交通排放	道路交通（客运）	电动小客车	0.017
交通排放	航空（客运）	航空（客运）平均	0.088
交通排放	航空（客运）	超大型飞机	0.093
交通排放	航空（客运）	大型飞机	0.070
交通排放	航空（客运）	中型飞机	0.084
交通排放	航空（客运）	小型飞机	0.106
交通排放	铁路（客运）	铁路（客运）平均	0.018
交通排放	铁路（客运）	高铁	0.026
交通排放	铁路（客运）	地铁	0.015
交通排放	铁路（客运）	轻轨	0.014
交通排放	水运（客运）	水运（客运）平均	0.128
交通排放	水运（客运）	滚装客船	0.068
交通排放	水运（客运）	邮轮	0.170
交通排放	水运（客运）	游轮	0.146
交通排放	道路交通（货运）	道路交通（货运）平均	0.074
交通排放	道路交通（货运）	重型货车	0.049
交通排放	道路交通（货运）	中型货车	0.042
交通排放	道路交通（货运）	轻型货车	0.083
交通排放	道路交通（货运）	微型货车	0.120
交通排放	航空（货运）	航空（货运）平均	1.222
交通排放	航空（货运）	超大型飞机	1.286
交通排放	航空（货运）	大型飞机	0.969

续表

1 级分类	2 级分类	3 级分类	下游排放
交通排放	航空（货运）	中型飞机	1.164
交通排放	航空（货运）	小型飞机	1.467
交通排放	铁路（货运）	铁路（货运）平均	0.007
交通排放	铁路（货运）	内燃机列车	0.007
交通排放	水运（货运）	水运（货运）平均	0.012
交通排放	水运（货运）	杂货船	0.019
交通排放	水运（货运）	集装箱船	0.010
交通排放	水运（货运）	干散货船	0.007
交通排放	水运（货运）	多用途船	0.012
交通排放	电梯、自动扶梯及升降机	住宅电梯（载重 1000 公斤）	0.005
交通排放	电梯、自动扶梯及升降机	自动扶梯	0.177

注：下游排放指的是使用该单位产品的温室气体排放量；不包括电力、运输和废弃物处理。上述数据的提取时间为 2023 年 1 月 12 日。

（来源：金玉然，等 . 绿色物流：理论与实验 [M]. 北京：清华大学出版社，2023.）

通过表 7-1 和表 7-2 可以看到，公路能源消耗强度是铁路和水路的 7.9 倍和 13.4 倍，公路温室气体排放强度是铁路和水路的 10.6 倍和 6.2 倍；民用航空能源消耗强度是铁路和水路的 105.9 倍和 179.0 倍，民用航空温室气体排放强度是铁路和水路的 174.6 倍和 101.8 倍。因为铁路和水路较低的能源消耗强度和温室气体排放强度，所以我国大力推进公转铁、公转水等运输模式。

（3）物流运输的绿色化策略。

①政府规制。政府规制即在以市场机制为基础的经济体制下，以改善市场机制内在问题为目的，政府干预经济主体活动的行为。政府对环境运输的规制主要体现在发生源规制，交通流规制和交通量规制等三个方面。

第一，发生源规制。发生源规制的主要目的是限制污染超标车辆上路以及促进低公害车的使用，主要措施包括根据绿色法规对废气排放及车辆进行规制，禁止排放超标的车辆上路，鼓励新能源汽车发展，以及对车辆噪声进行规制，如在一定时间段和一定区域范围内实行限鸣禁鸣措施等。我国自 20 世纪 90 年代末开始不断强化对污染源的控制，如北京市为治理大气污染发布两阶段治理目标，不仅对新生产的车辆制定了严格的排污标准，而且对在用车辆进行治理改造，在鼓励提高更新车辆的同时，采取限制行驶路线、增加车辆检测频次、按排污量收取排污费等措施。经过治理的车辆，污染物排放量大为降低。2020 年，我国颁布了《新能源汽车产业发展规划（2021 ～ 2035 年）》，通知指出发展新能源汽车是我国从汽车大国迈向汽车强国的必由之路，是应对气候变化、推动绿色发展的战略举措。国务院发布的《中国制造 2025》中继续支持电动汽车、燃料电池汽车发展，强调掌握汽车低碳化、信息化、智能化核心技术，提升动力电池、驱动电机、高效内燃机、先进变速器、轻量化材料、智能控制等核心技术的工程化和产业化能力，形成从关键零部件到整车的完整工业体系和创新体系，推动自主品牌节能与新能源汽车同国际先进水平接轨。

第二，交通流规制。交通流规制即是通过建立环状道路，道路停车规则以及实行交通管制的高度化来减少交通堵塞，以提高配送效率。道路与铁路的立体交叉建设以及实现交通管制系统的现代化，都将有利于提高配送效率，减少交通工具在途时间，从而达到节约资源降低污染的目的。

第三，交通量规制。交通量规制即通过政府的指导作用，推动企业从自备车辆运输向社会化运输体系转化，大力发展第三方物流，以最终实现高效率的物流。可以通过政府行为来指导企业使用合理化的运输工具，选择合适的运输方式，并统筹建立物流中心园区。

②设备改进。可以从以下四方面改进设备。

第一，发展替代能源，使用新型动力系统。在全球能源危机及环境污染日益严重的情况下，发展使用替代能源能起到降低能耗和污染的作用。目前的替代能源主要有：电能、氢能、太阳能、风能、生物质能、液态天然气、乳化燃料、煤油混合燃料（COM）和煤油水混合燃料（COWM）等。电动汽车具有零排放、低噪声等特点，是实现绿色交通的重要手段。在物流运输领域，电动货车已经逐渐成为主流。

第二，引入无人机、无人车、自动驾驶技术、智能路灯等新技术。这些新新技术可以提高运输效率并降低能源消耗与排放量。

第三，研制使用更清洁能源、更节能的发动机。采用先进的发动机技术和轻量化设计，可以有效地降低能源消耗量。例如，使用高效涡轮增压器、直喷系统等技术。在运输过程中使用传统的柴油、汽油发动机，不仅油耗大、尾气重，而且噪声也高。将发动机改进为电动机时这些问题就可以避免了。而在铁路和城市轨道交通中也应广泛使用电能，充分发挥电能的高效性和清洁性。

第四，尾气净化技术。由于汽车运行严重的分散性和流动性，因而也给净化处理技术带来一定的限制。在净化处理上应从两方面入手：一是控制技术，主要是提高燃油的燃烧率，安装防污染处理设备和开发新型发动机；二是行政管理手段，采取报废更新，淘汰旧车，开发新型汽车（即无污染物排放的机动车），从控制燃料使用标准入手。此外，汽车燃油应采用无铅汽油，代替有铅汽油，可减少汽油尾气毒性物质的排放量。采用绿色燃料以减少汽车尾气有毒气体排放量。大力推广车用乙醇汽油。专家指出，乙醇代替汽油，既可节约能源，又可消化陈粮，使汽车排出的有害气体减少。

③优化运输方式。可以从以下几个方面优化运输方式。

第一，合理选择绿色运输方式。每种运输方式对环境的影响程度各不相同，可以根据实际情况选择对环境影响更小的运输方式，进而推动实现绿色发展。轻轨交通系统是一种高效率、低碳排放、安全性高且便于管理的现代化公共交通工具。与其他传统交通方式相比，轻轨交通系统更加节省时间和资源，并且可以有效缓解城市拥堵问题。高速铁路是一种快速、便捷、舒适且环保的运输方式，它比飞机更加节省时间和资源，并且产生的二氧化碳排放量较小。

第二，提高车辆装载效率，减少空载现象。首先使进货供应链与出货供应链相联系，从厂家的角度来说，这意味着卡车放下零件，然后装载出货，而不是空车返回。其次，实行共同配送。共同配送是以城市一定区域内的配送需求为对象，人为地进行有目的、集约化的配送。它是由同一行业或同一区域的中小企业协同进行配送。共同配送统一集货、统一送货可以明显减少货流，有效地消除交错运输，缓解交通拥挤状况；可以提高市内货物运输效率，减少空载率；可以提高配送服务水平，使企业库存水平大大降低，甚至实现"零"库存，降低物流成本。

第三，采用智能交通系统。建立先进的驾驶员信息系统，为驾驶员及时提供天气状况、道路通行情况，以及提供电子地图优选路径；建立车辆调度管理系统，通过计算机和通信设备对所属车辆进行智能调度，对路线上的车辆实行监控；车辆控制管理系统，通过事先预制好的反应知识库，为某些特定事件及时地提供控制策略与建议。系统可提高驾驶的安全性，优化车辆调度和配送路径从而有效地降低资源浪费，更快更好地满足客户需求。

第四，开展共同配送。共同配送（Joint Distribution）指由多个企业或其他组织整合多个客户的货物需求后联合组织实施的配送方式。共同配送可以分为以货主为主体的共同配送和以物流企业为主体的共同配送两种类型。从货主的角度来说，通过共同配送可以提高物流效率。例如，中小批发者如果各自配送难以满足零售商多批次、小批量的配送要求。而采取共同配送，送货者可以实现少量配送，收货方可以进行统一验货，从而达到提高物流服务水平的目的。从物流企业角度来说，特别是一些中小物流企业，由于受资金、人才、管理等方面制约，运量少、效率低、使用车辆多、独自承揽业务，在物流合理化及效率上受限制。如果彼此合作，采用共同配送，则筹集资金、大宗货物，通过信息网络提高车辆使用率等问题均可得到较好的解决。因此，共同配送可以最大限度地提高人员、物资、资金、时间等资源的利用效率，取得最大化的经济效益。同时，可以去除多余的交错运输，并取得缓解交通、保护环境等社会效益。

第五，采取联合运输方式。联合运输是指吸取铁路、汽车、船舶、飞机等基本运输方式的长处，把它们有机地结合起来，实行多环节、多区段、多运输工具相互衔接进行商品运输的一种方式。这种运输方式以集装箱作为连接各种工具的通用媒介，起到促进复合直达运输的作用。为此，要求装载工具及包装尺寸都要做到标准化。由于全程采用集装箱等包装形式，可以减少包装支出，降低运输过程中的货损、货差。复合一贯制运输方式的优势还表现在：一方面，它克服了单个运输方式固有的缺陷，从而在整体上保证了运输过程的最优化和效率化；另一方面，从物流渠道看，它有效地解决了由于地理、气候、基础设施建设等各种市场绿色差异造成的商品在产销空间、时间上的分离，促进了产销之间紧密结合以及企业生产经营的有效运转。

第六，推广共享经济模式。共享经济是一种新型商业模式，它通过分享资源、服务和知识来实现社会资源最优配置。采用共享经济模式可以提高资源利用效率，减轻城市拥堵问题。

第七，推广夜间交付。车辆在路上花费的时间越多，使用的燃料和能源就越多。特别是在城市地区，夜间送货可以减少15%的道路时间。此外，随着电动汽车的安静程度提升，增加夜间噪声污染的风险较小。

第八，建立有弹性的物流网络以应对需求波动。对于最后一公里送货，可以考虑增加微型移动车辆，如电动自行车、无人机、无人车、快递柜等来解决。

④大力发展第三方物流。第三方物流（Third Party Logistics）是由独立于物流服务供需双方之外，且以物流服务为主营业务的组织提供物流服务的模式。发展第三方物流，由这些专门从事物流业务的企业为供方或需方提供物流服务，可以从更高的角度，更广泛地考虑物流合理化问题，简化配送环节，进行合理运输，有利于在更广泛的范围内对物流资源进行合理利用和配置，可以避免自有物流带来的资金占用、运输效率低、配送环节烦琐、企业负担加重、城市污染加剧等问题。当一些大城市的车辆配送大为饱和时，专业物流企业的出现使得在大城市的运输车量减少，从而缓解了物流对城市环境污染的压力。

⑤加强危险品管理。制定严格的危险品运输规定和标准，加强危险品储运设施的监管和管理，提高运输人员的安全意识和技能，完善应急预案和演练等。同时，各相关部门需要加强协调配合，建立信息共享机制，加强风险评估和监测，完善危险品安全管理体系，防止危险品泄漏造成环境污染，并采取必要的措施保障公众和环境的安全。

7.3.3 仓储绿色化

（1）绿色仓储的概念。

仓储是指通过仓库对物品进行管理、贮藏。与运输相对应，仓储是以改变"物"的时间状态为目的的活动，从而克服产需之间的时间差异获得更好的效用。仓储过程本身会对环境产生影响。例如，保管、操作不当会引起货物的损坏、变质，甚至危险品的泄漏等。另外，仓库布局不合理也会导致运输次数的增加或运输的迂回。绿色仓储是指在仓储环节为了减少储存货物对周围环境的污染及人员的辐射侵蚀，同时避免储存物品在存储过程中的损耗及成本的增加而采取的科学合理的仓储保管策略体系。

（2）绿色仓储的措施。

仓储管理的绿色化措施包括但不限于：

①拥有符合可持续建筑和管理标准的仓库。可以开展物流建筑 4.0 认证，该认证体系的设计和建造结合了环境保护措施，保证了建筑的可持续管理。LEED 和 BREEAM 是两种国际化的工业地产绿色建筑认证。这些认证是通过分析如水和能源消耗效率、替代能源的使用、建筑材料的选择和整个过程中的废物管理等问题来授予的。

②优化仓库用能管理。仓库中某些流程的完全自动化可减少照明需求，开展熄灯制造，节约能源使用。

③物品分类存放。对于不同类型、不同性质的危险货物存放时，要按照分区、分类、分段、专仓专储的原则。例如，液氯遇到氨气（NH_3）、或乙炔气体（C_2H_2）极易发生爆炸，因此，它们必须存放于不同的仓库。

④易腐货物按"先进先出"原则存放。如采用贯通式货架、"双仓法"储存，采用计算机存取系统等。

⑤采取措施减少和回收仓库中产生的废物。帮助仓库实现绿色物流的措施之一是使用可持续标准来管理产生的废物。例如，根据要回收的材料建立废物分类流程，通过实施 IT 解决方案（如仓库管理软件）来减少仓库内纸张的使用，控制特殊废物管理使其符合适当的回收程序。

⑥做好仓储物品的防潮、防霉变工作。例如可以采用性能好的除潮抽湿机，采用塑料薄膜封闭、气幕隔潮、气调储存。

⑦落实安全管理。仓储操作人员及管理人员必须通过安全考试，持证上岗。采用先进的检测设备，定期对危险物品、化工容器进行检测，谨防化工容器泄漏、爆炸。对于高压储罐及剧毒有害物储罐要进行连续的动态监测。液态和气态化工产品废气废水排放不超标，应配备必要的废水废气处理设备，并建立检查的登记负责制。配置完善的防火系统，如立体化仓库，设置自动化喷淋系统，并保证有足够的水源。特种仓库要防止产生静电，安装性能很好的避雷系统等。

7.3.4　装卸搬运绿色化

（1）绿色装卸搬运的概念。

绿色装卸搬运是指为尽可能减少装卸搬运环节产生的粉尘烟雾等污染物而采取的现代化的装卸搬运手段及措施。在货物集散地，尽量减少泄漏和损坏，杜绝粉尘、烟雾污染。清洗货车的废水必须要经过处理后再排放。在货物集散地要采用防尘装置，制定最高容许的高度标准。废水应集中收集、处理和排放，加强现场的管理和监督

（2）绿色装卸搬运的措施。

绿色装卸搬运的措施包括但不限于：

①消除无效搬运。要提高搬运纯度，搬运必要的物资，如有些物资要去除杂质之后再搬运才比较合理；避免过度包装，减少无效负荷；提高装载效率，充分发挥搬运机器的能力和装载空间；中空的物件可以填装其他小物品再进行搬运；减少倒搬次数，作业次数增多不仅浪费了人力、物力，还增加物品损坏的可能性，更重要的是无效搬运次数的增加会使装卸搬运中的粉尘增加，对环境造成污染。

②提高搬运活性。放在仓库的物品都是待运物品，应使之处在易于移动的状态，即"搬运活性"。物品放置时要有利于下次搬运，如装于容器内并垫放在其他物品上较散放于地面的物品更易于搬运。在装上时要考虑是否便于卸下，在入库时要考虑是否便于出库，还要创造和使用易于搬运的绿色包装。这样做一方面提高了搬运装卸效率，另一方面也减少了可能造成的污染。

③注意货物集散场地的污染防护工作。在货物集散地，尽量减少泄露和损坏，杜绝粉尘；清洗货车的废水要在处理后排出，以防为主、防治结合。在货物集散地要采用防尘装置，制定最高容许度标准；废水应集中收集、处理和排放，加强现场的管理和监督。

7.3.5　流通加工绿色化

（1）绿色流通加工的概念。

绿色流通加工指物品在从生产地到使用地过程中，根据需要对包装、分割、计量、分拣、组装、价格贴付、标签贴付、商品检验等简单作业，采用各种节能环保技术和措施，减少对环境的影响和污染，提高资源利用效率，促进可持续发展的一种流通加工方式。绿色流通加工主要目的是通过在物品流通加工过程中采用节能、环保、智能等技术手段，减少能源消耗和废弃物产生，降低物流环节中的能源消耗和排放，提高资源利用效率，实现流通加工过程的可持续发展。

（2）绿色流通加工的措施。

绿色流通加工措施包括但不限于：

①集中加工和集中处理。一是变消费者加工为专业集中加工，以规模作业方式提高资源利用效率，减少环境污染。二是集中处理消费品加工中产生的边角废料，以减少消费者分散加工所造成的废弃物污染。

②减少能源消耗。流通加工过程中消耗大量的能源，为减少环境污染和降低能源消耗，生产企业在流通加工中，应通过运用新型的绿色技术，控制加工过程，高效利用能源。

③减少排放。流通加工在生产过程中会产生大量的废弃物和有害物质，为减轻环境负荷和保护环境，企业应该对生产过程中废弃物的排放进行限制和控制，缩小对环境的损害。

④生产过程中使用绿色材料。在流通加工过程中，企业应尽可能采用绿色材料，如

环保包装材料、循环利用原材料等，降低对环境的污染。

⑤优化设计。针对生产过程中可能存在的问题，企业应以环境保护为导向，采用优化设计，最大程度地减少环境污染。

⑥促进清洁生产。企业应采用延伸责任制度，通过对流通加工环境的全面管理，使流通加工过程降低对环境的危害和污染，切实推进清洁生产，保障可持续发展。

7.3.6　配送绿色化

（1）绿色配送的概念。

绿色配送是指在物流配送过程中采用节能、环保的方式，减少对环境的负面影响，实现更加可持续的物流运作方式。这种方式可以减少对环境的污染和资源的浪费，同时也有助于降低企业成本和提高品牌形象。

（2）绿色配送的措施。

绿色配送的措施包括但不限于：

①节能减排。节能减排是绿色配送最基本也是最有效的措施之一。通过使用低碳、高效、清洁能源等手段，可以大幅度降低物流车辆和设备所消耗的能量，并且减少二氧化碳等有害气体的排放。例如，在城市内部分区域禁止柴油车通行或限制其通行时间；推广电动汽车、混合动力汽车等新型交通工具；利用太阳能光伏板和风力发电机供应仓库及办公场所用电等。

②智慧路线规划。智慧路线规划可以帮助企业优化运输路径，避免拥堵和浪费资源。通过先进技术如导航系统、云计算技术以及人工智能算法进行数据分析与处理，使配送路线更加合理，减少了车辆行驶里程和时间，降低了物流成本，同时也减少了对环境的影响。

③货运集中化。货运集中化是将多个配送点集中到一个区域内进行统一管理和配送。通过这种方式可以大幅度降低车辆数量和行驶里程，从而节约能源并减少排放量。此外，在同一区域内建立共享仓库、共享配送站等设施也有助于提高资源利用效率。

④环保教育与宣传。企业应该积极开展环保教育与宣传活动，让员工养成良好的环保意识和习惯，并向社会公众普及绿色配送知识。如组织员工参加环保公益活动、开展绿色物流知识讲座等。

7.3.7　物流信息绿色化

（1）物流信息绿色化的概念。

物流信息的绿色化是指通过数字化、环保、智能技术等手段实现物流信息高效管理，减少纸质文件使用和降低信息传递成本，同时也减轻物流行业对环境的影响的过程。传统物流管理过程中，需要使用各种文书和报表，如订单、收据、发票等，这些纸质文件的产生和处理过程都会对环境产生影响，并且增加了人员工作量。通过实现物流信息的数字化、网络化和智能化，可以将数据存储在云端，提高数据的可靠性和管理效率，同时也使得信息共享更加容易，避免不必要的耗时和成本。该技术的应用可以显著降低物流企业能源消耗、废气排放和噪声污染等环境影响，从而实现物流行业的可持续发展。因此，物流信息的绿色化不仅提升物流企业的管理效率和客户服务水平，也是推进物流业逐步向可持续方向发展的必要手段之一。

（2）物流信息的绿色化措施。

物流信息的绿色化措施包括但不限于：

①网络化平台。建立基于互联网和物联网技术的物流信息管理平台，集成网络运输订单、物料库存信息、交通路况、天气预报等数据，并实现数据共享。优化数据传输方式，避免使用过多纸质文件，提高数据可靠性、安全性和易访问性。

②电子化票据。引入电子发票、电子合同等电子票据，减少传统票据的使用，采用数字签名及时间戳等技术保证电子票据的安全性和有效性。将电子票据与物流信息管理平台结合，实现物流信息、订单和电子票据之间的无缝对接和自动匹配。

③智能化信息管理。将智能芯片技术植入于货物包装中并与物流信息管理系统连接，便于远程跟踪货物实时位置和状态，提高物流信息的可视化和精准度，同时也降低了纸质记录的必要性。

④环保形式书面核查。对相关文档（如收据、送货单等）采取环保形式，在先进技术支持下，可在移动设备上进行签署、审核、发送这些文件，避免传统的纸质文档。

⑤优化用能管理。在大数据中心等信息处理场所采用节能的服务器和基础设施；适当提高信息处理场所的制冷温度，减少能源消耗；建立信息处理场所的散热及气流组织模型，得到最优冷量配置的效果；将大数据中心等信息处理场所设置在自然冷却能力较强的地域；采用空气冷却、液体冷却（例如水冷、离子水、乙二醇等）等节能方式，减少传统冷却在电力方面所需的能源需求；在信息处理系统中使用高效、运行所需能源更少的软硬件。

7.3.8　绿色物流管理要素绿色化指标体系

绿色物流指标体系是衡量物流产业发展过程中环保程度的一整套指标。绿色物流指标体系的构成要素如图7-1所示。加快绿色物流指标体系的研究和制定，有利于物流企业结构的优化，促进物流产业的可持续发展；同时，健全的绿色物流指标体系可以作为国际贸易活动中与贸易伙伴谈判的筹码。物流管理部门应在环保和技术监督部门的配合下建立和制定绿色物流指标体系。具体来说，可采取先易后难、先重点突破后全面开花的原则，选择一些有一定基础、技术难度不太大、易于突破的指标，然后逐步完善和扩展，构筑符合国际规则的物流绿色屏障。

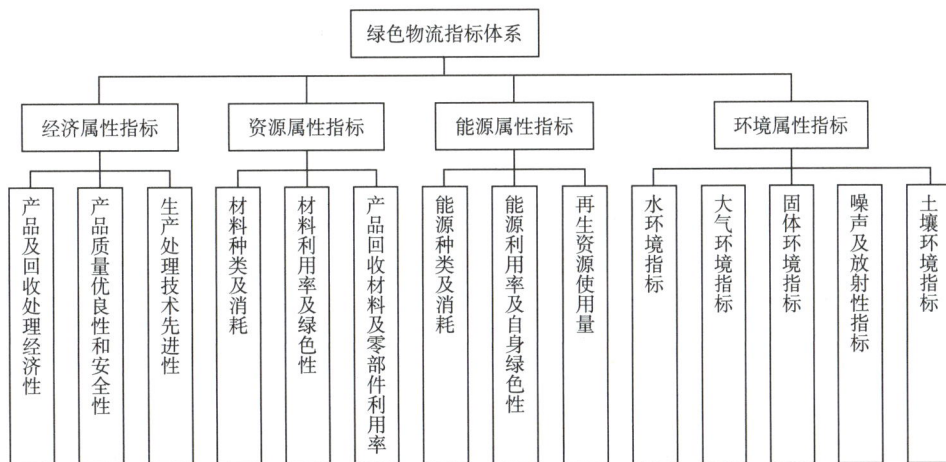

图 7-1　绿色物流指标体系

7.4　绿色物流相关理论与实施措施

7.4.1　基于产品生命周期的绿色物流运行模式

（1）产品生命周期理论的基本概念。

产品生命周期理论是基于可持续发展的要求，从环境观点出发，以可持续产品的研制、开发、生产、消费为研究对象，或可称"可持续发展的产品生命周期"。具体地说，它是指以"满足当代人需要而又不损害未来各代人需要"的可持续发展观为指导，以绿色与生态保护为基准，应用产业生态学或生态经济学的系统方法来覆盖产品生命周期及其能量和物质的代谢系统（再生系统）的内涵和运行过程。从可持续发展角度出发，产品的生命周期划分为以下四个阶段：产品开发、产品制造、产品使用和产品的处置。

（2）基于产品生命周期的物流活动。

①供应物流。供应物流是为生产企业提供原材料、零部件或其他物料时所发生的物流活动。随着采购、供应一体化以及第三方物流分工专业化的发展，使采购、供应物流一直延伸到其企业车间。供应物流包括了物料需求计划、运输、流通加工、装卸搬运、存储等功能，它是产品生产得以正常进行的前提，而且供应商提供的原料及零配件的质量和环保性能将直接决定产品的质量和绿色性能。

②生产物流。生产物流是生产企业内部进行的涉及原材料、在制品、半成品、产成品等的物流活动。原材料、配件、半成品等物料，按产品的生产过程和工艺流程的要求，在企业的各车间内、企业半成品仓库之间流转，这就是生产物流。生产物流担负着

物料运输、存储、产品组装、产品包装等任务，是生产过程得以延续的基础。

③分销物流。分销物流是指企业在销售商品过程中所发生的物流活动。分销物流是从生产企业成品仓库到产品需求者之间的物流过程，包括包装、流通加工、存储、订单处理、运输、装卸搬运等功能环节。

④回收物流。回收物流指的是将可以再利用的资源通过回收、加工、转化为新的生产资源而重新投入使用的一系列物流活动。根据物流流向的不同，回收物流将发生在产品的全生命周期，生产阶段的余料、残次品等应在企业内部进行回收、处理、再利用；在产品使用阶段的废旧包装材料、维修更换件、淘汰件等的回收处理，则发生在用户、销售商、原料生产商和产品生产商之间，即发生在产品的整个生产周期。

⑤废弃物物流。废弃物物流是将经济活动或人民生活中失去原有使用价值的物品，根据实际需要进行收集、分类、加工、包装、搬运、储存等，并分送到专门处理场所的物流活动。废弃物物流的方式一般包括收集、搬运、净化处理、最终处置等功能。净化处理是为了实现废弃物的无害排放；最终处置主要有掩埋、焚烧、堆放、净化后排放等方式。产品生命周期的所有阶段中都会产生各种形式的废弃物，因此，废弃物物流也将贯穿于产品整个生命周期。

（3）基于产品生命周期的绿色物流运行模式。

为响应可持续发展战略，企业应该从产品原材料或零部件的采购阶段开始，制定物资供应物流的绿色化、生产物流的绿色化、销售物流的绿色化、产品回收及废弃处置的绿色化策略。在分析了产品生命周期的企业物流活动对环境的影响的基础上，这里提出了一种基于产品生命周期的企业绿色物流系统运行模式，如图7-2所示。

上述模式实际上是一个物料循环流动系统。将产品制造企业当作系统的主体成员，该绿色物流系统的运作过程是：首先，制造商经过对供应商的评估，选择出绿色供应商，供应商将由自然资源、能源和人力资源转化而来的原料/零部件送达生产企业；其次，企业通过对产品的绿色设计、绿色制造、绿色包装，形成最终的绿色产品；生产过程中的边角余料、副产品、加工残次品等，直接进入内部回收系统，尽量做到维修后再利用，避免废弃物的产生；产品被制造出来后，经过企业的绿色分销渠道，交给第三方物流企业进行专业化的运输和配送；企业的分销系统规划必须考虑产品退货、产品召回以及报废后的回收和处理要求，并制订相应的运行策略。除此之外，企业可以通过多种方式，控制产品在使用阶段产生的环境影响。除了产品的退货、召回处理外，对包装物的回收、重复使用，对报废产品的拆卸和零部件的再利用等，都有利于最终废弃物量的减少，有利于节约资源，也有利于企业经济效益和竞争力的提高。总之，企业既要从总体上把握物流绿色化的策略和途径，还应该从物资供应、产品生产、分销、回收等环节实现物流的绿色化。企业必须从产品全生命周期的范围进行企业物流绿色化管理，必须以节约资源、节约能源、降低污染程度、减少废弃物排放为目标，实施全生命周期的绿色物流策略。

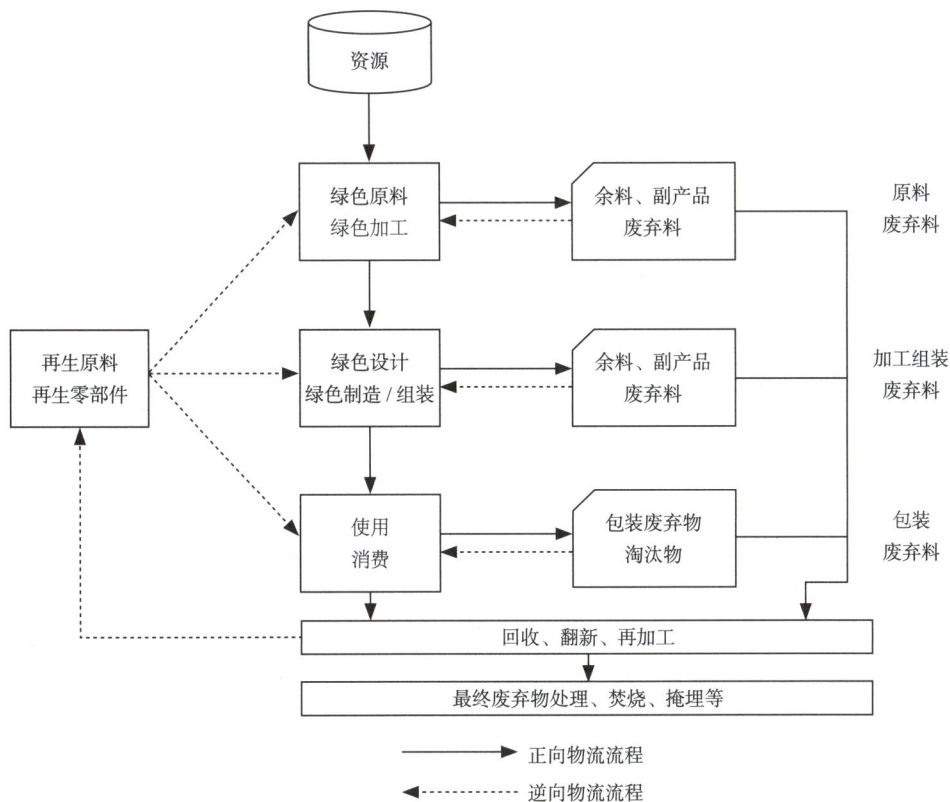

图 7-2 绿色物流的运行模式

7.4.2 逆向物流

（1）逆向物流的概念。

逆向物流（Reverse Logistics）是指为恢复物品价值、循环利用或合理处置，对原材料、零部件、在制品及产成品从供应链下游节点向上游节点反向流动，或按特定的渠道或方式归集到指定地点所进行的物流活动。

逆向物流是一个与传统供应链反向，为价值恢复或处置合理而对原材料、中间库存、最终产品及相关信息从消费地到起始点的有效实际流动所进行的计划、管理和控制过程。逆向物流的表现是多样化的，从使用过的包装到经处理过的电脑设备，从未售商品的退货到机械零件等。也就是说，逆向物流包含来自客户手中的产品及其包装品、零部件、物料等物资的流动。简而言之，逆向物流就是从客户手中回收用过的、过时的或者损坏的产品和包装开始，直至最终处理环节的过程。现在越来越被普遍接受的观点是，逆向物流是在整个产品生命周期中对产品和物资的完整的、有效的和高效的利用过程的协调。

逆向物流的想法很简单：退回的产品不会被浪费，而是被转售、重复使用或回收，这样就可以在持续创造价值的同时让客户满意。

逆向物流有广义和狭义之分。上文提到的是狭义逆向物流，更多强调的是与正向物流方向相反的回收物流。广义的逆向物流除了包含狭义的逆向物流的定义之外，还包括废弃物物流的内容，其最终目标是减少资源使用，并通过减少使用资源达到废弃物减少的目标，同时使正向以及回收的物流更有效率。

（2）逆向物流的主要原则。

①事前防范重于事后处理原则。逆向物流实施过程中的基本原则是事前防范重于事后处理，即预防为主、防治结合的原则。因为对回收的各种物料进行处理往往给企业带来许多额外的经济损失，这势必增加供应链的总物流成本，与物流管理的总目标相违背。因而，对生产企业来说要做好逆向物流一定要注意遵循事前防范重于事后处理的基本原则。循环经济、清洁生产都是实践这一原则的生动例证。

②绿色原则（7R 原则）。逆向物流可以通过如下 7R 原则促进可持续发展：

退换货（Returns and Exchanges）：退货始终是逆向物流过程中的第一个环节。这是客户出于多种原因将购买的产品退回给企业的情况。退货原因通常包括但不限于：产品到达客户时有缺陷、产品到达客户损坏、产品未能满足客户的期望或未按描述工作。使用多种策略可以优化和降低退货流程的成本。最关键的一步是进行退货授权（RMA）验证，以允许客户退回产品。RMA 编号应由客户服务部门（如有）分配，以确保可以处理退货。同时还应该有清晰的描述相关退货政策以及如何将产品回收的说明。此外，需要确保有具体的退货政策。例如，只允许退回有缺陷的产品，还是也允许退回不符合客户期望的产品？最后，确保有一个测试产品退货的流程，以确认该流程是否适合市场。

召回（Recalls）：召回是将产品退回给企业的另一种更复杂的方式。召回通常更复杂的原因是它们受到政府法规的约束，并且可能涉及对客户的健康和权利造成危害的问题。例如，如果设备存在可能危及他人的结构问题或有缺陷的组件，则通常会被强制召回。处理召回的最佳方法是制订一个流程来接收和更换召回的产品。处理召回的首要目标应该是专注于客户，并用替代设备修复或更换他们的产品。

转售退回的产品（Reselling Returned Products）。仅仅因为一个客户不想要产品，并不意味着它不会被其他人珍惜。作为一家企业，您可以通过处理和销售退回的产品来增加您的底线。仅在美国，二级市场每年的价值就超过 15 亿美元。想想那些利用这项业务获得额外利润的公司。例如，亚马逊有亚马逊仓库，每年带来数百万美元的收入。大多数产品（约 95%）被退回是因为客户对它们不满意，而不是因为商品有问题。转售退回产品的第一步是标记它们并将它们放回系统中。然后，需要对其进行测试、重新包装并返回库存转售。

维修/翻新（Repairs / Refurbishment）：维修是指损坏的产品被修复（在企业发现问

题之后），然后免费退还给原始客户。翻新是指产品恢复到类似新的状态，因此可以再次在一般市场上销售或者创造其他商业价值。确保有一个简化的流程来维修或翻新退回的产品。其中拥有高效的跟踪系统和库存管理是其中的重要一部分。有些客户只想修理损坏的物品并退回，而不是更换。即使客户不希望退回商品，通常也可以通过在现场进行维修并使商品重新投入流通来降低退货的总体成本。为了管理维修，一些公司设立了现场维修运营中心，在那里可以快速检查、修复产品并送回现场。如果问题轻微，则可以将产品作为"类似新品"或"翻新"出售。有瑕疵的产品可以进行维修或标记，并根据缺陷制定折扣。然后，这些物品也将重新包装并上市出售，通常以较低的价格出售。

重新包装（Repackaging）：如果退回产品是因为客户对产品不满意，而不是因为产品有任何问题，会发生什么情况？在这种情况下，产品需要重新包装，以便可以在市场上转售。退货政策应非常清楚地表明是否允许客户不满意而退货，或者是否只允许在有缺陷或召回的情况下退货。如果公司提供产品保证（这意味着承诺退款给客户，如果他们对产品不满意，可以将其退回），那么由于客户不满意，便需要被允许退货。在这种情况下，重新包装这些退回的产品并尽快将它们退回到库存中绝对至关重要。首先，彻底有效地检查产品，看看是否有缺陷；如果有，则需要将产品翻新，并重新包装再次销售。

更换（Replacements）：有些消费者只想要相同的产品，但版本不同。也许那些鞋子有点太紧了，或者蓝色的色调不对。或者垫圈是为了适合不同的模型而制造的，而他们需要正确的垫圈。为客户提供无缝的退货和换货选项可以改善客户体验、提高保留率。买家将商品退回商家时，公司将在收到退货通知后立即运送客户的替代品。使用仓库管理系统（WMS）等强大的解决方案可以帮助公司管理此流程并跟踪进出库存。

回收和处置（Recycling and Disposal）：越来越多消费者关注可持续性，他们正在让他们的钱包为他们说话。根据麦肯锡的研究，四分之一的顾客表示他们更关注环境问题，并在购物时会注意这一点。企业需要倾听并且将可持续发展作为更高的优先事项。企业需要考虑如何使产品更具可持续性，以便在使用寿命结束时对其进行适当的回收或环境处置。对于大多数企业来说，这意味着与回收公司合作，以确保正确收集和处置任何废物。例如，如果回收的是技术设备，回收公司可能会回收稀土金属，然后可以将其返回到业务链条中，以便它们可以在未来的产品中再次使用。从长远来看，这将为业务节省资金。正确回收产品和包装可以使客户满意，企业还可以降低成本。例如，仅在2015 年，苹果就通过其革命性的产品回收计划收回了约 4000 万美元。百事可乐和宝洁正在提供可重复使用的包装，消费者可以退货重复使用。当物流公司投递产品时，他们可以拿起用过的包装返回仓库。无论物品需要回收还是处置，它们仍然会被带回系统。拥有一种可靠地跟踪它们的方法可以为企业提供所需的数据，以便对其使用的流程做出明智的业务决策。

③效益原则。生态经济学认为，在现代经济、社会条件下，现代企业是一个由生态系统与经济系统复合组成的生态经济系统。物流是社会再生产过程中的重要一环，物流过程中不仅有物质循环利用、能源转化，而且有价值的转移和价值的实现。因此，现代物流涉及了经济与生态环境两大系统，理所当然地架起了经济效益与生态环境效益之间彼此联系的桥梁。经济效益涉及目前和局部的更密切相关的利益，而环境效益则关系更宏观和长远的利益。经济效益与环境效益是对立统一的。后者是前者的自然基础和物质源泉，而前者是后者的经济表现形式。

④信息化原则。尽管逆向物流具有极大的不确定性，但是通过信息技术的应用（如使用条形码技术、导航技术、EDI 技术、物联网技术等）可以帮助企业大大提高逆向物流系统的效率和效益。因为使用条形码可以储存更多的商品信息，这样有关商品的结构、生产时间、材料组成、销售状况、处理建议等信息就可以通过条形码加注在商品上，也便于对进入回收流通的商品进行有效及时地追踪。

⑤法制化原则。尽管逆向物流作为产业而言还只是一个新兴产业，但是逆向物流活动从其来源可以看出，它就如同环境问题一样并非新生事物，它是伴随着人类的社会实践活动而生，只不过在工业化迅猛发展的过程中使这一"暗礁"浮出水面而已。然而，正是由于人们以往对这一问题的关注较少，所以市场自发产生的逆向物流活动难免带有盲目性和无序化的特点。

⑥社会化原则。从本质上讲，社会物流的发展是由社会生产的发展带动的，当企业物流管理达到一定水平，对社会物流服务就会提出更高的数量和质量要求。企业回收物流的有效实施离不开社会物流的发展，更离不开公众的积极参与。在国外，企业与公众参与回收物流的积极性较高，在民间环保组织的巨大影响力下，已有不少企业参与了绿色联盟。

（3）逆向物流的重要性。

①提高潜在事故的透明度。逆向物流在促使企业不断改善品质管理体系上，具有重要的地位。ISO 9001 的 2000 版将企业的品质管理活动概括为一个闭环式活动——计划、实施、检查、改进，逆向物流恰好处于检查和改进两个环节上，承上启下，作用于两端。企业在退货中暴露出的品质问题，将透过逆向物流资讯系统不断传递到管理层，提高潜在事故的透明度，管理者可以在事前不断地改进品质管理，以根除产品的不良隐患。

②提高顾客价值，增加竞争优势。在当今顾客驱动的绿色经济下，顾客价值是决定企业生存和发展的关键因素。众多企业通过逆向物流提高顾客对产品或服务的满意度，赢得顾客的信任，从而增加其竞争优势。对于最终顾客来说，逆向物流能够确保不符合订单要求的产品及时退货，有利于消除顾客的后顾之忧，增加其对企业的信任感及回头率，扩大企业的市场份额。如果一个公司要赢得顾客，它必须保证顾客在整个交易过程

中心情舒畅，而逆向物流战略是达到这一目标的有效手段。另外，对于供应链上的企业客户来说，上游企业采取宽松的退货策略，能够减少下游客户的经营风险，改善供需关系，促进企业间战略合作，强化整个供应链的竞争优势。特别对于过时性风险比较大的产品，退货策略所带来的竞争优势更加明显。

③降低物料成本。减少物料耗费，提高物料利用率是企业成本管理的重点，也是企业增效的重要手段。然而，传统管理模式的物料管理仅仅局限于企业内部物料，不重视企业外部废旧产品及其物料的有效利用，造成大量可再用性资源的闲置和浪费。由于废旧产品的回购价格低、来源充足，对这些产品回购加工可以大幅度降低企业的物料成本。

④改善绿色行为，塑造企业形象。随着人们生活水平和文化素质的提高，绿色意识日益增强，消费观念发生了巨大变化，顾客对环境的期望越来越高。另外，由于不可再生资源的稀缺以及对环境污染日益加重，各国都制订了许多环境保护法规，为企业的绿色行为规定了一个约束性标准。企业的绿色业绩已成为评价企业运营绩效的重要指标。为了改善企业的绿色行为，提高企业在公众中的形象，许多企业纷纷采取逆向物流战略，以减少产品对环境的污染及资源的消耗。

（4）优化逆向物流的主要策略。

①评估相关政策和协议。审查和修订与贵公司退货和维修相关的程序。这些政策应明确并考虑退货和维修的根本原因。公司处理退货和维修的方式可能是具有竞争力的差异化因素。

②与供应商合作。与供应商的密切合作有助于确保客户获得平稳、集成的体验，而不是他们难以驾驭的脱节体验。

③使用数据优化流程。通过收集产品退货数据，企业可以了解客户可能退货的原因。然后，可以相应地在销售、产品设计和正向物流流程中进行调整。

④向前和向后跟踪产品。将原材料与成品和客户订单联系起来，可以在需要处理召回的情况下追踪更多细节。这样一来，企业容易找到问题并选择性地召回，而不是对整条生产线的召回。

⑤建立或者设置集中退货中心。有了集中的退货中心，企业可以更好地对产品进行分类并为每个产品确定最佳方案，可以更有效地确定如何最好地回收产品价值。如果企业缺乏资源来建立一个单独的退货中心，可以考虑将仓库或工厂的一部分用于退货。

⑥检查物流流程。定期审查正向和反向物流流程，如果可行就整合一些流程和运输。例如，送货司机在放下满托盘之后拿起空托盘，这可以节省行程、时间和费用。

⑦自动化与智能化。使用基于云的物流软件来帮助简化运营。软件系统可以跟踪资产回收、管理翻新并提供商业智能分析。

7.4.3 绿色供应链

（1）绿色供应链的概念。

绿色供应链的概念最早由美国密歇根州立大学的制造研究协会在1996年进行一项"环境负责制造（ERM）"的研究中首次提出，又称绿色意识供应链（Environmentally Conscious Supply Chain，ECSC）或绿色供应链（Environmentally Supply Chain，ESC），是一种在整个供应链中综合考虑环境影响和资源效率的现代管理模式，它以绿色制造理论和供应链管理技术为基础，涉及供应商、生产厂、销售商和用户，其目的是使得产品从物料获取、加工、包装、仓储、运输、使用到报废处理的整个过程中，增加环境保护意识，把"无废无污"和"无任何不良成分"及"无任何副作用"贯穿于整个供应链中，实现对环境的影响（负作用）最小，资源效率最高。绿色供应链广义上指的是要求供应商开展与绿色相关的管理，也将环保原则纳入供应商管理机制中，其目的是让本身的产品更具有环保概念，提升市场的竞争力。在做法上，有些企业提出以绿色为诉求的采购方案、绩效原则或评估过程，让所有或大部分的供应商遵循。而另一些企业则研订对环境有害物质的种类并列出清单，要求供应商使用的原料、包装或污染排放中不得含有清单所列物资。如知名的运动鞋制造商耐克公司为配合环保诉求，于1998年淘汰以聚氯乙烯作为其产品的主要材料，并同步要求供应商也如此，原因是聚氯乙烯焚化处理会产生对人体有害的戴奥辛。

（2）基于绿色供应链的循环物流系统运作模式。

循环经济本质上是一种生态经济，它要求运用生态学规律而不是机械论规律来指导人类社会的经济活动。与传统经济相比，循环经济的不同之处在于：传统经济是一种由"资源—产品—污染排放"单向流动的线性经济，其特征是高开采、低利用、高排放。在这种经济中，人们高强度地把地球上的物质和能源提取出来，然后又把污染和废物大量地排放到水系、空气和土壤中，对资源的利用是粗放的和一次性的，通过把资源持续不断地变成为废物来实现经济的数量型增长。与此不同，循环经济倡导的是一种与环境和谐的经济发展模式。它要求把经济活动组织成一个"资源—产品—再生资源"的反馈式流程，其特征是低开采、高利用、低排放。所有的物质和能源要能在这个不断进行的经济循环中得到合理和持久的利用，以把经济活动对自然环境的影响降低到尽可能小的程度。循环经济为工业化以来的传统经济转向可持续发展的经济提供了战略性的理论范式，从根本上消解长期以来绿色与发展之间的尖锐冲突。"减量化、再利用、再循环"是循环经济最重要的实际操作原则。

循环物流系统（Cycle Logistics System）是指物及其物流衍生物发生的空间和时间的位置移动的循环系统，是由正向物流与逆向物流相互联系构成的物流系统。循环物流能涉及供应链上的所有企业，按照循环物流的减量化、再利用、再循环等方面的原则，构建起从原料供应商、零部件供应商，再到生产企业、分销企业和消费者的，基于供应链范围体系的循环物流具体的系统结构体系，如图 7-3 所示。

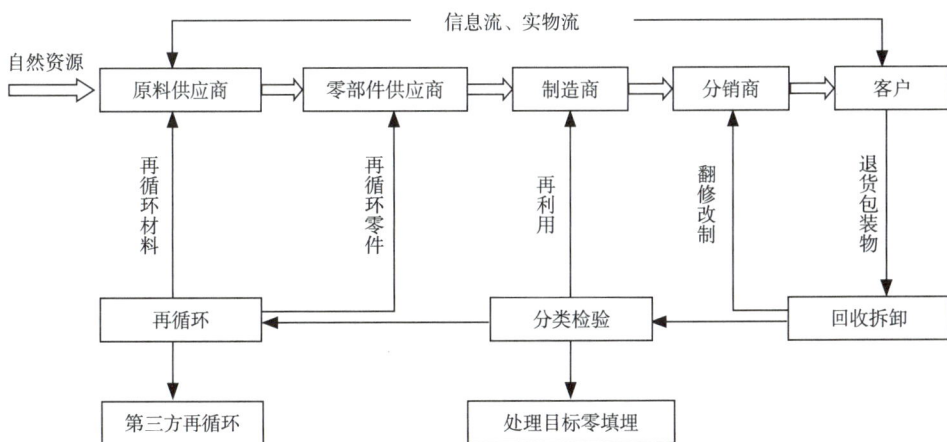

图 7-3 基于绿色供应链的循环物流系统运作模式

7.4.4 绿色物流管理的实施措施

绿色物流管理作为当今经济可持续发展的重要组成部分，对经济的发展和人民生活质量的改善具有重要的意义，无论各国政府有关部门或是企业界，都应强化物流管理，共同构筑绿色物流发展的框架。

（1）政府的绿色物流管理措施。

①对发生源的管理。主要是对物流过程中产生环境问题的来源进行管理。由于物流活动的日益增加以及配送服务的发展，引起在途运输的车辆增加，必然导致空气污染加重。可以采取以下措施对发生源进行控制：制定相应的环保法规，对废气排放量及车种进行限制；采取措施促进使用符合限制条件的车辆；普及使用低公害车辆；对车辆产生的噪声进行限制。

②对交通量的管理。发挥政府的指导作用，推动企业从自用车运输向营业用货车运输转化；促进企业选择合理的运输方式，发展共同配送；政府统筹物流中心的建设；建设现代化的物流管理信息网络等，从而最终实现物流效益化，特别是要提高中小企业的物流效率。通过这些措施来减少货流，有效地消除交错运输，缓解交通拥挤状况，提高货物运输效率。

③对交通流的管理。政府投入相应的资金，建立都市中心部环状道路，制定有关道路停车管理规定；采取措施实现交通管制系统的现代化；开展道路与铁路的立体交叉发展。以减少交通堵塞，提高配送效率，达到环保的目的。

④加强对绿色物流人才的培养。绿色物流作为新生事物，对营运筹划人员和各专业人员的素质要求较高，因此，要实现绿色物流的目标，培养和造就一大批熟悉绿色物流

理论与实务的物流人才是当务之急。各相关大专院校和科研机构应有针对性地开展绿色物流人才的培养和训练计划，开发相关课程，变革教学模式、考核方式和教学方法，努力为绿色物流业输送更多合格人才；还可以通过调动企业、大学以及科研机构相互合作的积极性，促进产学研的结合，使大学与科研机构的研究成果能转化为指导实践的基础，提升企业物流从业人员的理论水平。此外，还应引导政府部门、企业、行业组织、咨询机构及民办教育机构，参与并采取多种形式开展多层次的绿色物流人才培训和教育工作，如专家讲座、参观学习、各种培训等，不断培养造就大批熟悉绿色物流业务、具有跨学科综合能力、并有开拓精神和创造力的绿色物流管理人员和绿色物流专业技术人员。

⑤深化绿色物流标准的建设和贯彻。标准化建设可以规范并引领物流产业绿色发展。近年来，在国家标准方面，我国在 2018 年发布了《绿色物流指标构成与核算方法》，2023 年发布《绿色制造—制造企业绿色供应链管理—逆向物流》，2022 年发布《绿色产品评价—物流周转箱》《物流行业能源管理体系实施指南》《物流企业能源计量器具配备和管理要求》。在地方标准方面，2016 年发布了《商贸物流绿色配送管理规范》，2019 年发布了《绿色物流企业》，2022 年发布了《商贸物流绿色仓储与配送要求》。在行业标准方面，2020 年发布了《家用电器绿色供应链管理—第 3 部分：物流与仓储》。从上述标准的发布和国标计划可以看出，国家、地方、行业都越来越重视绿色物流标准的制定。未来，我国绿色物流标准在绩效评价、审核等方面仍需要进一步完善。同时，各类标准的贯彻也是影响绿色发展的关键，积极开展绿色物流相关标准的宣贯和评价将是我国绿色物流健康快速发展的助力器。

（2）企业的绿色物流管理措施。

推进绿色物流除了加强政府管理外，还应重视民间绿色物流的倡导，加强企业的绿色经营意识，发挥企业在环境保护方面的作用，从而形成一种自律型的物流管理体系。

①企业经营战略与环境保护结合。企业从保护环境的角度制订其经营管理战略，对于推进绿色物流，具有非常重要的作用。为此，企业要全面实施物流活动的绿色化，包括绿色运输物流管理、绿色包装物流管理、绿色仓储物流管理、绿色废弃物物流管理、绿色装卸搬运物流管理和绿色流通加工等一系列绿色物流管理。

②转变观念，树立全员参与意识。绿色物流管理是一种全新的管理理念，它要求企业以可持续发展为基础，着眼于长远利益，这就要求企业领导与员工转变观念，树立全员参与意识。环境保护是人类社会经济可持续发展规律的客观要求，领导必须积极地把经济目标、绿色目标和社会目标恰如其分地联系在一起考虑，让员工和供应商了解企业本身对环保的重视。正如美孚石油总裁瑞德所说："没有任何企业的未来是安全的，除非它的环保表现是可以接受的。"因此，加强高层领导对环境保护工作的重视，是成功实施绿色物流管理的关键。全员参与还包括企业要运用绿色理念来指导规划和改造产品结构，并切实制订"绿色计划"。实施"绿色工程"，树立"绿色标兵"，发动全员积极

进行一场全方位的"绿色革命";企业要深入学习研究环境管理和可持续发展的理论,树立绿色经营管理理念,确立顺应时代潮流、争做地球卫士的企业精神和企业风格,制订环境管理战略;工程技术人员要不断学习新的绿色技术,不断提高自己的保护环境的知识和技能,从设计与制造方面减少或消除污染,并从污染控制转向绿色生产,提高生态效率;对生产第一线的员工,要培育"绿色消费""绿色产品"和珍爱人类生存发展的意识,使"环保、生态、绿色"的理念深入人心。

③积极推行 ISO 14000 环境管理体系。ISO 14000 是国际标准化组织第 207 技术委员会从 1993 年开始制定的系列环境管理国际标准的总称,是一个国际性标准,对全世界工业、商业、政府等所有组织改善环境管理行为具有统一标准的功能。目前,ISO 14000 标准认证原理已被世界贸易组织普遍接受,已成为国际贸易中的"绿色通行证"。目前世界上许多国家已宣布,没有通过认证,不具备绿色产品或绿色标志产品的商品,将在数量和价格上限制其进、出口。因此,ISO 14000 被称为企业产品进入国际市场的"通行证"。

④物流企业物流流程绿色再造。企业物流流程绿色再造包括运输装卸方面的及时安全性、保管加工方面的保质保鲜性、包装信息处理方面的健康环保性以及以上任何一环的无毁性。因此,企业首先要选择绿色运输策略,实施"联合一贯制运输"。联合一贯制运输是指以单元装卸系统为媒介,有效地巧妙组合各种运输工具,从发货方到收货方始终保持单元货物状态而进行的系统化运输方式。这种运输方式解决了传统运输方式的废气排放、噪声污染和交通阻塞等问题,通过运输方式的转换,可削减汽车总行车量;通过有效利用车辆,可以降低车辆运行量、提高配送效率。

其次要开展共同配送,减少污染。共同配送是以城市一定区域的配送需求为对象,人为地进行有目的地、集约化的配送。它往往是由同一行业或同一区域的中小企业协同完成的。共同配送因为是统一集货、统一送货,优点很多。比如,可以明显地减少货流;能够有效地消除交错运输,缓解交通拥挤状况;可以减少空载率,提高市内货物运输效率;有利于提高物流配送水平,降低企业库存,甚至实现"零"库存,大大降低物流成本。

最后要提倡绿色经营策略。物流企业要围绕绿色环保和可持续发展的理念开展经营,不能安于现状,不思进取。要积极加强企业各个环节的绿色化建设,使用绿色包装,开展绿色流通加工,全面开展物流企业的科学技术的改造,通过第三方物流的建立和对物流流程、环节以及各设施器械的技术创新、技术引进和技术改造,提高企业的营运能力和技术水平,最大限度地降低物流的能耗和货损,增强环保能力,防止二次污染。

⑤建立废弃物的回收再利用系统。大量生产、大量流通、大量消费的结果必然导致大量的废弃物,废弃物处理困难。会引发社会资源的枯竭及自然环境的恶化。21 世纪的物流必须从系统建筑的角度,建立废弃物的回收再利用系统。建立废弃物的回收再利用系统仅仅依靠单个企业的力量是不够的,企业不仅要考虑自身物流效率,还必须与供

应链上的其他关联者协同起来，从整个供应链的视野来组织物流，最终在整个经济社会建立包括供应商、生产商、批发商、零售商和消费者在内的循环物流系统。

资料阅读

绿色物流举措与战略

（1）绿色运输：商用电动汽车日益普及。

世界经济论坛（World Economic Forum）称，到2030年，城市的最后一公里交付需求预计将增长78%，而在全球最大的100个城市中，配送车辆的数量最高将增加36%。为了满足不断变化的交付需求，企业开始迅速转向电动车队。电动车队的运营成本更低、故障时间更短，因为每英里的电力成本不到油气成本的一半，且无须调整发动机或更换机油。对企业来说，电动汽车还有一个优势，那就是可以轻松集成到基于云端互联的大型供应链网络中。如此一来，企业就可以运用基于AI的技术，分析历史运营数据和实时运营数据，提供可据以采取行动的强大洞察，帮助节约成本，降低燃料消耗，并简化整体运营。此外，现代电动汽车的容量和尺寸也日益多元化。如今，不仅货车等轻型商用车（LCV）数量呈上升趋势，电动半挂卡车和长途运输车辆也逐渐普及。

在环保运输方面，需要注意的是，全球80%～90%的货物经由海上运输。每年，集装箱船向大气排放约10亿吨的二氧化碳，约占温室气体总排放量的3%，同时还在海洋中遗留了大量有毒废弃物。意识到这一严重问题后，国际海事组织（IMO）于2021年9月代表150个行业领导者制定了脱碳目标：到2050年，碳排放量在2008年的基础上减少50%。

为了实现这一宏伟目标，丹麦公司马士基（Maersk）订购了八艘采用碳中性甲醇燃料的新船。2020年，该公司的船只总共排放了3300万吨二氧化碳。此外，日本和挪威的运输公司也为海洋货运领域带来了重大创新成果，推出了全电动油轮以及全球首艘无人驾驶电动货船，该货船搭载了雷达、红外线和自动集成解决方案摄像头，完全可以通过远程控制进行操作和停泊。

（2）其他配送网络和绿色物流解决方案。

当然，要打造绿色物流，最重大的转变可能就是采用电动汽车和替代燃料。然而，来自麦肯锡的Bernd Heid指出："相较于'不采取任何行动'，公共部门和私营企业依托'生态系统'开展有效协作，可以将运输排放量和拥堵问题减少30%。"为了充分提高成本效率，加快交付速度，并有效减少碳排放和浪费，企业需要考虑采用更注重协作的物流方法，并实施更加先进的优化措施。其他优化策略包括：

拼载配送：越来越多的企业开始优化供应链管理，许多同类（甚至互相竞争）

的企业纷纷选择携手合作，整合仓储和物流资源。拼载配送初看似乎极具挑战性，但值得庆幸的是，如今基于云端互联的物流管理技术可以帮助企业协同合作，充分提高可视性和控制力。

无品牌包裹寄存柜：亚马逊率先提出了包裹寄存柜的理念，旨在缩短路线，加速交付。这种做法十分有效，但是会将竞争对手拒之门外。无品牌社区包裹寄存柜的功能与现有的亚马逊储物柜网络相似，但前者面向更多的配送服务提供商开放。通过更广泛地普及这种资源，主要物流提供商能够携手合作，节约时间和成本，并改善消费者的选择。

自动装载优化：该策略是指协调交付那些预计到达时间（ETA）和交付目的地相似的产品（存放在仓库和配送中心）。如今，企业货运量激增，仅凭手动流程根本无法做到这一点，但智能供应链解决方案可以识别这类产品并自动装车，帮助消除配送车辆装载不满的情况，降低成本。

夜间配送：车辆在路上的行驶时间越长，使用的燃料和能源就越多。特别是在城市地区，夜间配送最高可以减少 15% 的行驶时间和道路拥堵情况。另外，电动汽车产生的噪声更小，增加夜间噪声污染的风险也就更低。

按需微出行网络：微出行是指使用小型车辆（常为两轮）出行，如电动滑板车和电动自行车。如今，现代物流技术让驾驶员可以快速访问基于云端互联的应用。这意味着，驾驶员能够与总部（调度）和客户（配送 ETA）实时互联。利用由独立驾驶员（未专门受雇于某家企业）组成的按需网络，企业将能大幅节省燃料消耗及常备车队维护成本。

动态路线分配：在城市地区，基于云端互联的路线分配工具可以评估交通、停车甚至施工或其他延迟等情况。而在农村地区，可能需要另外考虑一些其他因素，如道路和天气状况、电动汽车充电站的距离等。通过将这些信息纳入实时路线计划中，企业可以提高交付速度，尽可能地减少燃料消耗。

无人机和自动驾驶车辆：试想一下，无人机穿梭在空中，像机械鹳一样投掷包裹，或自控机器人满载包裹，行走于城市人行道上，是不是非常引人注目？但在现实中，我们还需要数年时间，才能实现全自动物流网络。不过，这个领域的创新日新月异，在众多绿色解决方案中，数字自动化处在最前沿，因此我们可以拭目以待……

（3）绿色物流战略。

通过结合应用云端智能供应链和移动技术，企业将能全面了解从制造到交付再到退货的完整物流流程。不过，绿色物流不能仅靠企业自身实现。要想成功实施绿色物流，企业需要制定计划，并让所有利益相关方参与进来。建议采取以下措施：

①与供应商、提供商、第三方及第四方物流（3PL 及 4PL）合作伙伴和经验丰富的顾问专家展开协作，共同制订环境友好型采购协议，并采用生态友好型运输方式。

②利用供应链控制塔等基于 AI 的技术，将碳排放分析融入业务流程的所有阶段。

③加入企业网络，共享物流资源和由数据驱动的洞察。即使是常为竞争对手的品牌，也可以成为合作伙伴，一起实现共同的目标。

④制定战略并调整车队规模。借助灵活的物流网络，提高响应市场波动的能力，避免货车闲置。尝试使用微出行车辆实现最后一公里交付，如电动自行车或无人机。

⑤向客户介绍快速交付的影响，引导客户选择更具可持续性的交付方式。例如，亚马逊会鼓励客户选择"Amazon Day"交付服务，将包裹进行分组汇总运输，从而节省包装和运输费用。

教学案例

顺丰的绿色物流实践

面对全球气候变化带来的影响，顺丰坚持以科技创新持续提升自身资源能源利用效率，减少各业务环节的碳排放。同时，顺丰致力于通过科技赋能合作伙伴，推动行业绿色转型升级，共同响应国家"双碳"目标。作为助力碳中和的先行者和推进者，顺丰通过在人工智能、大数据、机器人、物联网、物流地图、智慧包装等前沿科技领域进行前瞻性布局，结合新能源应用，将科技力量注入每个快件的全生命周期，助力"收转运派"全流程的提质增效和低碳减排。

（1）绿色科技底盘，加速碳管理标准化。

顺丰首创行业绿色低碳转型范例，打造数智碳管理平台——丰和可持续发展平台（以下简称"平台"）。平台由碳核算、碳目标、碳资产管理等部分组成，覆盖包装、运输、中转、派送等多个环节，共计 60 余个典型场景 120 余项指标。平台可实时核算企业端到端环节碳排放，实现设定碳目标达成情况的实时监控。2022 年，丰和可持续发展平台通过了第三方专家团队的严格评估，平台的温室气体盘查功能符合国际通用的温室气体核查标准，"排放源的识别、排放系数的设定、温室气体排放量与减排量的量化"四个基本功能版块是完整、合理且准确的，能够满足顺丰温室气体盘查需求。

（2）数智化碳平台，推动供应链可持续。

顺丰基于平台的标准化碳管理底盘能力，帮助客户了解运输和物流相关活动中的温室气体排放量，提升供应链物流的碳排放数据透明化程度，对高排放环节进行分析和优化，实现运营过程中的有效识别与管控。叠加先进的物流技术应用经验，公司正携手多个品牌大客户实施供应链重塑，积极打造可持续发展的供应链服务。例如通过仓储、包装、运输、派送等环节的碳减排措施，降低客户碳排放。顺丰通过提供定制化低碳供应链解决方案，将平台能力快速复用至产业链上下游伙伴，助力客户实现碳中和效果可视可控，携手客户加速低碳转型。

（3）赋能行业发展，携手共赴零碳未来。

在实现全球碳中和的蓝图里，建设零碳的商业社会至关重要。除了提供可视化、可量化的低碳产品、低碳服务，帮助客户向外展示他们对于环境的承诺，助力客户创造绿色价值之外，顺丰还与商业合作伙伴分享自身的碳管理经验，参与建立物流行业的碳排放核查、碳资产管理相关标准。2022 年顺丰参与了《企业绿色物流评估指标》行业标准的编制工作，为评估物流企业绿色发展水平提供技术支持，有助于推进物流行业的节能降碳、促进物流行业绿色低碳发展，携手行业伙伴共赴零碳未来。

（4）打造绿色物流。

顺丰以保护环境、节能减排为目标，不断完善环境管理体系，通过推进低碳运输、打造绿色产业园、践行可持续绿色包装以及绿色科技应用等举措，实现覆盖物流全生命周期的绿色管理，积极打造可持续物流。2022 年度，顺丰减少温室气体排放量达 1557816.4tCO$_2$e。

（5）环境管理体系认证。

顺丰建立了完善的环境管理体系和能源管理体系，持续推进各业务板块完成环境和能源管理体系认证。截至报告期末，公司主营业务板块均已通过 ISO 14001 环境管理体系认证，顺丰航空获得 ISO 50001 能源管理体系认证。

（6）推进低碳运输。

①绿色陆运。陆路运输是顺丰提供物流服务的主要运输方式。公司持续优化运力用能结构，通过提升新能源车辆运力占比、优化燃油车辆选型、管控车辆油耗等方式来减少运输过程中的碳排放。此外，公司还搭建了能源管理平台实现用能数据管控，并采用大数据、云计算等科技手段进行运输线路优化，逐步推动陆路运输环节的节能减排工作。

②绿色航空。顺丰严格遵守《中华人民共和国节约能源法》《广东省节约能源条例》等法律法规，持续完善能源管理制度体系。公司建立了《顺丰航空能源管理制度》，同时设有航空碳排放工作组，统筹推进航空运输模块的各项节能减碳工作。

③绿色机场。顺丰参与建设的湖北鄂州花湖机场项目引入了智慧能源管控平台。机场投入运营后，该平台可以实现能源从源端到末端的全程管控，利用算法模型实现不同能源形式（光伏、充电桩、能源站、外购电力等）的能源协调和优化，预计可将机场综合能耗效率提高 10%。机场可再生能源率达 25.6%。光伏发电设施每年可提供电能 3531 万千瓦时，地源热泵装机负荷 12362 千瓦，大幅度降低化石能源消耗，减少温室气体排放量。

④打造绿色产业园。顺丰致力于打造绿色产业园，通过铺设屋面光伏、优化仓库空间布局等多种方式，提高中转效率与节能效益，降低中转环节对环境的影响。顺丰针对园区管理工作制定了《物业设备管理制度》和《物业环境管理制度》，通过设备管理、安全管理、装修管理、环境管理等多个模块约束用水用电行为。2022 年，

公司更新《园区水电管理规定》《产业园设施设备维养管理指引》《产业园物业服务标准》，明确设施设备维护保养标准及流程，规范了园区水电管理。公司不断加强清洁能源的使用，积极布局可再生能源发电计划。截至 2022 年底，共完成 9 个产业园区的屋面光伏电站建设，光伏铺设面积 9.5 万平方米，总体装机容量达到 13 兆瓦以上，年发电量 984.3 万千瓦时。

⑤践行可持续包装。顺丰顺应绿色包装发展趋势，坚定落实邮政业绿色发展"9917"工程的具体要求，加大包装材料研发的投入，寻求绿色包装材料的技术创新、变革与应用，并不断探索循环包装精细化运营，与产业链上下游合作，促进绿色包装发展。公司以可持续、智能化为方向，推行包装减量化、再利用、可循环、可降解。2022 年，顺丰通过推广绿色包装的使用，减少碳排放约 50.6 万吨。

（资料来源：《顺丰控股 2022 年度可持续发展报告》）

阅读思考

（1）顺丰在哪些方面推动绿色物流发展？

（2）在碳达峰碳中和方面，顺丰开展了哪些工作？

（3）能源管理对于物流企业为什么十分重要？

（4）谈谈你对新兴技术在促进绿色物流中的作用的看法。

本章小结

本章首先对绿色物流管理的产生、绿色物流管理的意义、绿色物流管理在国内外的发展情况进行了介绍，其次对绿色物流管理的系统要素构成进行了说明，再次从包装、运输、仓储、装卸搬运、流通加工、配送、物流信息、绿色物流指标体系等方面介绍了物流管理要素的绿色化措施，最后对绿色物流相关理论和实施举措进行了介绍。

思考题

（1）物流要素对环境产生了哪些影响？

（2）不同物流要素的绿色化手段有哪些？

（3）国内外的绿色物流管理发展现状如何？

（4）我们国家的绿色物流相关标准情况有何发展？

经典案例

资料阅读

后　记

随着社会的发展，各种环境问题层出不穷，环境污染和生态破坏造成的问题已经严重危及到人类自身的生存和发展。环境问题是人类在 21 世纪将长期面临的重大问题之一，已经引起各国的极大关注。保护环境是中国的基本国策，也是全人类的共同愿望。2023 年 7 月 17 日至 18 日，全国生态环境保护大会在北京召开，习近平同志出席会议并发表重要讲话，从党和国家事业发展全局的高度，作出以美丽中国建设全面推进人与自然和谐共生的现代化的重大战略部署。立足美丽中国建设目标，大会系统部署了持续深入打好污染防治攻坚战，加快推动发展方式绿色低碳转型，着力提升生态系统多样性、稳定性、持续性，积极稳妥推进碳达峰碳中和，守牢美丽中国建设安全底线，健全美丽中国建设保障体系等重大任务，为全面推进美丽中国建设指明了方向和路径。

企业是地球上最强有力和最有组织性的实体，在市场经济中，全面解决全球或区域环境问题很大程度上依赖于企业的自觉行动和人类环境意识的整体提高。如何让企业家和企业管理者觉醒并自觉行动起来保护我们生存的地球，让他们的思维彻底走出保护环境与经济发展对立的误区、走出一条既能促进企业发展又能兼顾环境保护的路子，是摆在我们面前亟待解决的重大问题。在这样的背景下，企业管理的重心必须由产品导向转变到环境导向，实现企业可持续发展的战略目标。这就要求企业必须践行大会精神，按照大会提出的基本要求，牢固树立和践行绿水青山就是金山银山的理念，推进生态优先、节约集约、绿色低碳发展，深刻理解和贯彻以高品质生态环境支撑高质量发展这个重要战略，在高水平保护上下更大功夫，以减污降碳协同增效为总抓手，在绿色转型中推动发展，实现质的有效提升和量的合理增长。这对企业提出了新的要求和挑战。高校教育工作者也应该系统思考如何将生态文明建设的新要求、新挑战与人才培养进行深度融合，为企事业单位培养越来越多的既掌握专业基础知识、又具备较高环境责任感的接班人。

辽宁科技大学工商管理学院环境经营教学团队十余年来一直坚持环境经营学的教学和环境友好型人才培养，于 2012 年出版了国内首部环境经营学教材，并随后推出了环境经营学案例精读、环境经营学同步精讲等系列配套教材。十年后的今天，国家在生态文明建设、环境保护等方面出台了很多政策文件和法律法规，这需要我们团队在原版教材的基础上对教材内容进行更新。这一版教材在吸收原版教材精华的基础上，在教材内容、案例、资料阅读等方面做了较大调整，希望能给读者提供一本实用的参考读物，也希望更多的人和我们环境经营学教学团队一起加入到专业教育与环境教育深度融合的教研队伍中来，为培养更多的环境友好型人才、共建美丽中国贡献我们的力量。

教材在编写过程中，参考了很多同行之作，限于篇幅仅列出了主要参考文献，在此向各位专家学者深表感谢。同时该书的出版也得到了中国纺织出版社、中国管理案例共享中心以及辽宁科技大学教务处和工商管理学院各位领导、老师的大力支持，在此一并表示感谢。

编者

2023 年 12 月